U0378218

21世纪高等学校规划教材｜计算机应用

计算机应用基础
项目式教程
（Windows 10+Office 2016）

郑健江 主　编

刘　艳 吕春丽 副主编

张仲强 王小宁 编　著

清华大学出版社
北京

内 容 简 介

本书为高等学校计算机通识课程，全书共 6 个项目（21 个子任务）：计算机基础知识、Windows 10 操作系统、Word 2016 文字处理、Excel 2016 电子表格、PowerPoint 2016 演示文稿、计算机网络及安全，每个项目由多个子任务构成。

为适应教育现代化，本书在微型计算机组成中制作 AR，学生在手机端安装 Android 程序并扫描有 AR 图标的图片即可 360 度无死角地查看微型计算机的硬件组成。在任务实施中配备微课视频，学生利用手机扫描二维码即可查看操作步骤。本书配有免费电子课件和任务素材。

图书在版编目(CIP)数据

计算机应用基础项目式教程：Windows 10＋Office 2016/郑健江主编.—北京：清华大学出版社，2019.9（2021.8重印）

（21 世纪高等学校规划教材·计算机应用）

ISBN 978-7-302-53880-6

Ⅰ.①计… Ⅱ.①郑… Ⅲ.①Windows 操作系统－高等学校－教材 ②办公自动化－应用软件－高等学校－教材 Ⅳ.①TP316.7 ②TP317.1

中国版本图书馆 CIP 数据核字(2019)第 206776 号

责任编辑：贾　斌
封面设计：傅瑞学
责任校对：徐俊伟
责任印制：宋　林

出版发行：清华大学出版社
　　　　　网　　　址：http://www.tup.com.cn,http://www.wqbook.com
　　　　　地　　　址：北京清华大学学研大厦 A 座　　　　邮　　　编：100084
　　　　　社 总 机：010-62770175　　　　　　　　　　邮　　　购：010-83470235
　　　　　投稿与读者服务：010-62776969,c-service@tup.tsinghua.edu.cn
　　　　　质量反馈：010-62772015,zhiliang@tup.tsinghua.edu.cn
　　　　　课件下载：http://www.tup.com.cn,010-83470236
印 装 者：北京嘉实印刷有限公司
经　　销：全国新华书店
开　　本：185mm×260mm　　印　张：18.5　　　　字　　数：457 千字
版　　次：2019 年 10 月第 1 版　　　　　　　　　印　　次：2021 年 8 月第 5 次印刷
印　　数：6901～8400
定　　价：49.00 元

产品编号：085360-01

出 版 说 明

　　随着我国改革开放的进一步深化,高等教育也得到了快速发展,各地高校紧密结合地方
经济建设发展需要,科学运用市场调节机制,加大了使用信息科学等现代科学技术提升、改
造传统学科专业的投入力度,通过教育改革合理调整和配置了教育资源,优化了传统学科专
业,积极为地方经济建设输送人才,为我国经济社会的快速、健康和可持续发展以及高等教
育自身的改革发展做出了巨大贡献。但是,高等教育质量还需要进一步提高以适应经济社
会发展的需要,不少高校的专业设置和结构不尽合理,教师队伍整体素质亟待提高,人才培
养模式、教学内容和方法需要进一步转变,学生的实践能力和创新精神亟待加强。

　　教育部一直十分重视高等教育质量工作。2007 年 1 月,教育部下发了《关于实施高等
学校本科教学质量与教学改革工程的意见》,计划实施“高等学校本科教学质量与教学改革
工程(简称‘质量工程’)”,通过专业结构调整、课程教材建设、实践教学改革、教学团队建设
等多项内容,进一步深化高等学校教学改革,提高人才培养的能力和水平,更好地满足经济
社会发展对高素质人才的需要。在贯彻和落实教育部“质量工程”的过程中,各地高校发挥
师资力量强、办学经验丰富、教学资源充裕等优势,对其特色专业及特色课程(群)加以规划、
整理和总结,更新教学内容、改革课程体系,建设了一大批内容新、体系新、方法新、手段新的
特色课程。在此基础上,经教育部相关教学指导委员会专家的指导和建议,清华大学出版社
在多个领域精选各高校的特色课程,分别规划出版系列教材,以配合“质量工程”的实施,满
足各高校教学质量和教学改革的需要。

　　为了深入贯彻落实教育部《关于加强高等学校本科教学工作,提高教学质量的若干意
见》精神,紧密配合教育部已经启动的“高等学校教学质量与教学改革工程精品课程建设工
作”,在有关专家、教授的倡议和有关部门的大力支持下,我们组织并成立了“清华大学出版
社教材编审委员会”(以下简称“编委会”),旨在配合教育部制定精品课程教材的出版规划,
讨论并实施精品课程教材的编写与出版工作。“编委会”成员皆来自全国各类高等学校教学
与科研第一线的骨干教师,其中许多教师为各校相关院、系主管教学的院长或系主任。

　　按照教育部的要求,“编委会”一致认为,精品课程的建设工作从开始就要坚持高标准、
严要求,处于一个比较高的起点上;精品课程教材应该能够反映各高校教学改革与课程建
设的需要,要有特色风格、有创新性(新体系、新内容、新手段、新思路,教材的内容体系有较
高的科学创新、技术创新和理念创新的含量)、先进性(对原有的学科体系有实质性的改革和
发展,顺应并符合 21 世纪教学发展的规律,代表并引领课程发展的趋势和方向)、示范性(教
材所体现的课程体系具有较广泛的辐射性和示范性)和一定的前瞻性。教材由个人申报或
各校推荐(通过所在高校的“编委会”成员推荐),经“编委会”认真评审,最后由清华大学出版

社审定出版。

目前,针对计算机类和电子信息类相关专业成立了两个"编委会",即"清华大学出版社计算机教材编审委员会"和"清华大学出版社电子信息教材编审委员会"。推出的特色精品教材包括:

(1) 21世纪高等学校规划教材·计算机应用——高等学校各类专业,特别是非计算机专业的计算机应用类教材。

(2) 21世纪高等学校规划教材·计算机科学与技术——高等学校计算机相关专业的教材。

(3) 21世纪高等学校规划教材·电子信息——高等学校电子信息相关专业的教材。

(4) 21世纪高等学校规划教材·软件工程——高等学校软件工程相关专业的教材。

(5) 21世纪高等学校规划教材·信息管理与信息系统。

(6) 21世纪高等学校规划教材·财经管理与应用。

(7) 21世纪高等学校规划教材·电子商务。

(8) 21世纪高等学校规划教材·物联网。

清华大学出版社经过三十多年的努力,在教材尤其是计算机和电子信息类专业教材出版方面树立了权威品牌,为我国的高等教育事业做出了重要贡献。清华版教材形成了技术准确、内容严谨的独特风格,这种风格将延续并反映在特色精品教材的建设中。

清华大学出版社教材编审委员会
联系人:魏江江
E-mail:weijj@tup.tsinghua.edu.cn

前　言

在信息时代的今天,计算机文化正在全面、深刻地影响和改变着人们的生产、生活、工作、学习的方式和习惯,计算机文化与传统文化的交融,为世界展现出了五光十色的美好景象。时下,以计算机技术为核心的大数据技术、多媒体技术、网络技术、物联网技术、云计算、移动技术、新材料技术等正引领着我们进入信息社会的海洋。计算机这一人类文明进步的"助推器"已不再仅仅是一种工具,计算机应用已成为人们最主流的生活和工作方式。毋庸置疑,计算机应用能力和计算机信息素养已成为现代人不可或缺的基本素质。

课程是人才培养的核心要素,"金课"是新时代中国高校具备高阶性、创新性和挑战度的课程。淘汰水课、打造金课成为现阶段课程改革的重要举措,立体化教材的建设是金课建设必不可少的组成部分。将现代信息技术深度融入教材以及课程教学,将提升教学效果,创新人才培养的方式。计算机基础课程作为学习和掌握计算机专业知识和应用能力的先修课程,将更加系统、深入地介绍计算机科学与技术的基本概念、原理、技术和方法,以更好地培养学生的技能。全书采用"项目引领、任务驱动"的模式进行编写,内容包括:计算机基础知识、Windows 10 操作系统、Word 2016 文字处理、Excel 2016 电子表格、PowerPoint 2016 演示文稿、计算机网络及安全。

本书具有以下特点:

(1) 融入新的教学技术——增强现实技术(AR)。相较于扁平化的课件而言,基于 AR 的 3D 课件可以更贴近真实视觉效果,为学习者提供了更多视角,使得学习者不再局限于某个单一维度。除了视觉上的立体化,基于 AR 的 3D 课件还融合了文字、语音、视频等各种多媒体元素,使得整个教学内容跃然而出,教学内容整体多维度、立体化展现。在微型计算机组成部分扫描有 AR 图标的图片,可查看硬件三维构成。

(2) 引入微课。127 个微课视频贯穿全书任务实现,可通过扫描二维码进行视频学习,学生利用碎片化时间进行学习,将极大提高学生学习的积极性,为实现翻转课堂奠定坚实基础。

(3) 本书遵循"项目引领、任务驱动"模式,以"任务展示、支撑知识、任务实施、课后扩展练习"为主线,串联教学内容,体现"教学做一体化"。创设情境,激发学生对该课程的学习热情和学习兴趣。

(4) 本书考虑了大学生的知识结构和学习特点,教学内容注重计算机基础知识的介绍和学生动手能力的培养。遵循大学计算机基础课程改革"精细、深入、实用、简洁"的宗旨,按照"基础优先、实用为主、授人以渔"的原则精心编写。在理论方面,做到深入浅出、讲解细致,加强整个理论体系的系统性;在实践方面,挑选一些具体操作中常用的实例和经常遇到的问题,步骤简洁、清晰,能极大地提高学生的动手能力。采取"课程＋证书"的编写方案,即学生通过对该课程的学习,参加考试可以获取计算机一级证书。

(5) 本书注重"通识性教学内容"与"特殊性教学内容"的协调配置,体现出新编教材对不同专业既有"统一性"要求,又有选择上的"灵活性"和"差异性",尽量满足不同专业的培养目标需要。如认识与选购个人计算机、Windows 10 操作系统、Word 2016 字处理、Excel 2016 电子表格、PowerPoint 2016 演示文稿、网络等体现为"通用性教学内容",适应大多数专业教学需要;任务实施、扩展练习部分体现为"特殊性教学内容",适应更深层次的学习或计算机专业学生学习。

本书可作为大学本、专科(高职)各专业计算机基础课的必修教材,也可作为广大计算机爱好者的自学参考书。

本书建议安排 60~78 学时,可根据实际需要对授课内容进行取舍。为了方便教师教学,本书配有电子教学课件及相关资源,有需要的教师请致电本教材发行商联系索取。

本书在编写过程中参阅了许多参考资料,并得到各方面的大力支持,在此一并表示感谢。

由于本书知识面较广,要将众多的知识很好地贯穿起来,难度较大,不足之处在所难免。为便于以后对教材进行修订,恳请专家、教师及读者提出宝贵意见。

编　者

2019 年 5 月

目　录

项目一 认识与选购计算机

项目导入

进入大学校园,同学们都想拥有自己的一台计算机,购买台式机、笔记本还是一体电脑呢?购买联想、华硕、宏碁、微软、戴尔,还是苹果的笔记本呢?购买 3000 元的还是 5000 元的笔记本呢?本项目从认识计算机开始,由浅入深介绍计算机的发展、计算机的系统结构、信息在计算机中的存储等,从而让学生能够根据自己的需求选购个人计算机。

任务 1 认识计算机

任务展示

本任务将认识最早的计算机 ENIAC,计算机的发展经历了电子管计算机、晶体管计算机、小规模集成电路和大规模超大规模集成电路 4 个发展阶段。计算机具有精度高、运算速度快等特点,并具有在科学技术、信息处理、人工智能、计算机辅助等方面的应用。

支撑知识

1. 计算机的起源

世界上第一台电子数字计算机 ENIAC(Electronic Numerical Integrator And Calculator)于 1946 年 2 月诞生于美国宾夕法尼亚大学,如图 1-1-1 所示。它是为计算弹道运行轨道和射击而设计的,虽然它的性能还比不上今天最普通的一台微型计算机,但在当时已是运算速度的绝对冠军,且运算的精度和准确度也是史无前例的。

ENIAC 奠定了计算机的发展基础,开辟了一个计算机科学技术的新纪元。它的问世标志着电子计算机时代的到来。

2. 计算机的发展

ENIAC 诞生后短短几十年,计算机的发展突飞猛进。主要电子元器件相继使用了电子管、晶体管、中小规模集成电路和大规模超大规模集成电路,引起计算机的几次更新换代。每一次更新换代都使计算机的体积和耗电量大大减小,功能大大增强,应用领域进一步拓宽。根据计算机所采用物理器件的不同,将计算机的发展分为 4 个阶段,如表 1-1-1 所示。

图 1-1-1　第一台计算机

表 1-1-1　计算机时代的划分及其主要特征

阶段	年份	物理器件	存　储　器	软件特征	运算速度	应　用　领　域
第一代	1946—1957	电子管	延迟线、磁芯、磁鼓、磁带、纸带	机器语言汇编语言	五千至三万次/秒	科学计算
第二代	1958—1964	晶体管	磁芯、磁鼓、磁带、磁盘	高级语言	几十万至百万次/秒	科学计算、数据处理、工业控制
第三代	1965—1970	中小规模集成电路	半导体存储器、磁鼓、磁带	操作系统	百万至几百万次/秒	科学计算、数据处理、工业控制、文字处理、图形处理
第四代	1970 至今	大规模和超大规模集成电路	半导体存储器、光盘	数据库网络等	几百万至数亿次/秒	各个领域

3. 计算机的特点

计算机是一种信息处理机,是一种能快速、高效地完成信息和知识数字化的电子设备,它能按照人们预先编制好的程序,对输入的原始数据进行加工处理、存储或传送,输出信息和知识,以提高社会生产率,促进社会生产发展,改善人们的生活质量。它的主要特点有:

1) 计算精度高

计算机精度是指用计算机计算的有效数字,其可以达到几百甚至上千位。因计算机采用数字量进行运算,且采用各种自动纠错方式,所以准确性高。计算机的精度取决于计算机的字长,字长越长,有效位数就越多,精度也就越高,相应的造价也会越高。

2) 运算速度快

计算机的运算速度是指单位时间内所能执行指令的条数,一般用每秒能执行多少条指令来描述,其单位是 MIPS(Million Instruction Per Second),即百万条指令。2019 年 2 月新一期全球超级计算机 500 强榜单在美国公布,美国"Summit"以其内存超过 10PB 获称世界速度最快计算机。

3）记忆能力强、存储容量大

计算机的存储器可将原始数据、中间结果和运算指令等存储起来以便使用。存储器不仅可存储大量信息，还能够快速而准确地存入或读取这些信息。存储容量的大小标志着计算机记忆能力的强弱，如天河二号的主存容量达到 1.408PB，外存储器达到 12.4PB。个人计算机主存储容量可达 16GB，其辅助存储器容量可达 1T 甚至更高。

4）具有复杂的逻辑判断能力

人是有思维能力的，思维能力本质上是一种逻辑判断能力，是因果关系分析的能力。计算机借助逻辑运算，分析命题是否成立，并可根据命题成立与否做出相应的判断。计算机的这种逻辑判断分析能力，保证了计算机信息处理的高度自动化，这种工作称为程序控制。

5）自动化程度高

自动化技术广泛用于工业、农业、军事、科学研究、交通运输、商业、医疗、服务和家庭等方面。采用自动化技术不仅可以把人从繁重的体力劳动、部分脑力劳动以及恶劣、危险的工作环境中解放出来，而且能扩展人的器官功能，不需要人工干预就能进行连续不断地运算、处理和控制，极大地提高了劳动生产率，增强了人类认识世界和改造世界的能力。

6）通用性强，用途广泛

计算机在军事、商业、教育、家庭等领域得到广泛应用，同一台通用计算机，只要安装不同的软件，就可以运用在不同的场合，完成不同的任务。

4. 计算机的应用领域

计算机的应用领域十分广泛，从军用到民用，从科学计算到文字处理，从信息管理到人工智能均可见其应用，其应用分为以下几类：

1）科学计算

科学计算是指利用计算机来完成科学研究和工程技术中提出的数学问题的计算，这是计算机最早的应用领域。利用计算机的高速计算、大存储容量和连续运算的能力，可以实现人工无法解决的各种科学计算问题，如卫星轨道计算、宇宙飞船的制造、天气演化形态学研究、可控热核反应、天气预报、短期地震监测、高能物理等领域中的计算。

2）信息处理

信息处理是计算机应用最广泛的领域，是一切信息管理和辅助决策的基础。管理信息系统（Management Information System，MIS）、决策支持系统（Decision Support System，DSS）、企业资源计划（Enterprise Resources Planning，ERP）、办公自动化系统（Office Automation，OA）等都需要信息处理的支持。例如，企业信息系统中的生产统计、计划制订、库存管理和市场销售管理等的数据采集、转换、分类、统计、处理和报表输出都是计算机的应用领域。

3）过程控制

过程控制也称为实时控制，是用计算机对连续工作的控制对象进行自动控制，主要应用在工业控制和测量方面，是实现生产过程自动化的重要手段。如工业生产中工业自动化方面的巡回检测、自动记录、监测报警、自动启停、自动调控，交通运输中的红绿灯控制、行车调度，导弹飞行过程中的方向、速度、位置的控制，高速公路中使用的 ETC 通道等领域，都可以使用计算机进行过程控制，以降低能耗、提高生产效率、提高产品质量。

4) 计算机辅助工程

计算机辅助工程是指以计算机为工具,辅助人们对飞机、船舶、桥梁、建筑、集成电路、电子线路等进行设计,这能帮助人们缩短设计周期,提高设计质量,减少差错。计算机辅助工程主要包括计算机辅助设计(Computer Aided Design,CAD)、计算机辅助制造(Computer Aided Manufacturing,CAM)、计算机辅助教学(Computer Aided Instruction,CAI)和计算机辅助测试(Computer Aided Testing,CAT)。

5) 人工智能

人工智能(Artificial Intelligence)是指计算机模拟人类某些智力行为的理论、技术和应用,诸如感知、判断、理解、学习、问题的求解和图像识别等。人工智能在医疗诊断、定理证明、模式识别、智能检索、语言翻译、机器人等方面已有了显著的成效。例如,用计算机模拟人脑的部分功能进行思维学习、推理、联想和决策,使计算机具有一定的"思维能力"。我国已开发成功了一些中医专家诊断系统,可以模拟名医给患者诊病开方。

6) 网络通信

网络通信是计算机技术与现代通信技术相结合的产物,通过实现资源的全面共享和有机协作,人们能够具备透明地使用资源的整体能力并按需获取信息。这些资源包括高性能计算机、存储资源、数据资源、信息资源、知识资源、专家资源、大型数据库、网络、传感器等。网络可以构造地区性的网络、企事业内部网络、局域网网络,甚至家庭网络和个人网络。网络的根本特征是资源共享,消除资源孤岛。

5. 计算机的发展趋势

英特尔创始人之一戈登・摩尔提出:当价格不变时,集成电路上可容纳的晶体管数目约每隔18个月会增加1倍,性能也将提升1倍。这一定律揭示了信息技术进步的速度,人类的追求是无止境的,人们一刻也没有停止过研究更好、更快、功能更强的计算机的进程,计算机的发展朝着巨型化、微型化、网络化、智能化和多媒体化方向发展。

1) 巨型化

巨型化不是指计算机的体积大,而是指计算机的运算速度更快、存储容量更大且更完善,其运算速度通常都在每秒上亿次,计算机主要在石油勘探数据处理、生物医药研究、航空航天装备研制、资源勘测、卫星遥感数据处理、金融工程数据分析、气象预报和气候预测、海洋环境数值模拟、短期地震预报、新材料开发和设计、土木工程设计等领域中应用。

2) 微型化

随着集成度的提高,人类开始利用高性能的超大规模集成电路研制更加可靠、性能更加优良、价格更加低廉、整机更加小巧的微型计算机。纳米技术芯片的研制成功为微型计算机原件的研制和生产铺平道路。为迎合这种需求,出现了各种平板电脑、膝上型、平板二合一、掌上型等电脑。

3) 网络化

网络化是计算机技术和通信技术紧密结合的产物。计算机网络广泛应用于政府、学校、企业、科研、家庭等领域,越来越多的人接触并了解到计算机网络的概念。网络无处不在,4G移动技术的发展给网络和通信的发展带来了新的广阔未来。

4）智能化

智能化是现代通信与信息技术、计算机网络技术、行业技术、智能控制技术汇集而成的针对某一个方面应用的智能集合。智能化的概念逐渐渗透到各行业以及生活中的方方面面，如模式识别、航天应用、智能搜索、机器人等，并可以越来越多地代替人类的脑力劳动。

5）多媒体化

多媒体化是指以数字技术为核心的图像、声音与计算机和通信等融为一体的信息环境，人们可与计算机以更接近自然的方式交换信息。

6. 未来计算机的新技术

从计算机的产生及发展可以看到，目前计算机技术的发展都是以电子技术的发展为基础的，集成电路芯片是计算机的核心部件。随着高新技术的研究和发展，计算机技术也将拓展到其他新兴的技术领域，计算机新技术的开发和利用必将成为未来计算机发展的新趋势。

计算机技术未来的发展将是多样化、全面化、智能化的，目前，计算机的新技术主要有神经网络计算机的发展，量子计算机、分子计算机、超导计算机、纳米计算机、光计算机、DNA计算机，计算机网络与软件技术上的新突破等。计算机技术的发展将会给人类带来翻天覆地的变化。

任务实施

1. 开机

（1）按下主机电源按键，如图 1-1-2 所示。

（2）显示器电源由主机引出，按下主机电源按键同时也打开显示器。主机通电后，计算机系统进入自检和自启动过程。如果系统有故障，则屏幕显示提示信息或发出一些声音提醒用户，如果系统一切正常，并且硬盘上已经安装了操作系统，则计算机自动启动操作系统。

2. 关机

单击"开始"菜单，单击"电源"，单击"关机"，如图 1-1-3 所示。

图 1-1-2　开机

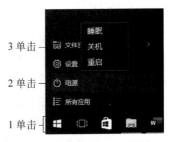

图 1-1-3　关机

课后练习

一、上机操作题

练习开机、关机。

二、单项选择题

1. 计算机虽然具有强大的功能，但它目前还不能（　　）。
    A. 高速准确地进行大量数值运算　　　　B. 高速准确地进行大量逻辑运算
    C. 对事件做出决策分析　　　　　　　　D. 取代人类的智力活动

2. 我国于 2016 年 8 月 16 日成功发射以"墨子号"命名的世界首颗量子科学实验卫星。量子信息是以量子物理学为基础的新一代信息科学技术，研究人员应用这项技术正在研制一种新型计算机，被称为（　　）。
    A. 电子计算机　　　B. 量子计算机　　　C. 光子计算机　　　D. 分子计算机

3. 气象预报是计算机的一项应用，按计算机应用的分类，它属于（　　）。
    A. 科学计算　　　　B. 实时控制　　　　C. 数据处理　　　　D. 辅助设计

4. 不属于信息技术范畴的是（　　）。
    A. 计算机技术　　　B. 网络技术　　　　C. 纳米技术　　　　D. 通信技术

5. 最能准确反映计算机主要功能的是（　　）。
    A. 计算机是一种信息处理机　　　　　　B. 计算机可以存储大量信息
    C. 计算机可以代替人的脑力劳动　　　　D. 计算机可以实现高速度的运算

任务2　计算机的信息表示与存储

任务展示

本任务通过数据的存储单位（位、字节、千字节、兆字节等）、进制及进制转换的学习，进而了解计算机的存储应用，如购买计算机时硬盘和内存的大小等，并能熟悉一种中文输入法，且利用打字软件进行打字训练，如图 1-2-1 所示。

支撑知识

信息是对现实世界事物存在方式运动状态的反映。具体地说，信息是一种已经被加工为特定形式的数据，这种数据形式对接收者来说是具有意义的，而且对将来的决策是具有实际价值的。信息具有普遍性、记载性、共享性、时效性和有价值性等特点。

信息处理过程是指信息的收集、存储、加工、传递及使用的过程。信息技术（Information Technology，IT）是指用于管理和处理信息所采用的各种技术的总称，它主要是应用计算机科学和通信技术来设计、开发、安装和实施的信息系统及应用软件。主要包括传感技术、计算机与智能技术、通信技术和控制技术。

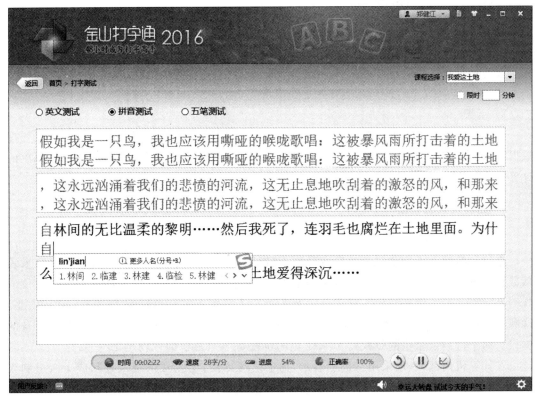

图 1-2-1 利用打字软件进行中文打字

1. 数据的存储单位

信息是数据所包含的内容,它的载体是数字、文字、语音、图形、图像等。计算机及其外部设备产生和交换的信息都是以二进制代码来表示数字或控制符号的。采用二进制具有状态稳定、容易实现、运算规则简单、可将逻辑运算与算术运算相结合等特点。计算机中没有采用十进制,是因为数据在计算机中是以电子器件的物理状态表示的,二进制数只有两个数字符号 0 和 1,可以用低电平和高电平两种状态来表示,其运算电路容易实现。若要制造出具有 10 种稳定状态的电子器件分别代表十进制中的 10 个数字符号十分困难。

计算机中数据的存储单位有位、字节、字(机器字)和字长。

1) 位

位是计算机存储信息的最小单位,用"bit"表示,简称"b",它是二进制数的一个数位。一个二进制位可表示两种状态(0 或 1),两个二进制位可表示 4 种状态(00、01、10、11),n 个二进制位可表示 2^n 种状态。

2) 字节

字节是计算机中存储信息的基本单位,用"Byte"表示,简称"B"。一个字节代表 8 个二进制位,即 1Byte=8bit。因计算机存储和处理的信息量大,人们常用千字节(KB)、兆字节(MB)、吉字节(GB)和太字节(TB)作为容量单位。它们之间的换算关系如下:

$$1\mathrm{Byte}=8\mathrm{bit}$$
$$1\mathrm{KB}=1024\mathrm{B}=2^{10}\mathrm{B}$$
$$1\mathrm{MB}=1024\mathrm{KB}=2^{10}\mathrm{KB}=2^{20}\mathrm{B}$$
$$1\mathrm{GB}=1024\mathrm{MB}=2^{10}\mathrm{MB}=2^{20}\mathrm{KB}=2^{30}\mathrm{B}$$
$$1\mathrm{TB}=1024\mathrm{GB}=2^{10}\mathrm{GB}=2^{20}\mathrm{MB}=2^{30}\mathrm{KB}=2^{40}\mathrm{B}$$

3）字长

计算机一次所能处理的二进制位数的多少称为计算机的字长,字长决定了计算机处理数据的速率。字长是计算机性能的重要指标,字长越长,计算机的功能就越强。不同档次的计算机字长不同,如 8 位机、16 位机、32 位机和 64 位机等。

2．数制及数制转换

1）进位计数制

进位计数制是人们常说的进制或数制,是指用一组固定的数字和一套统一的规则来表示数目的方法。在日常生活中最常用的是十进制,十进制是一种进位计数制,进位、借位的规则是"逢十进一、借一当十",它用 0、1、2、3、4、5、6、7、8、9 这 10 个计数符号表示数的大小,这些符号称为数码,全部数码的个数称为基数(十进制的基数是 10),不同的位置有各自的位权。如十进制数个位的位权是 10^0,十位的位权是 10^1,百位的位权是 10^2。

在计算机内部,一般采用二进制表示,为了读写方便,也经常采用八进制或十六进制表示,因此需要掌握常用的十进制、二进制、八进制和十六进制及转换方法。各数制间的对照表如表 1-2-1 所示。

表 1-2-1　各数制间的对照表

十进制	二进制	八进制	十六进制	十进制	二进制	八进制	十六进制
0	0	0	0	8	1000	10	8
1	1	1	1	9	1001	11	9
2	10	2	2	10	1010	12	A
3	11	3	3	11	1011	13	B
4	100	4	4	12	1100	15	C
5	101	5	5	13	1101	15	D
6	110	6	6	14	1110	16	E
7	111	7	7	15	1111	17	F

通常在数制后面加字母 D、B、O、H 分别表示该数制是十、二、八、十六进制数,D、B、O、H 的含义分别是 Decimal、Binary、Octal、Hexadecimal。有时也用在括号右下角添加下标数字的形式表示某种进制,如:

1101B 表示二进制,也可以表示为 $(1101)_2$。

1101O 表示八进制,也可以表示为 $(1101)_8$。

1101D 表示十进制,也可以表示为 $(1101)_{10}$。

1101H 表示十六进制,也可以表示为 $(1101)_{16}$。

2）将二进制转换为其他进制

（1）二进制转换为十进制。

对于一个有 n 位整数和 m 位小数的二进制数 $[X]_2$，表达式可以写成：$[X]_2 = a_n \times 2^{n-1} + a_{n-1} \times 2^{n-2} + \cdots + a_1 \times 2^0 + a_{-1} \times 2^{-1} + \cdots + a_{-m} \times 2^{-m}$，式中 $a_1, \cdots, a_{n-1}$ 为系数，可取 0 或 1 两种值；$2^0, 2^1, \cdots, 2^{n-1}$ 为各数位的权。

例：将二进制数 10110101.11 转换为十进制。

$$(10110101.11)_2 = 1 \times 2^7 + 0 \times 2^6 + 1 \times 2^5 + 1 \times 2^4 + 0 \times 2^3 +$$
$$1 \times 2^2 + 0 \times 2^1 + 1 \times 2^0 + 1 \times 2^{-1} + 1 \times 2^{-2}$$
$$= 128 + 0 + 32 + 16 + 0 + 4 + 0 + 1 + 0.5 + 0.25$$
$$= (181.75)_{10}$$

（2）二进制转换为八进制。

二进制转换为八进制方法是：将二进制数从小数点向两边每 3 位分节，整数部分不够 3 位则在高位添零补足，小数部分不够 3 位则在低位添零补足，将每一节的 3 位二进制数转换为一个八进制数，将所得的各个八进制数（包括小数点）拼接起来便是所求的八进制数。

例：将二进制数 11100101.11 转换为八进制。

$$(11100101.11)_2 = (011\ 100\ 101.110)_2$$
$$= (345.6)_8$$

（3）二进制转化为十六进制。

二进制转换为十六进制方法是：将二进制数从小数点向两边每 4 位分节，整数部分不够 4 位则在高位添零补足，小数部分不够 4 位则在低位添零补足，将每一节的 4 位二进制数转换为一个十六进制数，将所得的各个十六进制数（包括小数点）拼接起来便是所求的十六进制数。

例：将二进制数 11110001.11 转换为十六进制。

$$(11110001.11)_2 = (1111\ 0001.1100)_2$$
$$= (F4.C)_{16}$$

3）将其他进制转换为二进制

（1）将十进制转换为二进制。

整数部分转换方法：除取余法，商为零止，上低下高。

例：将十进制数 17 转换为二进制方法，如图 1-2-2 所示。

$$(17)_{10} = (10001)_2$$

小数部分转换方法：乘取整法，积为零止，上高下低。

例：将十进制数 0.625 转换为二进制数，如图 1-2-3 所示。

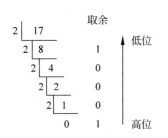

图 1-2-2　十进制转换为二进制方法图　　　　图 1-2-3　十进制转换为二进制方法图

$$(0.675)_{10} = (0.101)_2$$

(2) 将八进制转换为二进制。

将八进制数转换为二进制数时,只须将每一个八进制数字转换为 3 位二进制数,然后拼接起来便得二进制数。

例如:$(417.2)_8 = (100\ 001\ 111.010)_2 = (100001111.01)_2$

(3) 将十六进制转换为二进制。

将十六进制数转换为二进制数时,只须将每一个十六进制数转换为 4 位二进制数,然后拼接起来便得二进制数。

例如:$(1A.D)_{16} = (1\ 1010.1101)_2 = (11010.1101)_2$

4) 二进制的运算

二进制的运算包括算术运算和逻辑运算。

(1) 算术运算。

计算机进行的计算,是按所给指令或数据进行以加法运算为基础的四则运算。二进制的加法比较简单,遵循"逢二进一"原则,减法则是不够减则向上借位,借的位相当于 2。但实际上,在计算机中,减法是被当作加上一个负数来理解的。二进制加法法则如下:

$$0+0=0$$
$$0+1=1$$
$$1+0=1$$
$$1+1=10(进位为 1)$$

(2) 逻辑运算。

与(逻辑乘):与运算中只有两个逻辑值都为 1 时,其余都为 0。

或(逻辑加):或运算中两个逻辑值只要有一个为 1 结果就为 1,其余结果为 0。

非(逻辑否):非运算中,对每位的逻辑值取反,1 的逻辑否为 0,0 的逻辑否为 1。

5) 数的符号数值化

数值型数据分为无符号数和有符号数。无符号数中,所有二进制位全部用来表示数的大小。

有符号数通常用最高位表示数的正负号,在计算机中,机器数规定数的最高位为符号位,用 0 表示正号(+),1 表示负号(−),余下各位表示数值。这类编码方法主要有原码、反码和补码 3 种。

(1) 原码。

原码就是机器码,规定最高位为符号位,0 表示正数,1 表示负数,数值部分在符号位后面,并以绝对值形式给出。如规定机器字长为 8 位,则数值 121 的原码为 01111001B,因为它是正数,则符号位是 0,数值位为 1111001。而数值−121 原码表示应为 11111001B,因为它是负数,则符号位是 1,数值位是原数本身,为 1111001。

注意,在原码表示法中,0 可以表示为+0 和−0,+0 的原码为 00000000B,而−0 的原码为 10000000B,也就是说,0 的原码有两个。

(2) 反码。

正数的反码就是它的原码,负数的反码是将除符号位以外的各位取反得到的。

如 $[121]_反 = [121]_原 = 01111001B$,而 $[-121]_反 = 10000110B$。

注意,在反码中,0 也可以表示为+0 和-0,[+0]反=00000000B,[-0]反=11111111B。

（3）补码。

正数的补码就是它的原码,负数的补码是将它的反码在末位加 1 得到的。

如[121]补=[121]原=01111001B,而[-121]补=10000111B。

注意,在补码中 0 只有一种表示法,即[0]补=[+0]补=[-0]补=00000000B。

6）西文编码

计算机将输入的信息符号按一定的规则翻译成由"0"和"1"组成的二进制编码,再对二进制编码进行处理,最后将处理结果还原成为人们可以识别的符号,输出相应的信息,故编制了统一的信息交换码,国际上通用的是 ASCII 码（American Standard Code for Information Interchange）,即美国信息交换标准代码。

（1）标准的 ASCII 编码。

标准的 ASCII 码使用 7 位二进制表示数据信息,能表示 $2^7=128$ 种国际最通用的西文字符,包含 0～9 共 10 个数字、52 个大小写字母、32 个标点符号和运算符,一级 34 种控制字符,如回车、换行等。ASCII 编码是目前计算机中,特别是微型计算机中使用最普遍的编码机,常用字符的 ASCII 编码见如表 1-2-2。

表 1-2-2　ASCII 码表

	000	001	010	011	100	101	110	111
0000	NUL	DLE	SP	0	@	P	`	p
0001	SOH	DC1	!	1	A	Q	a	q
0010	STX	DC2	"	2	B	R	b	r
0011	ETX	DC3	#	3	C	S	c	s
0100	EOT	DC4	$	4	D	T	d	t
0101	ENQ	NAK	%	5	E	U	e	u
0110	ACK	SYN	&	6	F	V	f	v
0111	BEL	ETB	'	7	G	W	g	w
1000	BS	CAN	(	8	H	X	h	x
1001	HT	EM	)	9	I	Y	i	y
1010	LF	SUB	*	:	J	Z	j	z
1011	VT	ESC	+	;	K	[	k	{
1100	FF	FS	,	<	L	\	l	|
1101	CR	GS	-	=	M	]	m	}
1110	SO	RS	.	>	N	↑	n	~

表中每个字符都对应一个数值,称为该字符的 ASCII 码值。如:

"a"字符的编码为 1100001,对应的十进制数是 97,则"c"的编码值是 99。

"A"字符的编码为 1000001,对应的十进制数是 65,则"C"的编码值是 67。

最常用的是英文字母和数字符号:

字符"0"～"9"对应 48～57;

字符"A"～"Z"对应 65～90;

字符"a"～"z"对应 97～122。

（2）扩展的 ASCII 编码。

从表 1-2-2 可以看出,标准的 ASCII 编码只采用 7 位二进制,并没有用到字节的最高位。为了方便计算机处理和信息编码的扩充,人们一般将标准 ASCII 编码的最高位前增加一位 0,凑成一个字节,即 8 个二进制位,这就是扩展的 ASCII 编码。在计算机系统中,通常利用这个字节最高位作为校验码,以提高字符信息传输的可靠性。

7）中文编码

计算机只识别由 0 和 1 组成的编码,而对于汉字,计算机是不能直接识别的。为了更好地让计算机处理汉字信息,需要对每个汉字进行编码,统称为汉字编码。在计算机内部存储汉字时,使用 2 个字节即 16 位二进制位表示一个汉字,这样可以对 2^{16} 个汉字进行编码。汉字的编码技术主要有国标码、机内码和区位码。从汉字编码角度看,计算机对汉字信息的处理过程,实际上是各种汉字编码间的转换过程,具体如图 1-2-4 所示。

图 1-2-4　汉字处理过程

（1）汉字输入码。

汉字输入码是为用户从键盘输入汉字时设计的汉字编码,又称为汉字外码。汉字输入码的编码原则应该是编码尽可能短且简单,容易记忆和掌握,利于提高输入速度。根据用户输入汉字时使用的输入设备不同,汉字输入有键盘输入、手写输入和语音输入三大类。目前使用最广泛的是键盘输入法。根据编码原理的不同,键盘输入分为音码、形码、音形码和数字编码 4 种。

音码:根据汉语拼音方案进行编码,如智能 ABC、搜狗拼音、百度拼音等。

形码:根据汉语的字形结构进行编码,如五笔字型、笔形码、大众码等。

音形码:以汉字的基本形为主、读音为辅的一种编码,如自然码、搜狗音形码等。

数字编码:根据各种编码表进行编码,用"对号入座"的方式输入汉字,如区位码。

（2）国标码(交换码)。

为了使每一个汉字有一个全国统一的代码,1980 年,我国颁布了第一个汉字编码的国家标准:GB2312-80《信息处理交换用汉字编码字符集》基本集,这个字符集是我国中文信息处理技术的发展基础,也是目前国内所有汉字的统一标准,规定一个汉字用两个字节表示,每个字节的最高位为 0。

因 GB2312 编码的字数太少,后又对其进行过多次扩充,故产生了 GB12345 码、GBK 码和 GB18030 码。

（3）汉字机内码。

为了避免同时使用 ASCII 编码和国标码时产生二义性问题,汉字将国标码两个字节的最高位置 1,作为汉字机内码,西文机内码则将最高置 0。这样既解决了汉字机内码与西文机内码之间的二义性,又使汉字机内码与国标码具有极简单的对应关系。如一个汉字的国标码为 0101000001100011,即 5063H,而按机内码组成规则,该汉字的机内码为 1101000011100011,即 D0E3H,两者刚好相差 8080H,即机内码＝国标码＋8080H。

（4）汉字字形码。

汉字字形码是输出汉字字形信息的编码。目前常用的汉字字形码有点阵字形码和矢量字形码。

汉字的显示和输出，普遍采用点阵法。由于汉字数量多且字形变化大，对不同字形汉字的输出就有不同的点阵字形。汉字的点阵码就是汉字点阵字形的代码。存储在介质中的全部汉字的点阵码又称为字库。16×16 点阵的汉字，其点阵有 16 行，每一行上有 16 个点。如果每一个点用一个二进制位来表示，则每一行有 16 个二进制位，须用两个字节来存放每一行上的 16 个点，并且规定其点阵中二进制位 0 为白点，1 为黑点，这样，一个 16×16 点阵的汉字须要用 2×16，即 32 个字节来存放。以此类推，24×24 点阵和 32×32 点阵的汉字则依次要用 72 个字节和 128 个字节存放一个汉字，构成它在字库中的字模信息。要显示或打印输出一个汉字时，计算机汉字系统根据该汉字的机内码找出其字模信息在字库中的位置，再取出其字模信息作为字形在屏幕上显示或在打印机上打印输出。

矢量字形码指将汉字视为用一组折线笔画组成的图形。把汉字字形分布在精密点阵上，抽取这个汉字每个笔画的特征坐标值，组合起来得到该汉字字形的矢量信息。它的特点是不占用存储空间，字形美观，还可以无限地放大或缩小。

任务实施

1. 认识键盘

键盘分为 5 个区：主键盘区、功能键区、控制键区、数字键区和状态指示区，如图 1-2-5 所示。

图 1-2-5 认识键盘

1）主键盘区

主键盘区又称为打字键区，主要有英文字符 A～Z、数字字符 0～9、标点符号、特殊符号和功能键等。功能键主要有：

Enter（回车键）：执行命令确认或换行。

Backspace（退格键）：光标左移一格并删除字符，或删除所选内容。

Tab（制表键）：将光标定位到下一个制表位。

CapsLock（大小写锁定键）：英文字母大小写转换，对应状态指示区 Caps 灯亮或灭。

Shift（上档键）：上档转换键，用于英文字母大小写转换或输入键位上档字符等。

Ctrl（控制键）：一般不单独使用，与其他键组合使用，作为操作命令或快捷键等。

Alt(转换键)：一般不单独使用，与其他键组合使用，作为操作命令或快捷键等。

2）功能键区

功能键区主要包括以下键：

Esc 键：取消键，用于终止程序运行或取消命令执行等。

F1～F12 功能键：通用功能键。

PrScrm/SysRq 键：屏幕硬拷贝键，用于截取屏幕图像。

Scroll Lock 键：屏幕滚动锁定键。

Pause Break 键：中断暂停键，用于暂停程序运行或命令执行等。

3）控制键区

控制键区主要包括以下键：

Insert 键：插入键，用于转换文本输入模式(插入/改写)等。

Delete 键：删除键，用于删除光标后面的字符。

Home 键：行首键。

End 键：行尾键。

PageUp 键：向上翻页键。

PageDown 键：向下翻页键。

光标移动键：上下左右移动光标。

4）数字键区

数字键区又称为小键盘区，包括 NumLock 键、数字键和功能键。NumLock 键为数字锁定键，与 1 灯相关联，实现数字键和控制键的转换。

5）状态指示区

状态指示区主要包括以下键：

1 灯：数字锁定灯。

A 灯：大小写字母锁定灯。

箭头灯：屏幕滚动锁定灯。

2. 打字

1）打字姿势

身体挺直，保持正坐。头部摆正，自然放松。眼睛直视屏幕，保持适当距离(30～40cm)。双手自然垂放，手指自然弯曲，指尖垂直键面，弹击键位，收放自如，如图 1-2-6 所示。

主键盘区有 8 个基本键位：A、S、D、F、J、K、L、；。打字时两个大拇指放在空格键上，其他手指放在基本键位上，每一个键都有标准的手指分工，都对应着一个固定手指，如图 1-2-7 所示。

2）利用打字软件进行键位练习

打开"金山打字通"软件，进行键位练习，如图 1-2-8 所示。

图 1-2-6　打字坐姿

图 1-2-7　键位和手指分工

图 1-2-8　键位练习

课后练习

一、上机操作题

请在金山打字通软件中练习打字,要求每分钟能打 20 个中文字。

二、单项选择题

1. 十进制 261 转换为二进制数的结果为(　　　)。
　　A. 111111111　　　　B. 100000001　　　　C. 100000101　　　　D. 110000011

2. 在计算机中,组成一个字节所需的位数是(　　　)
　　A. 4 位　　　　　　　B. 8 位　　　　　　　C. 16 位　　　　　　　D. 32 位

3. 64 位微型计算机系统是指(　　　)。
　　A. 内存容量 64MB　　　　　　　　　　　B. 硬盘容量 64GB
　　C. 计算机有 64 个接口　　　　　　　　　D. 计算机的字长为 64 位

4. 下列字符中,ASCII 码值最小的是(　　　)。
　　A. a　　　　　　　　B. A　　　　　　　　C. x　　　　　　　　D. Y

5. 存储 400 个 24×24 点阵汉字字形所需的存储容量是(　　　)。
　　A. 255KB　　　　　　B. 75KB　　　　　　C. 37.5KB　　　　　　D. 28.125KB

6. 若在一个非零无符号二进制整数右边加两个零形成一个新的数,则新数的值是原数值的(　　　)。
　　A. 四倍　　　　　　　B. 二倍　　　　　　　C. 四分之一　　　　　D. 二分之一

7. 在以下描述中,正确的是(　　　)。
　　A. 8 个二进制位称为一个机器字
　　B. 计算机中存储和表示信息的基本单位是机器字
　　C. 计算机中存储和表示信息的基本单位是位
　　D. 计算机中存储和表示信息的基本单位是字节

8. 在存储一个汉字内码的两个字节中,每个字节的最高位是(　　　)。
　　A. 1 和 1　　　　　　B. 1 和 0　　　　　　C. 0 和 1　　　　　　D. 0 和 0

9. 计算机内部采用二进制表示数据信息,其主要优点是(　　　)。
　　A. 容易实现　　　　　B. 方便记忆　　　　　C. 书写简单　　　　　D. 符合使用的习惯

任务3　选购个人计算机

任务展示

通过本任务学习计算机工作原理、微型计算机组成,能够选购 CPU、内存、硬盘、显卡等计算机几大配件,并能对这些配件,进行组装,请扫描图 1-3-1 所示 AR 图进行微型计算机组装。

支撑知识

1. 计算机工作原理

1) 冯·诺依曼原理

ENIAC 是第一台电子计算机,但存在两大缺点:没

图 1-3-1　微型计算机组装

有存储器和它用布线接板进行控制。1946 年,计算机之父——美籍匈牙利数学家冯·诺依曼提出计算机基本结构和工作方式的设想,为计算机的诞生和发展提供了理论基础。时至今日,尽管计算机软硬件技术飞速发展,但计算机本身的体系结构并没有明显的突破,当今的计算机仍属于冯·诺依曼架构,其理论要点如下:

(1) 采用二进制形式表示数据和指令。

(2) 建立了存储程序控制,指令和数据可一起放在存储器中,并做同样处理,简化了计算机的结构,从而极大地提高了计算机的速度。

(3) 使用低级机器语言,指令通过操作码来完成简单的操作。

(4) 计算机硬件由存储器、运算器、控制器、输入设备和输出设备 5 部分组成,并规定了这五大部件的功能和相互之间的关系。

(5) 在执行程序和处理数据时,必须将程序和数据从外存储器装入主存储器中,计算机在工作时才能自动地从存储器中取出指令并加以执行。

2) 计算机工作过程

计算机的基本原理是存储程序控制,即预先把指挥计算机操作的指令序列(程序)和原始数据通过输入设备输送到计算机内存储器中,每一条指令明确规定了计算机从哪个地址取数,进行什么操作,然后送到什么地方去,最后由控制器协调其他部件完成运算解析操作。

3) 计算机指令与指令系统

指令是指示计算机如何工作的命令,它通常由一串二进制数码组成,由操作码和地址码两部分组成。操作码规定操作的类型;地址码规定要操作数据的地址。指令能被计算机硬件理解并执行。一条指令就是计算机机器语言的一个语句,是程序设计的最小语言单位。一台计算机所能执行的全部指令的集合,称为这台计算机的指令系统。指令系统比较充分地说明了计算机对数据进行处理的能力。不同种类的计算机,其指令系统的指令数目与格式也不同。指令越丰富、完备,编写程序就越方便、灵活。指令系统是根据计算机的使用要求设计的。

程序是由一系列指令组成的,是为解决某一问题而设计的一系列排列有序的指令的集合。程序输入计算机,存放在存储器中,计算机按照程序,即按照为解决某一问题而设计的一系列排好顺序的指令进行工作。

2. 计算机系统

一台完整的计算机系统由硬件系统和软件系统两部分组成,具体如图 1-3-2 所示。

硬件(Hard Ware)是构成计算机的物理设备,指计算机中各种看得见、摸得着、实实在在的装置,是计算机系统的物理装置。只有硬件系统的计算机叫裸机,是无法运行的,计算机系统各组成部分的层次关系如图 1-3-3 所示。软件(Soft Ware)是指为解决问题而编制的各种程序及相关文档资料的集合,这些程序是用计算机语言编制的,包括计算机本身运行所需的系统软件和用户为解决某应用领域的实际问题所需的应用软件。计算机依靠硬件系统和软件系统的协同工作来完成各项任务。在计算机系统中,硬件和软件相互渗透、互相促进,构成一个有机的整体。

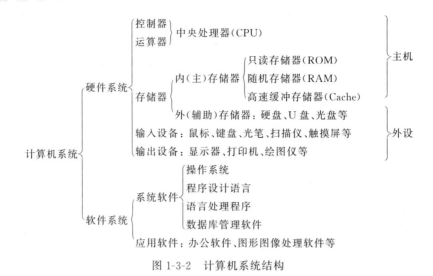

图 1-3-2　计算机系统结构

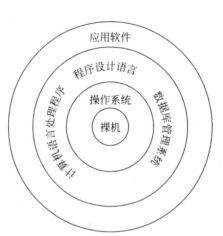

图 1-3-3　计算机系统层次关系

1) 计算机硬件系统

计算机硬件系统从构成上看,由控制器、运算器、存储器、输入设备和输出设备五大部分构成,如图 1-3-4 所示。而在实际产品中,计算机硬件系统的实现则由中央处理器、主板、存储器、输入设备和输出设备组成。

(1) 控制器(Control Unit)。

控制器(Control Unit)是整个 CPU 的指挥控制中心,由指令寄存器、程序计数器、指令译码器和操作控制器 4 个部件组成,主要负责从存储器中读取指令,并对指令进行翻译。它根据指令的要求,按时间顺序向其他各部件发出控制命令,从而保证各部件协调一致地工作。

(2) 运算器(Arithmetic Unit)。

运算器由加法器、寄存器、累加器等元件组成,主要对信息或数据进行各种加工处理。它在控制器的控制下,与内存交换信息。运算器内部有一个算术逻辑单元(ALU),实现加、减、乘、除四则运算,与、或、非等逻辑操作,以及移位、比较和传送等操作。

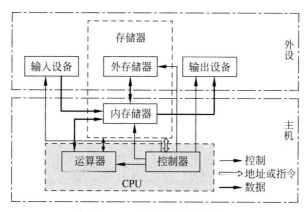

图 1-3-4 计算机硬件结构

计算机在同一时间内处理的一组二进制数称为计算机的"字",而这组二进制数的位数就是该计算机的字长。当与其他指标相同时,字长越长,计算机处理数据的速度就越快。

（3）存储器（Memory）。

存储器是计算机系统中的记忆设备,用来存放程序和数据。计算机中的原始数据、计算机程序、中间运行结果和最终运行结果都保存在存储器中。存储器按用途可分为内存（主存储器）和外存（辅助存储器）。

① 内存储器。

内存储器的存储容量一般比较小,但存取速度快、成本较高,主要用于暂时存放 CPU 中的运算数据,以及与硬盘等外部存储器交换的数据。

内存储器可分为随机存储器（Random Access Memory,RAM）、只读存储器（Read Only Memory,ROM）和高速缓冲存储器（Cache）。

RAM 又叫易失性存储器,用于存储计算机正在执行的程序,可读可写,但断电后信息会丢失不能恢复。RAM 可分为动态（DynamicRAM）和静态（StaticRAM）两大类。DRAM 的特点是集成度高,主要用于大容量内存储器;SRAM 的特点是存取速度快,主要用于高速缓冲存储器。

ROM 中的信息在计算机生产过程中由制造厂商写入,只能读不能改写,断电后信息不会丢失。

高速缓冲存储器是设置在 CPU 和内存之间的高速小容量内存储器,也就是平常看到的一级缓存、二级缓存、三级缓存,用于解决 CPU 速度和 RAM 速度不匹配的问题。

② 外存储器。

外存储器是指除计算机内存及 CPU 缓存以外的存储器,外存储器一般断电后仍然能保存数据。其特点是价格低、容量大、速度慢,常见的外存储器有硬盘、光盘、U 盘等。

注意：CPU 只能对内存进行读写操作,所以外存中的程序和数据要处理时,必须先调入内存。

（4）输入设备（Input Device）。

输入设备是人或外部设备与计算机进行交互的一种装置,用于把原始数据和处理这些数据的程序输入计算机。计算机能够接收各种类型的数据,可以是数值型数据,也可以是非数值型数据,如图形、图像、音频等可通过不同类型的输入设备输入到计算机,进行存储、处理和输出。键盘、鼠标、摄像头、扫描仪、光笔、手写输入板等都属于输入设备。

（5）输出设备（Output Device）。

输出设备用于将各种计算结果数据或信息以数字、字符、图像、声音等形式表示出来。常见的输出设备有显示器、打印机、绘图仪、影像输出系统、语音输出系统等。

2）计算机软件系统

计算机软件是指运行、维护、管理及应用计算机所编制的所有程序，以及说明这些程序的有关资料、数据和文档的总和。计算机软件系统分为系统软件和应用软件。

系统软件的功能是对计算机系统进行管理、控制、维护及提供服务，提供便利的操作界面和编制应用软件的资源环境，是使用计算机必不可少的软件。系统软件主要包括操作系统、程序设计语言、计算机语言处理系统和数据库管理系统。

（1）系统软件。

① 操作系统。

操作系统（Operating System，OS），是用户和计算机的接口，同时也是计算机硬件和其他软件的接口。操作系统用于管理和控制计算机硬件与软件资源的程序，为所有的应用程序提供一个运行环境，合理组织计算机工作流程，协调计算机系统各部分之间的关系。

目前常见的操作系统有 DOS、OS/2、UNIX、Linux、Windows、Netware、XENIX，从任务和用户管理的角度来分，操作系统分为单用户单任务、单用户多任务、多用户多任务操作系统，其中 Windows 操作系统属于单用户多任务，UNIX 和 Linux 属于多用户多任务操作系统。所有的操作系统都具有并发性、共享性、虚拟性和不确定性 4 个基本特征。

② 程序设计语言。

计算机程序设计语言分为机器语言、汇编语言和高级语言 3 种类型。

机器语言：机器语言是用二进制代码表示的，计算机能直接识别和执行的一种机器指令的集合。它是计算机的设计者通过计算机的硬件结构赋予计算机的操作功能。机器语言具有灵活、直接执行和速度快等特点。不同的计算机指令系统也不同，所以机器语言没有通用性。

汇编语言：汇编语言是机器语言的进化，它和机器语言基本上是一一对应的，但在表示方法上用一种助记符表示。汇编语言和机器语言都是面向机器的程序设计语言，一般称为低级语言。

高级语言：高级语言与计算机的硬件结构及指令系统无关，其克服了初级语言的缺点，接近于自然语言和数学公式的表示方法，因此用高级语言编写的程序易读、易记、通用性强。高级语言主要有面向过程和面向对象两种，面向过程的语言有 BASIC、Pascal、FORTRAN、C 语言等；面向对象的语言有 C++、C♯、Java、Python 等。

③ 计算机语言处理程序。

机器语言是计算机唯一能识别和执行的语言，用汇编语言或高级语言编写的源程序，必须翻译成机器可执行的机器语言程序。把用汇编语言或高级语言编写的源程序翻译成机器可执行的机器语言程序的工具称为"语言处理程序"。语言处理程序包括汇编程序、解释程序和编译程序。

④ 数据库管理系统。

数据库管理系统（database management system）是一种操纵和管理数据库的大型软

件,用于建立、使用和维护数据库。它对数据库进行统一的管理和控制,以保证数据库的安全性和完整性。数据库管理系统是能够对数据库进行有效管理的一组计算机程序,它是位于用户与操作系统之间的一层数据管理软件,是一个通用的软件系统。目前常见的数据库管理系统都是关系型数据库系统,如 Visual FoxPro、SQL Server、DB2 和 Oracle 等。

(2) 应用软件。

应用软件是使用者为解决实际问题而编制或购买的软件。应用软件主要有以下几种:

① 用于科学计算方面的数学计算软件和统计软件。

② 办公软件,如 Microsoft Office、WPS 等。

③ 图形图像处理软件,如 Photoshop、3ds Max。

④ 各种财务管理软件、税务管理软件、工业控制软件和辅助教育软件。

3. 微型计算机的硬件组成

1) 中央处理器

中央处理器(Central Processing Unit ,CPU)是计算机的运算和控制核心,由运算器和控制器构成,主要功能是解释计算机指令及处理计算机中的数据。CPU 直接关系到计算机的性能,也是计算机所有部件中更新换代最快的。

CPU 性能的高低决定了微型计算机的档次,CPU的主要性能指标是主频和字长。不同类型主板上 CPU插槽不同,因此 CPU 要与主板兼容,如图 1-3-5 所示为CPU 外观图。

(1) 主频。

CPU 的主频也称为内频,是指 CPU 内部的工作频率或时钟频率,单位为 Hz,用于标识CPU 的运算速度,现市场主流的 CPU 主频为 3.9GHz,甚至更高。在同

图 1-3-5　CPU 外观图

系列微处理器中,主频越高就代表计算机的速度越快,但对于不同类型的处理器,它只能作为一个参数。

(2) 核心数。

CPU 中心那块隆起的芯片就是核心,是用单晶硅以一定的生产工艺制造出来的,CPU所有的计算、接受/存储命令、处理数据都由核心执行,在选择 CPU 时,要根据需求及现有的经济情况并参照以上参数选择最适合自己的,同时还考虑内存、主板等的情况。在选购CPU 时,性价比是比较重要的一个因素,个人计算机主流 CPU 为 4 核心或 6 核心。

2) 主板

主板是安装在主机机箱内的一块矩形电路板,是微处理器与其他部件连接的桥梁,如图 1-3-6 所示为主板整体外观图。主板的类型和档次决定着整个微型计算机系统的类型和档次,主板的性能影响着整个微型计算机系统的性能,主板是微型计算机中最重要的部件之一。

计算机系统主板主要包括 CPU 插座、内存插槽、总线扩展槽、外设接口插座、串行和并行端口等。主板接口如图 1-3-7 所示,1 是鼠标接口,2 是 VGA 接口,3 是网线接口,4、5、6是音频接口,7 和 8 是 USB 接口,9 是串口,10 是键盘接口。

图 1-3-6　主板整体外观图

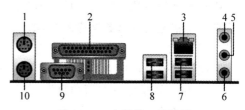

图 1-3-7　主板接口示意图

在计算机主板上集成了计算机常用的 3 种总线,数据总线(Data Bus,DB)、控制总线(Control Bus,CB)和地址总线(Address Bus,AB),如图 1-3-8 所示为微型计算机的 3 种总线与其他硬件的结构关系。总线是将信息从一个或多个源部件传送到一个或多个目的部件的一组传输线。通俗地说,就是多个部件间的公共连线,用于在各个部件之间传输信息。

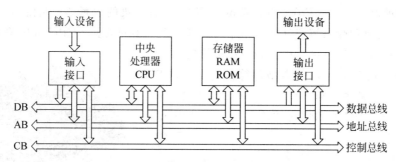

图 1-3-8　微型计算机总线与硬件的结构关系图

数据总线用于传送数据信息。数据总线是双向三态形式的总线,即它既可以把 CPU 的数据传送到存储器或 I/O 接口等其他部件,也可以将其他部件的数据传送到 CPU。数据总线的位数是微型计算机的一个重要指标,通常与微处理器的字长一致。数据的含义是广义的,它可以是真正的数据,也可以是指令代码或状态信息,有时甚至可以是一个控制信息。

地址总线是专门用来传送地址信息的,由于地址只能从 CPU 传向外部存储器或 I/O 端口,所以地址总线总是单向三态的。地址总线的位数决定了 CPU 可直接寻址的内存空间大小,如某 32 位微型机的地址总线为 32 位,则其最大可寻址空间为 2^{32} KB。

控制总线用来传送控制信号和时序信号。在控制信号中,有的微处理器送往存储器和 I/O 接口电路的,也有的是其他部件反馈给 CPU 的。因此,控制总线的传送方向由具体控制信号而定,一般是双向的。控制总线的位数要根据系统的实际控制需要而定。

3) 内存

内存是微型计算机主机的组成部分,用来存放当前正在使用的程序。在计算机的存储系统中,内存储器直接决定 CPU 的工作效率,它是 CPU 与其他部件进行数据传输的纽带。

内存储器的主要性能指标主要有内存容量和主频。如图 1-3-9 所示为台式机内存条外观图。

(1) 内存容量。

内存容量是指该内存条的存储容量,是内存条的关键性参数。内存容量以 GB 作为单

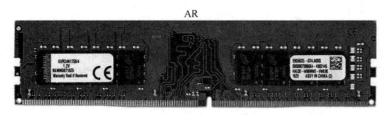

图 1-3-9 台式机内存条外观图

位。现在市场主流内存容量为 4GB、8GB、16GB 等。

（2）内存主频。

内存主频和 CPU 主频一样，用来表示内存的速度，它代表着该内存所能达到的最高工作频率，现市场主流内存的主频为 1600MHz，甚至更高。内存主频是以 MHz 为单位来计量的，内存主频越高，在一定程度上代表内存所能达到的速度越快，内存主频决定该内存最高工作频率。

4）硬盘

硬盘（Hard Disc Drive，HDD）是计算机最重要的辅助存储器，由一个或者多个铝制或者玻璃制的碟片组成，这些碟片外覆盖有铁磁性材料。绝大多数硬盘都是固定硬盘，被永久性地密封固定在硬盘驱动器中。硬盘的主要作用是将存储在硬盘盘片上的磁信息转化为电信号向外传输，用于存储操作系统、程序以及数据。如图 1-3-10 所示为硬盘内部结构图。

图 1-3-10 硬盘内部结构图

购买硬盘时主要考虑容量和硬盘种类。

（1）硬盘容量。

硬盘容量的单位为千兆字节（GB）或万兆字节（TB），目前的主流硬盘容量为 320GB 到 2TB 不等。硬盘是个人计算机中存储数据的重要部件，其容量决定着个人计算机的数据存储量，这也是购买硬盘首要考虑的最重要参数之一。许多人发现，在计算机中查看硬盘容量的标称值比实际要小，这是因为在计算机中 1GB＝1024MB，而硬盘厂家通常是按照 1GB＝

1000MB 进行换算的。

（2）硬盘种类。

硬盘有机械硬盘（HDD）和固态硬盘（SSD）之分。机械硬盘即传统普通硬盘,主要由盘片、磁头、盘片转轴及控制电机、磁头控制器、数据转换器、接口、缓存等几个部分组成。固态硬盘（Solid State Drives）,简称固盘,是用固态电子存储芯片阵列而制成的硬盘,其芯片的工作温度范围很宽,商规产品（0℃～70℃）,工规产品（−40℃～85℃）。

固态硬盘较机械硬盘有如下优点：

① 固态硬盘的读取速度是机械硬盘的 3～5 倍。

② 机械硬盘抗震能力差,而固态硬盘抗震能力强,即便在运行或者震动中使用,也不容易损坏。

③ 固态硬盘功耗低,并且具备极低功耗待机功能,而机械硬盘则没有。

④ 固态硬盘运行中基本听不到任何噪音,而机械硬盘可以听到内部磁盘转动及震动的声音。

⑤ 固态硬盘发热较少,即便是在运行一段时间后,其表面也感受不到明显的发热,而机械硬盘运行一段时间后,用手触摸便可以明显感受到发热。

5）显卡

显卡的全称是显示接口卡（Video card,Graphics card）,又称为显示适配器（Video adapter）,作用是控制显示器的显示方式。在显示器里也有控制电路,但起主要作用的是显示卡,俗称显卡。显卡的用途是将计算机系统所需要的显示信息进行转换驱动,并向显示器提供扫描信号,控制显示器的正确显示,是连接显示器和主板的重要元件,是"人机对话"的重要设备之一。

如图 1-3-11 所示为显卡外观图,选购显卡时主要考虑显存容量和最高分辨率。

图 1-3-11　显卡外观图

（1）显存容量。

显存容量决定着显存临时存储数据的多少,到 2019 年,主流显卡的显存容量是 2GB、3GB、4GB、6GB 等。

（2）最高分辨率。

显卡的最高分辨率是指显卡在显示器上所能描绘的像素点的数量。因显示器上显示的画面是由一个个的像素点构成,而这些像素点的所有数据都是由显卡提供,最高分辨率就是表示显卡输出给显示器,并能在显示器上描绘像素点的数量。分辨率越高,所能显示的图像的像素点就越多,并且能显示更多的细节,当然也就越清晰。

6）显示器

显示器通常也叫监视器，是计算机的输出设备。显示器可以分为 CRT（阴极射线管）、LCD（液晶显示器）、LED（发光二极管）等，如图 1-3-12、图 1-3-13 和图 1-3-14 所示。

图 1-3-12 CRT 显示器　　　　图 1-3-13 LCD 显示器　　　　图 1-3-14 LED 显示器

LCD 和 LED 在外观上差不多，其区别是 LCD 必须依靠被动光源，而 LED 主动发光显示。CRT 已被淘汰，市面上比较流行的是 LED 显示器，它是一种将一定的电子信号通过特定的传输设备显示到屏幕上再反射到人眼的显示工具。

4. 个人计算机的现状及发展趋势

目前个人计算机大致可分为台式机、笔记本、一体电脑、平板电脑、掌上电脑等几类。

1）台式机

台式机的主机、显示器等设备都是相对独立的，一般需要放置在电脑桌或者专门的工作台上。台式机是现在流行的微型计算机，多数人家里或办公室都使用台式机。如图 1-3-15 所示为典型的台式机外观图。

图 1-3-15 台式机

台式机特点如下：

（1）散热性好：台式机的机箱具有空间大、通风条件好的特点，一直被人们广泛使用。

（2）扩展性好：台式机的机箱方便用户硬件升级。

（3）保护性好：台式机全方位保护硬件不受灰尘的侵害，防水性也不错。

（4）性价比高：在相同性能情况下，价格比一体电脑或笔记本便宜很多。

2）笔记本

笔记本电脑和台式机架构相同，如图 1-3-16 所示为典型的笔记本外观。

笔记本电脑是台式计算机微缩与延伸的产品，也是对计算机产品更高需求的必然产物。

其便携性和备用电源使移动办公成为可能,从而受到广大用户推崇,市场容量迅速扩展。

目前业界评价笔记本好坏的几个标准:轻薄、高性能、美观、稳定、长使用时间、扩展性丰富等。由于笔记本本身技术原因,上面几个不同的评价标准会造成技术上的互相矛盾,因此可根据不同需求选择侧重不同的笔记本。

3)一体电脑

计算机厂商将主机集成到显示器中,从而形成一体电脑(All-In-One),缩写为 AIO。AIO 相较传统台式机有着连线少、体积小的优势,集成度更高,但价格并无明显变化。AIO 是与笔记本和传统台式机并列的一条新兴产品线。一体电脑可以看电视、上网、办公,并且电视电脑互不干扰。凭借犹如笔记本一样的简洁外观,一体机跻身为台式 PC 和笔记本之后的又一 PC 形态,如图 1-3-17 所示。

图 1-3-16　笔记本

图 1-3-17　一体电脑

随着时代、科技与市场的发展,越来越多的厂商开始涉足一体电脑这一领域。一体电脑在外观上突破了传统计算机笨重的形象,设计上更加时尚,无论一体电脑如何发展,相信当下已经吸引了无数用户的眼球。

4)平板电脑

平板电脑是无需翻盖、没有键盘、大小不等、形状各异,但功能齐全的电脑。其构成组件与笔记本基本相同,但它是利用触笔或手指在屏幕上书写,而不需使用鼠标和键盘输入。

5. 微型计算机的主要性能指标

一台计算机功能的强弱或性能的好坏,不是由某项指标来决定的,而是由它的系统结构、指令系统、硬件组成、软件配置等多方面的因素综合决定的。目前微型计算机的主要技术性能指标有以下几点。

1)字长

字长是指计算机的运算部件能同时处理的二进制数据的位数,它与计算机的功能和用途有很大关系。字长决定了计算机的运算精度,字长越长,计算机的运算精度就越高。在其他指标相同时,字长越大计算机处理数据的速度就越快。早期的微型计算机字长一般是 8 位、16 位,目前大多数的处理器是 32 位或 64 位。

2)运算速度

运算速度是衡量计算机性能的一项重要指标。通常说的计算机运算速度(平均运算速度），是指每秒钟所能执行的指令条数，一般用"百万条指令/秒"（Million Instruction Per Second，MIPS）来描述。影响运算速度的因素很多，主要有 CPU 的主频和存储器的存储周期。

3）内存储器的容量

内存储器中能存储的信息总字节数称为内存储器的容量。内存储器的容量越大，一次读入的程序、数据就越多，计算机的运行速度也越快，数据精度也越高。

内存容量、字长和运算速度是计算机的三大性能指标。

4）主频

主频即时钟频率，是指计算机 CPU 在单位时间内发出的脉冲数。它在很大程度上决定了计算机的运行速度。如 Intel 酷睿 i3 的主频是 3100MHz，酷睿 i5 的主频是 3300MHz，酷睿 i7 的主频是 3400MHz。一般说来，主频越高，运算速度就越快。

5）存取周期

把信息代码存入存储器，称为"写"，把信息代码从存储器中取出，称为"读"。存储器进行一次"读"或"写"操作所需的时间称为存储器的访问时间（或读写时间），而连续启动两次独立的"读"或"写"操作所需的最短时间，称为存取周期。在其他指标相同时，存取周期越短，计算机性能越好。

6）其他指标

衡量一台计算机系统性能的指标很多，除上述指标外，还应考虑机器的兼容性（包括软件的兼容、设备的兼容等）、系统的可靠性（平均无故障工作时间 MTBF）、系统的可维护性（平均修复时间 MTTR）及网络功能等。各项指标之间也不是彼此孤立的，在实际应用时，应该把它们综合起来考虑，而且还要遵循"性能价格比高"的原则。

任务实施

1. 价值 3000 元左右组装机配置清单及选择理由

确定自己的需求。如酒店管理专业使用的软件（酒店管理信息系统、Office 等）对计算机硬件要求不高，3000 元左右的组装机完全能满足需求。具体配置见表 1-3-1，此种配置的台式机价格仅售 3200 元，性价比很高，适合大学生使用。

表 1-3-1 台式机配置清单

名　　称	配　　置
CPU	Intel 酷睿 i5 9400F 六核心
主板	华硕 B365 高端主板
显卡	RX580 8GB 独显
内存	麦光 16G DDR4 大内存
硬盘	七彩虹 240GB 高速固态
散热器	超频三 静音风扇
机箱	撒哈拉 海盗 R6
电源	撒哈拉 冷静大师 600V

2. 价值 4000 元左右笔记本的品牌、配置清单及选择理由

台式机虽然性价比高,但对于移动性较高的学生群体不太适合,笔记本是他们最好的选择。根据学生需求,如表 1-3-2 所示为某品牌笔记本配置单,适合大多数学生使用,价格为 4200 元。

表 1-3-2　笔记本配置清单

名　称	技 术 参 数	
操作系统	Windows10	
CPU	CPU 类型	英特尔 第 8 代 酷睿
	CPU 型号	i5-8250U
	CPU 核心	四核
内存	内存容量	8GB
	内存类型	DDR4
显卡	类型	独立显卡
	显示芯片	NVIDIA GeForce MX130
	显存容量	2GB
显示器	显示器规格	15.6英寸
	显示器比例	宽屏 16∶9
	屏幕类型	LED 背光
	特征	全高清防眩光雾面屏
端口	USB 2.0	2 个
	USB 3.0	1 个
	RJ45	1 个
音效系统	内置扬声器	
	麦克风(有)	
其他设备	网络摄像头(有)	
	读卡器(有)	
电源	电池	4 芯锂离子电池
	续航时间	5～8 小时
	电源适配器	65W AC 适配器

课后练习

一、上机操作题

在电子商务网站查看计算机配置。

二、单项选择题

1. 在计算机系统中,访问速度最快的存储器是( )。

　　A. 硬盘　　　　　　B. U 盘　　　　　　C. 光盘　　　　　　D. 内存

2. 在微型计算机内存储器中,不能用指令修改其存储内容的部分是( )。

　　A. RAM　　　　　B. DRAM　　　　　C. ROM　　　　　D. SRAM

3. 计算机的主机由(　　)组成。

    A. CPU、外存储器、外部设备   B. CPU 和内存储器

    C. CPU 和存储系统   D. 主机箱、键盘、显示器

4. 专门为学习目的而设计的软件是(　　)。

    A. 工具软件   B. 应用软件   C. 系统软件   D. 目标程序

5. 操作系统的功能指的是(　　)。

    A. 将源程序编译成目标程序

    B. 负责诊断机器的故障

    C. 控制和管理计算机系统的各种硬件和软件资源的使用

    D. 负责外设与主机之间的信息交换

6. 以下不属于系统软件的是(　　)。

    A. DOS   B. Windows XP   C. Windows 10   D. Word

7. 一台计算机的基本配置包括(　　)。

    A. 主机、键盘和显示器   B. 计算机与外部设备

    C. 硬件系统和软件系统   D. 系统软件与应用软件

8. 下列有关软件的描述中,说法不正确的是(　　)。

    A. 软件就是为方便使用计算机和提高使用效率而组织的程序和有关文档

    B. 所谓"裸机",其实就是没有安装软件的计算机

    C. FoxPro、Oracle 属于数据库管理系统,从某种意义上讲也是编程语言

    D. 通常软件安装得越多,计算机的性能就越先进

9. 在微型计算机的硬件设备中,既可以做输入设备又可以做输出设备的是(　　)。

    A. 绘图仪   B. 扫描仪   C. 手写笔   D. 磁盘驱动器

10. 计算机的运算器、控制器和内存储器 3 部分的总称是(　　)。

    A. CPU   B. 主机   C. ALU   D. MODEM

11. 计算机的总线由(　　)组成。

    A. 逻辑总线、传输总线和通信总线

    B. 地址总线、运算总线和逻辑总线

    C. 数据总线、信号总线和传输总线

    D. 数据总线、地址总线和控制总线

12. 计算机能直接识别的语言是(　　)。

    A. 汇编语言   B. 自然语言   C. 机器语言   D. 高级语言

13. 断电时计算机(　　)中的信息会丢失。

    A. RAM   B. CPU   C. ROM   D. 硬盘

14. 计算机硬件的主要性能指标取决于(　　)。

    A. 磁盘容量、显示器的分辨率、打印机的配置

    B. 字长、运行速度、内存容量

    C. 机器的价格、配置的操作系统、使用的磁盘类型

    D. 所配置的语言、操作系统和外部设备

15. 冯·诺依曼计算机的基本思想是(　　)。

A. 数据内置　　　　B. 存储程序　　　　C. 逻辑连接　　　　D. 程序外接

16. 计算机之所以能够按照人的意图自动工作,主要是因为采用了(　　)。

A. 存储程序控制　　B. 高级语言　　　　C. 二进制编码　　　　D. 高速的电子元件

17. 影响个人计算机系统功能的主要因素中,不包括(　　)。

A. 时钟主频　　　　B. 内存容量　　　　C. 字长　　　　　　D. 光驱倍速

Windows 10操作系统及其应用

项目分析：项目一中已经配置好了计算机硬件，但还需安装操作系统才能使用。操作系统是管理计算机硬件资源、控制其他程序运行并为用户提供交互操作界面的系统软件集合。操作系统是用户和计算机的接口，用户必须通过操作系统才能使用计算机。本项目从认识 Windows 10 操作系统开始，进一步深入介绍 Windows 10 操作系统的使用，如文件与文件夹的管理等。

任务1 初识 Windows 10

任务展示

本任务要求学生能认识 Windows 10 操作系统，并对 Windows 10 进行简单操作，如进入操作系统、定时关机，以及对桌面图标进行排序、查看等。

支撑知识

1. 计算机操作系统的概念、功能与种类

1）操作系统的概念

操作系统（Operating System，OS）是一种系统软件，用于管理计算机系统的硬件与软件资源，控制程序的运行，改善人机操作界面，为其他应用软件提供支持等，从而使计算机系统所有资源得到最大限度的发挥，并为用户提供了方便的、有效的和友善的服务界面。操作系统是一个庞大的管理控制程序，它直接在计算机硬件上运行，是最基本的系统软件，也是计算机系统软件的核心，同时还是靠近计算机硬件的第一层软件。

2）操作系统的功能

（1）处理器管理。

处理器管理最基本的功能是处理中断事件。处理器只能发现中断事件并产生中断，而不能进行处理，配置了操作系统后，就可对各种事件进行处理。处理器管理的另一个功能是处理器调度。处理器可能是一个，也可能是多个，不同类型的操作系统将针对不同情况采取不同的调度策略。

（2）存储器管理。

存储器管理主要是指针对内存储器的管理。主要任务是分配内存空间，保证各作业占用的存储空间不发生矛盾，并使各作业在自己所属存储区中互不干扰。

（3）设备管理。

设备管理是指负责管理各类外围设备（简称外设），包括分配、启动和故障处理等。主要任务是当用户使用外部设备时，必须提出要求，待操作系统进行统一分配后方可使用。当用户的程序运行到要使用某外设时，由操作系统负责驱动外设。操作系统还具有处理外设中断请求的能力。

（4）文件管理。

文件管理是指操作系统对信息资源的管理。在操作系统中，将负责存取的管理信息的部分称为文件系统。文件是在逻辑上具有完整意义的一组相关信息的有序集合，每个文件都有一个文件名。文件管理支持文件的存储、检索和修改等操作以及文件的保护功能。操作系统一般都提供功能较强的文件系统，有的还提供数据库系统来实现信息的管理工作。

（5）作业管理。

每个用户请求计算机系统完成一个独立的操作称为作业。作业管理包括作业的输入和输出，作业的调度与控制（根据用户的需要控制作业运行的步骤）。

3）操作系统的种类

操作系统可以从以下两个角度进行分类。

（1）从用户角度，将操作系统分为单用户单任务（如 DOS）、单用户多任务（如 Windows）、多用户多任务（如 UNIX）；

（2）从系统操作方式的角度，将操作系统分为批处理操作系统、分时操作系统、实时操作系统、网络操作系统和分布式操作系统 5 种。

2．Windows 10 的启动与关闭

1）Windows 10 的启动

安装了 Windows 10 操作系统的计算机，打开计算机电源开关即可启动 Windows 10。打开电源后系统首先进行硬件自检。如果用户在安装 Windows 10 时设置了口令，则在启动过程中将出现口令对话框，用户只有回答正确的口令方可进入 Windows 10 系统，如图 2-1-1 所示。

图 2-1-1　Windows 10 登录界面

2）重启、关闭、睡眠、锁定、注销、定时关机 Windows 10

（1）单击"'开始'菜单"→单击"电源"图标，如图 2-1-2 所示。

① 重启。重启计算机可以关闭当前所有程序和 Windows 10 操作系统，然后自动重新启动计算机并进入 Windows 10 操作系统。

② 关机。在单击"关机"图标后，计算机关闭所有打开的程序以及 Windows 10 本身，然后完全关闭计算机和显示器。

③ 睡眠。"睡眠"是一种节能状态，当选择"睡眠"图标后，计算机会立即停止当前操作，将当前运行程序的状态保存在内存中并消耗少量的电量，只要不断电，当再次按下计算机开关时，便可以快速度恢复"睡眠"前的工作状态。

④ 锁定。锁定计算机后，不会关闭当前用户界面正在使用的所有程序，Windows 10 界面将返回至登录界面，只有重新输入锁定前的用户密码或使用管理员用户账户登录才能解除锁定，继续使用计算机。

⑤ 注销。注销后所有当前用户正在使用的程序都会被关闭，但计算机不会关闭，其他用户可以登录而无须重新启动计算机。

⑥ 定时关机。单击"定时关机"图标，如图 2-1-3 所示，设置定时关机时间并单击"立即启动"。

图 2-1-2　Windows 10 关机选项

图 2-1-3　"定时关机"对话框

（2）在桌面空白处按下 Alt＋F4 组合键，在弹出的对话框中单击下拉列表框，如图 2-1-4 所示，选择所需选项单击"确定"按钮。

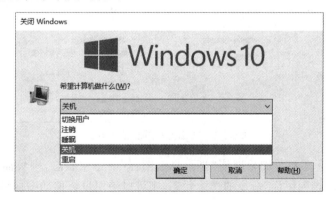

图 2-1-4　Windows 10"关机"对话框

3．Windows 10 桌面

桌面是用户启动计算机及登录到 Windows 10 操作系统后看到的整个屏幕界面,它看起来就像一张办公桌面,用于显示窗口和对话框,如图 2-1-5 所示。它是用户和计算机进行交流的窗口,桌面由若干应用程序图标和任务栏组成,也可以根据需求在桌面上添加各种快捷图标,在使用时双击图标就能快速启动相应的程序或文件。

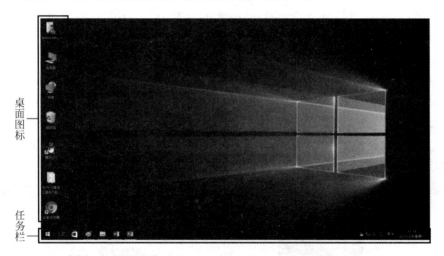

桌面图标

任务栏

图 2-1-5　桌面组成

1）桌面图标及查看和排序方式

桌面图标包含图形、说明文字两部分。每个图标代表一个工作对象,如文件夹或者某个应用程序,如图 2-1-5 所示。这些图标与安装时选择的组件有关,一般包括“此电脑” 、网络 等图标,可将经常使用的程序或文档放在桌面或在桌面建立快捷方式,以便能够快捷方便地进入相应的工作环境。

用户需要对桌面上的图标进行大小和位置调整时,可以在桌面上的空白处右击,在弹出的快捷菜单中单击“查看”和“排序方式”命令,如图 2-1-6 所示。

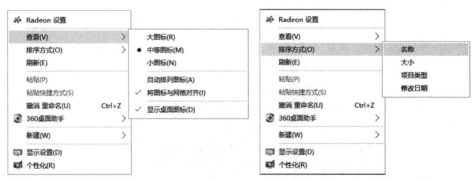

图 2-1-6　图标的查看和排序方式

（1）在“查看”子菜单中如果取消“显示桌面图标”的选中状态,则桌面的图标会全部消失,如果取消“自动排列图标”命令的选中状态,则可以使用鼠标拖动图标将其摆放在桌面的任意位置。

（2）在"排序方式"子菜单中可以选择按名称、大小、项目类型、修改时间进行排序。

2）任务栏

任务栏在桌面的最下方，如图 2-1-7 所示。

1 开始菜单　3 快速启动栏　　　　　　　　　　　　　　　　　　　5 通知区域

2 任务视图　　　　4 任务窗口

图 2-1-7　任务栏

（1）开始菜单。位于任务栏的最左边，使用 Windows 10 通常是从"开始"按钮开始。

（2）任务视图。任务视图是 Windows 10 操作系统新增的功能，能快速地查看打开的应用程序。

（3）快速启动栏。由一些按钮组成，单击按钮便可快速启动相应的应用程序。

（4）任务窗口。用于显示正在执行的程序和打开的窗口所对应的图标，单击任务按钮图标可以快速切换活动窗口。

（5）通知区域。此区域是显示后台运行的程序，右击通知区域图标时，将弹出该图标的快捷菜单，该菜单提供特定程序的快捷方式。

在任务栏的空白处右击，弹出如图 2-1-8 所示快捷菜单，单击"属性"命令，弹出如图 2-1-9 所示对话框。

图 2-1-8　快捷菜单

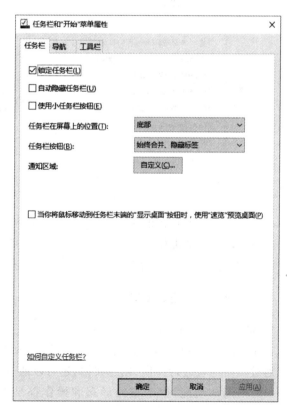

图 2-1-9　"任务栏和'开始'菜单属性"对话框

在"任务栏"选项中有很多复选框出现,单击复选框出现"√"表明选中,若原本已选中,再次单击"√"消失,表明取消该选项。

3）任务管理器

"任务管理器"提供了有关计算机性能、计算机运行程序和进程的信息,主要用于管理中央处理器和内存程序。利用"任务管理器"启动程序、结束程序或进程、查看计算机性能的动态显示,更加方便地管理维护自己的系统,提高工作效率,使系统更加安全、稳定。

在任务栏空白处右击,在弹出的快捷菜单中单击"启动任务管理器"命令,打开如图 2-1-10 所示"任务管理器"窗口。使用 Ctrl＋Alt＋Del 组合键,也可打开"Windows 任务管理器"窗口。

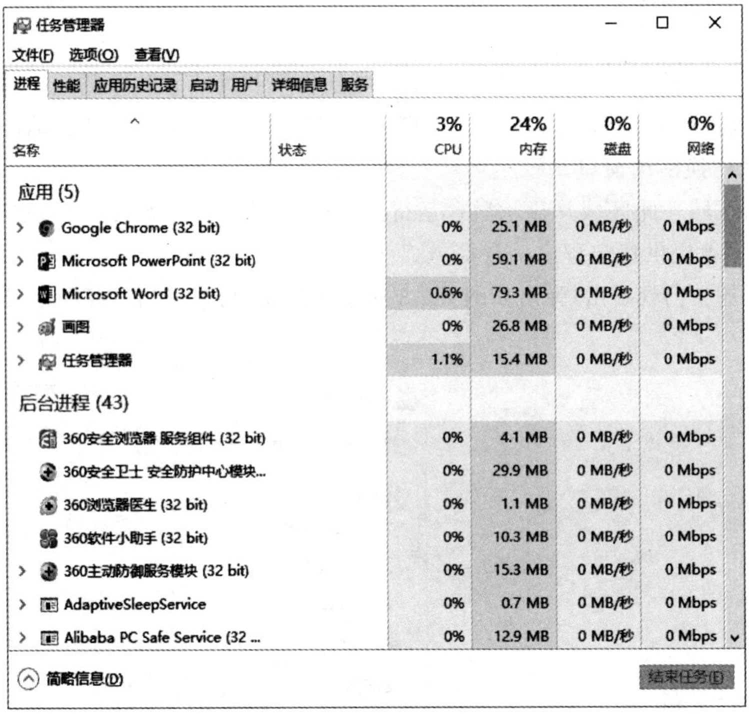

图 2-1-10 "任务管理器"窗口

（1）在"进程"列表中可查看应用程序或进程所占用的 CPU 及内存大小,单击应用程序或进程,然后单击"结束任务"按钮,此时该程序或进程将会被结束。

（2）"性能"选项卡的上部则会以图表形式显示 CPU、内存、硬盘和网络的使用情况。

4. Windows 10 窗口和对话框

1）Windows 10 窗口

在 Windows 10 中,以窗口的形式管理各类项目。通过窗口可以查看文件夹等资源,也可以通过程序窗口进行操作、创建文档,还可以通过浏览器窗口畅游 Internet。虽然不同的窗口具有不同的功能,但基本的形态和操作都是类似的。Windows 10 中的窗口组成如图 2-1-11 所示。

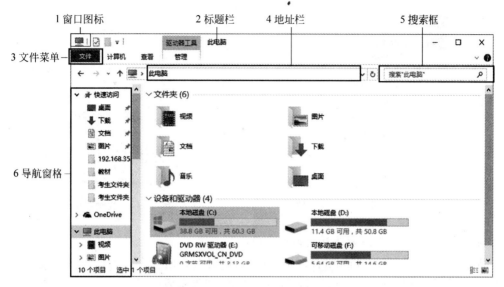

图 2-1-11 Windows 10 窗口组成

（1）标题栏：标题栏位于窗口顶部，用于显示文档和程序的名称，左侧显示应用程序的图标，单击该图标可选择移动、最小化、最大化、关闭等命令。最右侧是最小化按钮、最大化/还原按钮和关闭按钮。

（2）地址栏：位于窗口左上角，通过单击"前进"和"后退"按钮，导航至已经访问的位置。还可通过单击"前进"按钮右侧的向下箭头，然后从该列表中进行选择以返回到以前访问过的窗口。

（3）导航窗格：单击可快速切换或打开其他窗口。

（4）搜索框：地址栏的右侧是功能强大的搜索框，用户可以在此输入任何想要查询的搜索项。若用户不知道要查找的文件位于某个特定文件夹或库中，浏览文件可能意味着查看数百个文件和子文件夹，为了节省时间和精力，可以打开使用已经打开窗口顶部的搜索栏。

2）窗口的操作

在 Windows 10 中，可以同时打开多个窗口，窗口始终显示在桌面上。窗口的基本操作包括移动窗口、排列窗口、调节窗口大小等。

（1）打开窗口。

在 Windows 系统桌面上，可使用两种方法来打开窗口：一种方法是左键双击图标；另一方法是在选中的图标上右击，在弹出的快捷菜单中单击"打开"命令，如图 2-1-12 所示。

（2）关闭窗口。

关闭窗口的方法有两种，直接单击窗口右上角的关闭 ✕ 图标，或者右击标题栏，打开如图 2-1-13 所示快捷菜单，单击"关闭"命令。

（3）切换窗口。

Windows 10 是一个多任务操作系统，可以同时处理多项任务。当前正在操作的窗口称为活动窗口，其标题栏是深蓝色的，已被打开但当前未操作的窗口称为非活动窗口，标题栏显示为灰色。切换窗口有以下 3 种方法：

图 2-1-12　打开 Word 文档

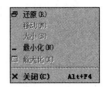

图 2-1-13　控制菜单关闭

方法 1：任何时刻在所要激活的窗口内单击。

方法 2：通过按 Alt＋Tab 组合键切换窗口，此时会弹出一个对话框，每按一次 Tab 键就会选择下一个窗口图表，当窗口图表带有边框时，即为激活状态。

方法 3：在任务栏处单击窗口最小化图标，切换相应的窗口为活动窗口。

（4）移动窗口。

将鼠标指针移动到窗口的标题栏上，按住鼠标左键不放，拖动至目标位置后松开鼠标，窗口移动至目标位置。注意，当窗口最大化时不能移动窗口。

（5）排列窗口。

在系统中一次打开多个窗口，一般情况下只显示活动窗口，当需要一次查看打开的多个窗口时，可以在任务栏空白处右击，弹出如图 2-1-14 所示快捷菜单，根据需求选择层叠窗口、堆叠显示窗口或并排显示窗口。

（6）缩放窗口。

可以随意改变窗口大小，以便将其调整到合适的尺寸。将鼠标指针放在窗口的水平或垂直边框上，当鼠标指针变成上下或左右双向箭头时进行拖动，可以改变窗口的高度或宽度。将鼠标放在窗口边框任意角上，当鼠标指针变成斜线双向箭头时进行拖动，可对窗口进行等比缩放，如图 2-1-15 所示。

图 2-1-14　窗口排列方式

5．Windows 10 对话框

对话框是一种特殊的 Windows 窗口，由标题栏和不同的元素对象组成，用户可以通过对话框与系统之间进行交互操作。对话框可以移动，但不能改变大小。

在 Windows 的对话框中，除了有标题栏、边界线和"关闭"按钮外，还有一些控件供用户使用，如图 2-1-16 所示。

（1）选项卡。

当两组以上功能的对话框合并在一起，形成一个多功能对话框时就会出现选项卡，单击标签可进行选项卡的切换。

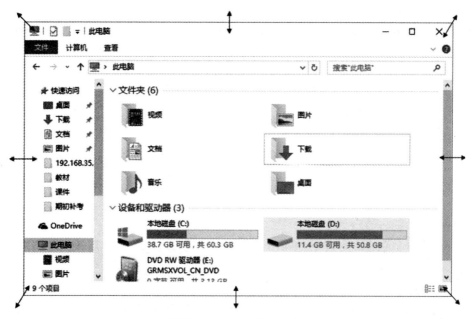

图 2-1-15　改变窗口大小

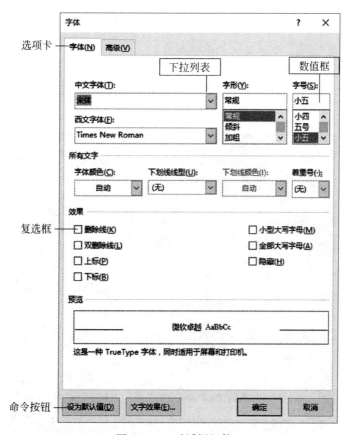

图 2-1-16　对话框组件

（2）单选按钮。

表示在一组选项中选择一项且只能选择一项，单击某项则被选中，被选中项的前面有个圆点。

（3）复选框。

有一组选项供用户选择，可选择若干项，各选项间一般不会冲突，被选中的项前有一个"√"，再次单击该项则取消"√"。

（4）命令按钮。

命令按钮用来执行某一操作，如 重置文件夹(R) 、还原为默认值(D) 、 确定 等都是命令按钮。单击某一命令按钮将执行与其名称相应的操作，如单击 确定 按钮，表示关闭对话框并保存所做的全部更改。

（5）下拉列表。

下拉列表框中包含多个选项，单击下拉列表框右侧的 按钮，将打开一个下拉列表，从中可以选择所需的选项。

（6）数值框。

用于输入数字，若其右边有两个方向相反的三角形按钮，也可单击它来改变数值大小。

6．Windows 10 菜单

1）菜单的种类

菜单分为"开始"菜单、快捷菜单和命令菜单等。

（1）"开始"菜单。

Windows 10"开始"菜单是开始程序和磁贴的整合，可将常用的设置项添加到磁贴，如图 2-1-17。

图 2-1-17 "开始"菜单

（2）快捷菜单。

快捷菜单是用右键单击某个对象时弹出的菜单，该菜单中的功能都是与当前操作对象密切相关的，其功能项与当前操作状态和位置有关，如在桌面右击，弹出如图 2-1-18 所示快捷菜单。

（3）命令菜单。

不同的窗口，其命令菜单内容也各不相同，如图 2-1-19 所示。

2）菜单的基本操作

对于 Windows 10 系统及应用程序所提供的各种菜单，不管是命令菜单还是快捷菜单，用户都可以使用鼠标或者键盘对其进行相应的操作。鼠标操作具有灵活、简单、方便的特点，建议尽量用鼠标进行操作。

图 2-1-18　快捷菜单

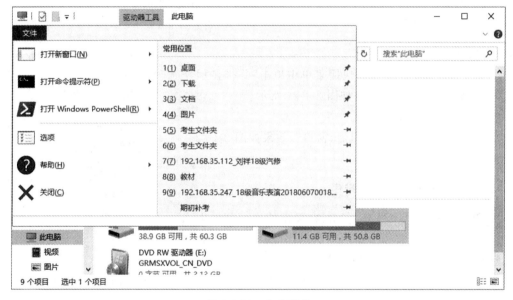

图 2-1-19　命令菜单

（1）打开菜单。

单击"开始"按钮可打开"开始"菜单；

右键单击目标对象可打开快捷菜单；

单击菜单栏上的各个菜单可打开命令菜单。

（2）取消菜单。

如果已打开某个菜单，又不想操作了，单击该菜单外的任何位置或者按 Esc 键则可取消。

3）菜单命令的约定

Windows10 系统及应用程序所提供的各种菜单，其各个功能项的表示有一些特定的含义，如表 2-1-1 所示。

表 2-1-1   菜单的有关约定

功　能　项	含　义
带下画线的字母	热键,按键盘上的该字母则执行该项功能
灰色选项	该菜单命令当前不可使用
省略号(…)	选择该菜单命令将出现一个对话框
复选标记(√)	该菜单命令当前有效,再次单击则取消选择,该功能当前无效
圆点(•)	该菜单命令当前有效,是单选选项,即只选一项且必须选一项
大于符号(>)	鼠标指针指向该项后会弹出一个级联菜单(或称子菜单)
深色项	为当前项,移动光标键可更改,按回车键则执行该菜单命令
键符或组合键符	表示该菜单命令的快捷键,使用快捷键可以直接执行相应的命令

任务实现

1．并排与层叠显示窗口

1.1并排与层叠显示窗口

1)并排显示窗口

在任务栏右击,在弹出的快捷菜单中单击"并排显示窗口",如图 2-1-20 所示,效果如图 2-1-21 所示。

2)层叠显示窗口

在图 2-1-20 中单击"层叠显示窗口",效果如图 2-1-22所示。

2．对文件和文件夹进行排序

打开"素材文件"文件夹,右击,在弹出的快捷菜单中单击"排序方式"命令,如图 2-1-23 所示,分别依次单击名称、修改日期、类型和大小,其效果图分别为:图 2-1-24为按名称排序,图 2-1-25 为按日期排序,图 2-1-26 为按类型排序,图 2-1-27 为按大小排序。

图 2-1-20   并排显示窗口

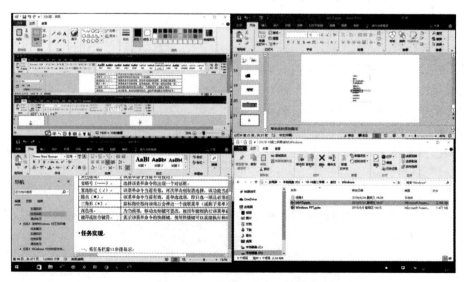

图 2-1-21   并排显示窗口效果

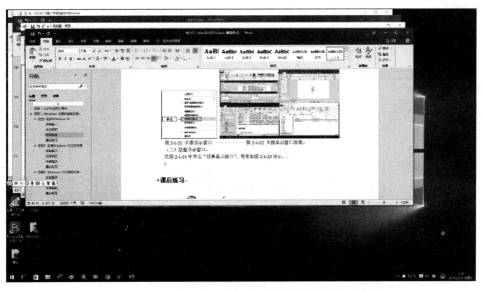

图 2-1-22　层叠显示窗口效果

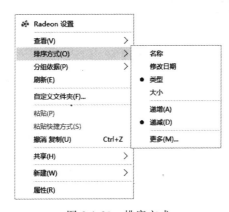

图 2-1-23　排序方式

1.2 文件和文件夹排序

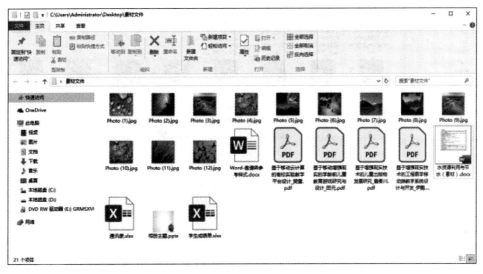

图 2-1-24　按名称排序

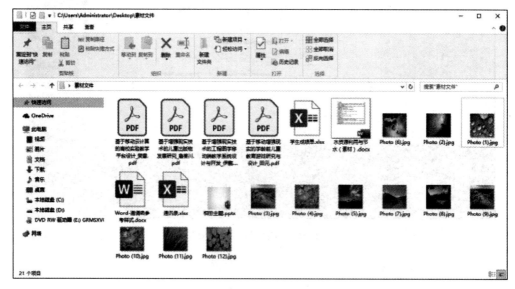

图 2-1-25　按日期排序

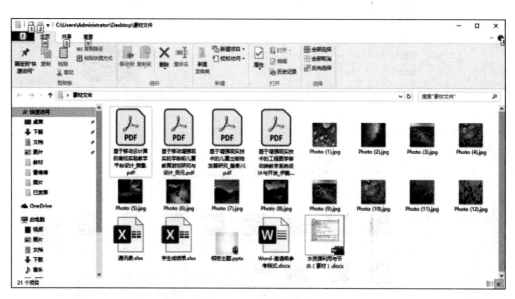

图 2-1-26　按类型排序

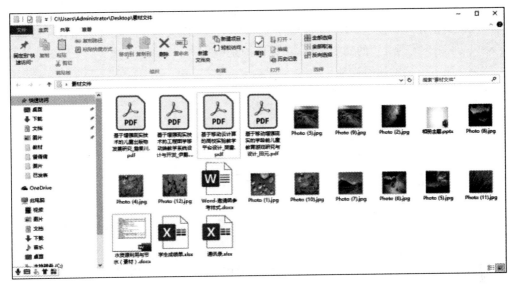

图 2-1-27　按大小排序

课后练习

一、上机操作题

打开"素材文件"文件夹,分别用超大图标、大图标、中等图标、小图标、列表、详细信息、平铺和内容进行查看,并根据查看结果进行总结。

二、单项选择题

1. 在 Windows 10 中,移动窗口时,鼠标指针要停留在(　)处拖曳。
    A. 菜单栏　　　　　B. 标题栏　　　　　C. 边框　　　　　D. 状态栏
2. 右击某对象,则(　)。
    A. 打开该对象的快捷菜单　　　　　B. 弹出帮助说明
    C. 关闭该对象的操作　　　　　　　D. 取消菜单
3. 在 Windows 10 中,用户可以同时启动多个应用程序,在启动了多个应用程序后,用户可以按组合键(　)在各应用程序之间进行切换。
    A. Alt+Tab　　　　B. Alt+Shift　　　　C. Ctrl+Alt　　　　D. Ctrl+Esc
4. 在 Windows 10 的命令菜单中,命令后面带"…"表示(　)。
    A. 该命令正在起作用　　　　　　　B. 选择此菜单后将弹出对话框
    C. 该命令当前不可选　　　　　　　D. 该命令的快捷键
5. Windows 10 系统是(　)操作系统。
    A. 单用户单任务　　B. 多用户多任务　　C. 单用户多任务　　D. 多用户单任务
6. 操作系统五大管理功能中,(　)功能是直接面向用户的,是操作系统的最外层。
    A. 处理器管理　　　B. 设备管理　　　　C. 作业管理　　　　D. 存储管理

7. 在 Windows 系统的资源管理器中不能完成的是(　　)。

　　A. 文字处理　　　　B. 文件操作　　　　C. 文件夹操作　　　D. 格式化磁盘

8. 下列关于"任务栏"的功能说法,不正确的是(　　)。

　　A. 显示系统的所有功能

　　B. 可显示当前的活动窗口

　　C. 可显示当前所运行程序的名称信息

　　D. 可实现当前所运行的各个应用程序之间的切换

任务2　定制 Windows 10 工作环境

任务展示

本任务要求学生能设置 Windows 10 主题、更改分辨率、设置用户账户、卸载应用程序等,桌面设置最终效果如图 2-2-1 所示。

图 2-2-1　主题、分辨率设置最终效果

支撑知识

1. 界面

Windows 10 为计算机带来了全新的外观,它的特点是透明的玻璃图案且带有精致的窗口动画和新窗口颜色。它包括与众不同的直观样式,将轻型透明的窗口外观与强大的图形高级功能结合在一起,提供更加流畅、更加稳定的桌面体验,让我们可以享受具有视觉冲击力的效果和外观。

2．屏幕分辨率

屏幕分辨率是指屏幕显示的分辨率。屏幕分辨率确定计算机屏幕上显示多少信息的设置，以水平和垂直像素来衡量。屏幕分辨率低时（例如 640×480），在屏幕上显示的像素少，但尺寸比较大。屏幕分辨率高时（例如 1024×768），在屏幕上显示的像素多，但尺寸比较小。

3．用户账户

Windows 用户账户的建立是为了区分不同的用户，每个账户登录之后都可以对系统进行自定义的设置，而一些隐私信息也必须用用户名和密码登录才能看见。

4．屏幕保护程序

设计屏幕保护程序的初衷是为了防止计算机监视器出现荧光粉烧蚀现象，显示技术的进步和节能监视器的出现，从根本上消除了对屏幕保护程序的需要，但我们仍然在使用屏幕保护程序，主要是因为它能给用户带来一定的娱乐性和安全性等。如设置好带有密码保护的屏保之后，用户可以放心地离开计算机，而不用担心别人在计算机上看到机密信息。

5．卸载程序

当安装的应用程序不用时需将其卸载，卸载应用程序需在控制面板中进行。

任务实现

1．更改主题

主题是桌面背景、窗口颜色、声音和屏幕保护程序的组合，是操作系统视觉效果和声音的组合方案。

1）主题设置

在桌面右击，在弹出的快捷菜单中单击"个性化"→"主题"→"主题设置"命令，如图 2-2-2 所示。

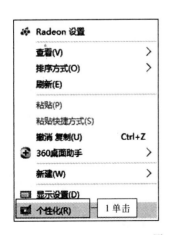
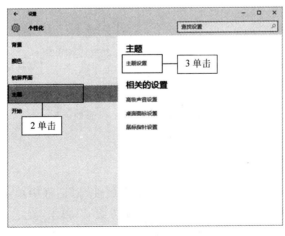

图 2-2-2　更改 Windows 10 主题　　　　　　　　　1.1 设置主题

在弹出的对话框中单击 sunny shores→"保存主题"命令,如图 2-2-3 所示。

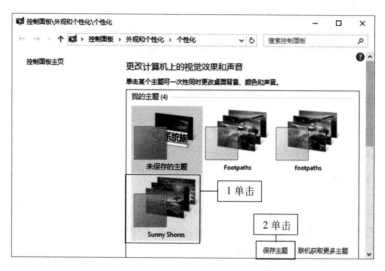

图 2-2-3　保存主题

2) 相关的设置

相关的设置主要包括高级声音设置、桌面图标设置和鼠标指针设置。

(1) 更改桌面图标。

单击"桌面图标设置",在弹出的"桌面图标设置"对话框中单击"网络"→"更改图标"命令,在弹出的"更改图标"对话框中单击用户所需图标,单击"确定"按钮,如图 2-2-4 所示。

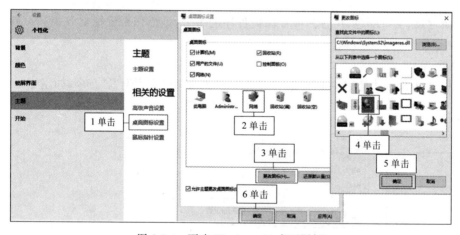

图 2-2-4　更改 Windows 10 桌面图标

1.2.1 相关设置-
更改桌面图标

(2) 鼠标指针设置。

单击"鼠标指针"设置,在弹出的"鼠标 属性"对话框中单击"方案"下拉列表,在弹出的下拉列表中选择"Windows 默认(大)(系统方案)",单击"确定"按钮,如图 2-2-5 所示。

在鼠标指针方案选择好之后,可根据用户喜好自定义鼠标图标,如单击"自定义"栏中的"手写",单击"浏览",在弹出的"浏览"对话框中单击 pen_il→"打开"命令,如图 2-2-6 所示。

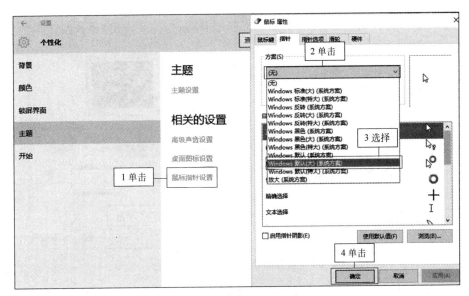

图 2-2-5 鼠标方案选择

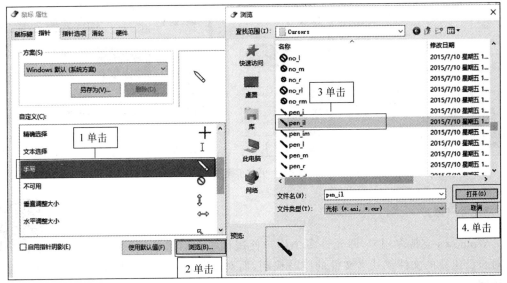

图 2-2-6 更改鼠标图标

3）屏幕保护程序

单击"锁屏界面"→"屏幕保护程序设置"命令,在弹出的"屏幕保护程序"对话框中单击"屏幕保护程序"下拉列表,单击"彩带"→"确定"命令,如图2-2-7所示。

2. 更改屏幕分辨率

显示器购买后,最大分辨率是固定的,用户可根据个人习惯更改屏幕分辨率。在桌面右击,在弹出的快捷菜单中单击"显示设置"命令,在弹出的"设置"对

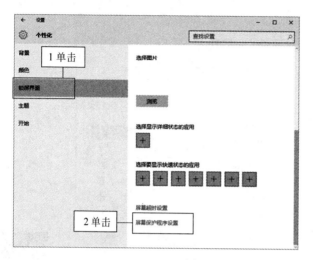
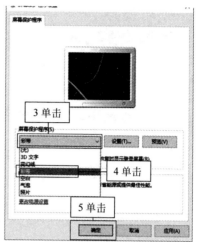

图 2-2-7　设置屏幕保护程序

话框中单击"高级显示设置"命令,在"分辨率"下拉列表中单击"1366×768",如图 2-2-8 所示。

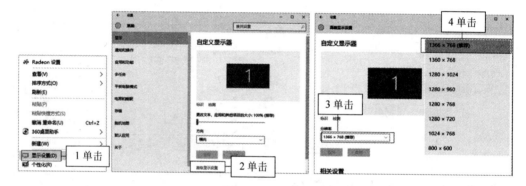

图 2-2-8　更改屏幕分辨率

3. 用户账户

Windows 支持多用户,即允许多个用户使用同一台计算机,每个用户只拥有对自己建立的文件或共享文件的读写权利,而对于其他用户的文件资料则无权访问。

3 添加用户账户

单击"用户账户"→"管理其他账户"→"在电脑设置中添加新用户"→"将其他人添加到这台电脑"命令,添加一个新用户,如图 2-2-9 所示。

4. 卸载程序

对于不再使用的应用程序可以将其卸载,以释放磁盘空间。当应用程序出现故障时也可以将其卸载后重新安装。

在控制面板对话框中单击"程序 卸载程序",在弹出的"程序和功能"对话框中右击"Microsoft Office 2016",在弹出的快捷菜单中单击"卸载"命令,如图 2-2-10 所示。

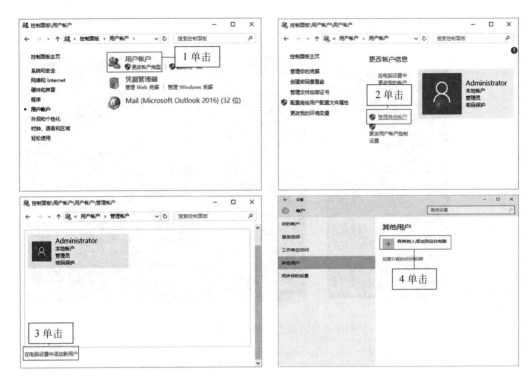

图 2-2-9　添加新用户账户

图 2-2-10　卸载应用程序

5. 创建快捷方式

快捷方式是指图片左下角带有 符号的桌面图标,双击这类图标可以快速访问或打开某个程序,因此创建桌面快捷方式可以提高办公效率。用户可以根据需要在桌面添加应用程序、文件或文件夹的快捷方式。

1)应用程序创建快捷方式

单击"开始"菜单,单击"所有程序",鼠标移动到 Excel 并按住不放,拖动至桌面,如图 2-2-11 所示。

5.1 应用程序创建快捷方式

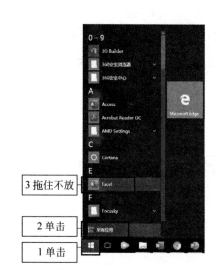

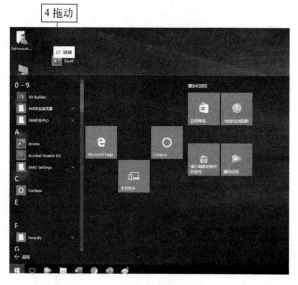

图 2-2-11　应用程序创建快捷方式

2) 文件或文件夹创建快捷方式

在"计算机"窗口中找到文件或文件夹并选中后,右击,在弹出的快捷菜单中单击"发送到"→"桌面快捷方式"命令。

5.2 文件和文件夹
创建快捷方式

课后练习

上机操作题

(1) 请分别将桌面图标按名称、大小、类型和修改日期排序,并观察效果。

(2) 请分别将桌面图标按大图标、中等图标和小图标查看,并观察效果。

(3) 将屏幕保护程序设置为"肥皂泡泡",等待 1 分钟,观察效果或预览其效果。

(4) 设置屏幕分辨率为"1024×768"像素,观察其效果。设置屏幕分辨率为"1360×768"像素,观察其效果,并总结分辨率大小不同,其显示效果有什么不同。

任务3　Windows 10 文件和文件夹管理

任务展示

本任务完成文件和文件夹的管理,如复制、移动、新建、删除等操作,如图 2-3-1 所示为文件和文件夹管理的最终效果。

新建文件和文件夹
最终效果

移动、复制、删除
最终效果

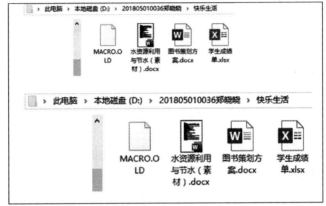

图 2-3-1　文件和文件夹管理最终效果图

支撑知识

1. 文件和文件夹的基本操作

1）文件的基本概念

（1）文件。

文件是一组相关信息的集合，每一个文件都以文件名进行标识，计算机通过文件名存取文件。计算机中任何程序和数据都是以文件的形式存储在外部存储器上。一个存储器中能存储大量的文件，要对各个文件进行管理，则需要通过将它们分类进行组织。

（2）文件名的结构。

文件名一般由两部分组成，格式为"主文件名.扩展名"，两部分之间用"."隔开，扩展名一般是 3 个字符，用来表示文件类型。如文件名"数据排序.xlsx"表示该文件为一个 Excel 文档，常见的文件类型如表 2-3-1 所示。

表 2-3-1　常见的文件类型

扩展名	文 件 类 型	扩展名	文 件 类 型
.DOCX	Word 文档文件	.BAK	一些程序自动创建的备份文件
.XLSX	Excel 电子表格文件	.BAT	DOS 中自动执行的批处理文件
.PPTX	PowerPoint 演示文稿文件	.DAT	某种形式的数据文件
.TXT	记事本	.DBF	数据库文件
.BMP	画图程序或位图文件	.PSD	Photoshop 生成的文件
.JPG	图像压缩文件格式	.DLL	动态链接库文件（程序文件）
.EXE	直接执行文件	.MP3	使用 mp3 格式压缩存储的声音文件

续表

扩展名	文 件 类 型	扩展名	文 件 类 型
.COM	命令文件(可执行的程序)	.INF	信息文件
.INI	系统配置文件	.WAV	波形声音文件
.SYS	DOS 系统配置文件	.WMA	微软公司制定的声音文件格式
.WMA	微软公司制定的声音文件格式	.ZIP	压缩文件

文件与相应的应用程序的关联是通过文件的扩展名进行的,扩展名一定是表示该文件的类型。

(3)文件名的组成。

文件名由字母、数字、汉字和其他的符号组成,最多可包含 255 个字符,文件名可以包含空格,但不能含有以下字符:\、/、、:、*、?、<、>、|。

(4)文件名不区分大小写。

同一文件夹下的"ABC. txt"和"abc. txt"是指同一个文件。

(5)文件路径。

文件路径是指文件在磁盘分区(逻辑驱动器)中的文件夹位置,是在磁盘上找到该文件时所经过的文件夹途径。例如文件"AAA. docx"的路径为 D:\201805010036 郑晓晓\AAA. docx。

2)文件夹的基本概念

文件夹也叫目录,是文件的集合体,是用来对文件进行分类、保存和管理的逻辑区域。可以将相同类别的文件存放在同一个文件夹中,一个文件夹还可以包含子文件夹。文件夹的命名规则和文件基本相似,不同的是文件夹的名字中没有扩展名。

为了有效地组织文件,文件夹采用层次结构。每个逻辑磁盘的根部可以直接存放文件,叫作根目录。根目录下面还可放子目录(文件夹),子目录下面还可再放子目录,整个结构像一棵倒置的树,如图 2-3-2 所示。

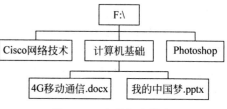

图 2-3-2　文件与文件夹

3)文件和文件夹属性

文件和文件夹的属性有两种:只读、隐藏,如图 2-3-3 所示为文件夹属性,图 2-3-4 为文件属性。

(1)只读:表示对文件或文件夹只能查看不能修改。

(2)隐藏:在系统不显示隐藏文件时,该对象隐藏起来,不被显示。若要将其显示出来,单击"查看"选项卡,单击"显示/隐藏"组中"隐藏的项目"前复选按钮,如图 2-3-5 所示。

4)选择文件或文件夹

在对文件或文件夹进行各种操作之前须选定待操作的文件或文件夹。

(1)选定一个文件或文件夹。

单击某个对象,该对象即被选中,被选中的对象图标呈深色显示。

(2)选定多个不连续的文件或文件夹。

单击第一个文件或文件夹,按住 Ctrl 键,单击其他需要选定的文件或文件夹,即可选定多个不连续的文件或文件夹。

图 2-3-3　文件夹属性

图 2-3-4　文件属性

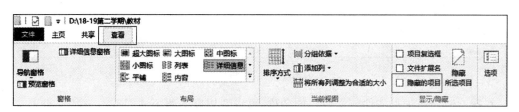

图 2-3-5　"显示"被隐藏的文件或文件夹

（3）选定多个连续的文件或文件夹。

单击第一个文件或文件夹，按住 Shift 键不放，单击要选定的最后一个文件或文件夹，此时包含在两个文件或文件夹之间的所有文件或文件夹被选中。

（4）选定全部文件或文件夹。

使用 Ctrl＋A 组合键，或拖动矩形区域，或者单击"主页"选项卡，在"选择"组中单击"全部选择"，如图 2-3-6 所示，所有文件或文件夹全部都被选中。

图 2-3-6　全部选择

（5）取消一项选定。

先按住 Ctrl 键不放，然后单击要取消选定的文件，便可取消一项选定。

（6）取消所有选定。

在文件夹内容框中单击空白处，即可取消所有选定。

5）搜索文件或文件夹

打开资源管理器，如图 2-3-7 所示，在搜索框中输入关键字进行搜索。

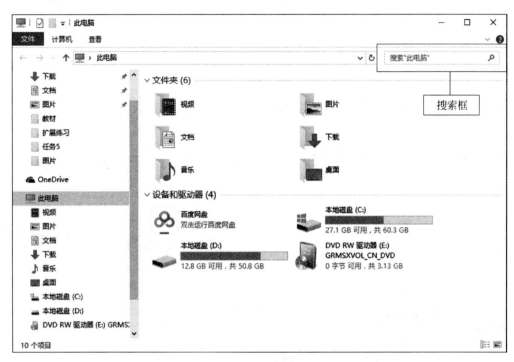

图 2-3-7　搜索框

在搜索时若不记得文件或文件夹的名称，可以使用以下两个通配符。

（1）？：表示一个字符，如在搜索框中输入"？的童年.JPG"，则表示搜索第 2—4 个字为"的童年"的图片。

（2）＊：表示任意个字符，如在搜索框中输入"＊的童年.JPG"，则表示搜索文件名中有"的童年"字样的图片。

6）新建文件或文件夹

（1）新建文件。

选定要创建新文件所在的文件夹，单击"主页"选项卡，单击"新建"组中的"新建项目"下拉列表，单击要新建的文件，如图 2-3-8 所示，窗口中就会出现临时名称的文件，输入新文件的名称。也可以右击新建文件。

（2）新建文件夹。

选定要创建新文件所在的文件夹，单击"主页"选项卡，单击"新建"组中的"新建文件夹"，如图 2-3-8 所示，窗口中就会出现临时名称的文件，输入新文件的名称。也可以右击新建文件夹。

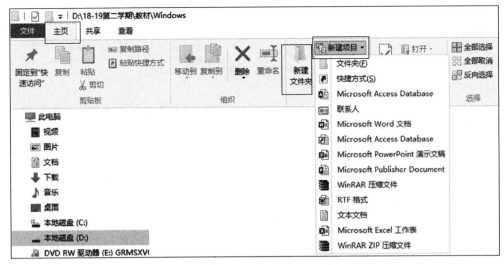

图 2-3-8　新建文件

7）重命名文件或文件夹

选择文件或文件夹→右击，在弹出的快捷菜单中单击"重命名"命令，或使用功能键"F2"重命名。

8）复制和移动文件或文件夹

移动文件或文件夹的方法如下。

（1）选择需要移动的文件或文件夹，单击"主页"选项卡，单击"剪贴板"组中的"剪切"命令，如图 2-3-9 所示，或使用 Ctrl＋X 组合键进行剪切；

（2）打开目标文件夹，单击"主页"选项卡，单击"剪贴板"组中的"粘贴"命令，如图 2-3-9所示，或使用 Ctrl＋V 组合键进行粘贴。

图 2-3-9　"主页"选项卡

复制文件或文件夹的操作步骤如下。

（1）选择需要复制的文件或文件夹，单击"主页"选项卡，单击"剪贴板"组中的"复制"命令，如图 2-3-9 所示，或使用 Ctrl＋C 组合键进行复制；

（2）打开目标文件夹，单击"主页"选项卡，单击"剪贴板"组中的"粘贴"命令，如图 2-3-9所示，或使用 Ctrl＋V 组合键进行粘贴。

注意：无论对文件的复制、移动、删除，还是重命名操作，都只能在文件没有被打开时进行。

移动和复制的另一方法是，选中要移动或复制的文件或文件夹，单击"主页"选项卡，单击"组织"组中的"移动到"或"复制到"下拉列表进行目标位置定位，如图 2-3-10 所示。

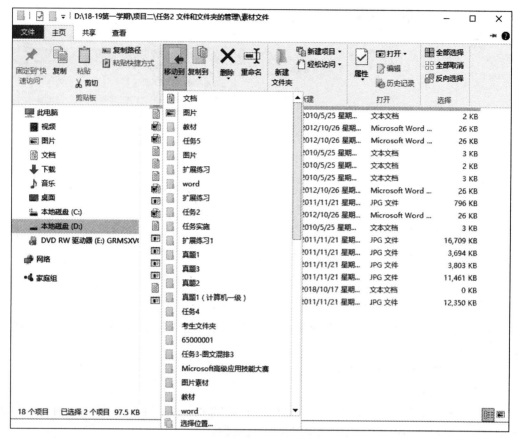

图 2-3-10　"移动到"和"复制到"快捷命令

9) 删除与恢复文件或文件夹

当一些文件或文件夹不再需要时可将其删除,方法主要有两种:

(1) 删除到回收站。

选择需要删除的文件或文件夹,右击,在弹出的快捷菜单中单击"删除"命令。使用该方法删除的文件或文件夹可在回收站中还原或删除。

(2) 彻底删除。

选择需要删除的文件或文件夹,使用 Shift＋Delete 组合键进行彻底删除,使用该方法删除后,文件或文件夹不会放到回收站。

10) 恢复删除的文件或文件夹

若是在回收站中的文件或文件夹,可对文件或文件夹还原、剪切及删除,但是不能打开文件或文件夹。

2. 资源管理器

资源管理器是 Windows 10 提供的资源管理工具,也是 Windows 的精华功能之一。通过资源管理器可以查看计算机上的所有资源,能够方便地管理计算机上的文件和文件夹,如图 2-3-11 为 Windows 10"资源管理器"。

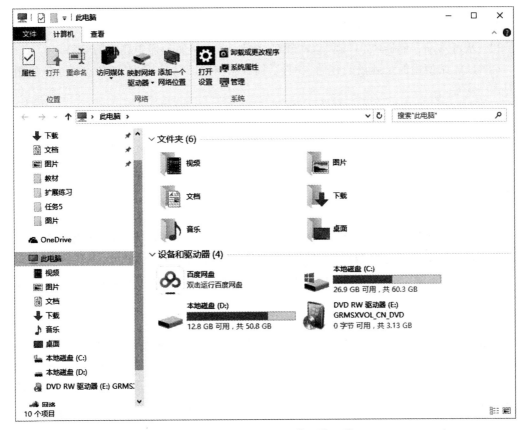

图 2-3-11　Windows 10"资源管理器"

1）剪贴板

剪贴板是内存的一块区域,用于暂时存放信息,用来实现不同应用程序之间数据的共享和传递。

（1）将信息存入剪贴板。

如下 4 个命令将信息存入剪贴板。

① 复制。

② 剪切。

③ 按下 Print Screen 键,将整个屏幕以图片形式复制到剪贴板中。

④ 按下 Alt＋Print Screen 组合键,将当前窗口以图片形式复制到剪贴板中。

（2）将剪贴板中的信息取出。

粘贴命令将剪贴板中的信息取出。

2）回收站

回收站主要来存放用户临时删除的文档资料,如存放删除的文件、文件夹、快捷方式等。这些被删除的项目会一直保留在回收站中,直到清空回收站。

回收站是一个特殊的文件夹,默认在每个硬盘分区根目录下的 RECYCLER 文件夹中,而且是隐藏的。当文件删除后,实质上就是把它放到这个文件夹中,仍然占用磁盘空间。只有在回收站里删除它或清空回收站才能使文件真正删除。

注意,不是所有被删除的对象都能够从回收站中还原,只有从硬盘中删除的对象才能放入回收站。以下两种情况无法还原文件或文件夹:

(1) 从可移动存储器(如 U 盘、移动硬盘、软盘)或网络驱动器中删除的对象。

(2) 回收站使用的是硬盘的存储空间,当回收站空间已满时,系统将自动清除较早删除的对象。

3.磁盘操作

磁盘是计算机存储信息的重要物理介质,文件、文件夹和系统信息都存储在磁盘中,由于用户频繁地复制、删除、安装和卸载文件,长时间操作后,磁盘会出现碎片、读/写错误、无用文件占用磁盘空间等情况,因此需要使用磁盘操作功能对其进行维护。

1) 磁盘清理

使用磁盘清理可以减少硬盘上不需要的垃圾文件数量,释放磁盘空间,并让计算机运行得更快。使用磁盘清理可以帮助用户释放硬盘驱动器空间,清空回收站、删除各种垃圾文件、删除临时文件和 Internet 缓存文件,并可以安全删除不需要的文件,腾出他们占用的系统资源,以提高系统性能。

2) 碎片整理

磁盘的频繁操作会出现碎片,碎片会占用硬盘空间,从而降低计算机的速度。可移动存储设备也可能出现碎片。磁盘碎片整理程序可以重新排列碎片数据,以便磁盘和驱动器能够更有效地工作。磁盘碎片整理程序可以按计划自动运行,也可以手动分析磁盘和驱动器,以及对其进行碎片整理。通过磁盘碎片整理,可以重新安排磁盘的已用空间,尽量将同一个文件重新存放到相邻的磁盘位置上,并把可用的空间全部移动到磁盘的尾部,因而可以明显地提高磁盘的读写效率,提升系统的速度和性能。

3) 磁盘格式化

新购买的外存储器或一些特殊情况,如中病毒时需要格式化磁盘,在格式化前需要将磁盘上的数据进行备份。格式化是在磁盘中建立磁道和扇区,磁道和扇区建立好之后,计算机才可以使用磁盘来储存数据。

4) 系统还原

系统还原可以将计算机的系统文件及时还原到早期的还原点,该还原点通常是计算机最理想状况下设立的。此方法可以在不影响个人文件(如文档、照片等)的情况下,撤销对计算机所进行的系统修改。

任务实施

1.新建文件和文件夹

1) 新建文件夹

1.1 新建文件夹

在 D 盘空白处右击,单击"新建"命令,在子菜单中单击"文件夹",如图 2-3-12 所示。新建文件夹文件名蓝色显示,输入文件名,如图 2-3-13 所示。

使用相同的方法在该文件夹下新建两个文件夹,分别命名为"开心学习"和"快乐生活"。

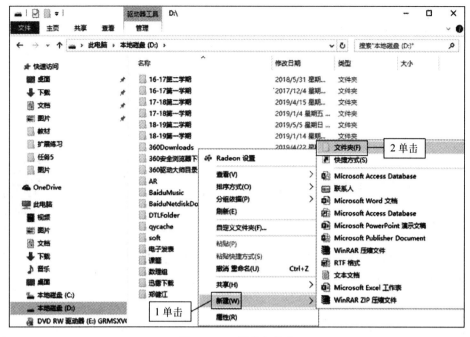

图 2-3-12　新建文件夹

2）新建文件

在以学号和姓名命名的文件夹中右击，单击"新建"命令，在子菜单中单击"Microsoft Word 文档"，如图 2-3-14 所示，将该文件重命名为"AAA. docx"。

使用相同的方法新建记事本文件"BBB. txt"，新建文件夹和文件最终效果如图 2-3-15 所示。

1.2 新建文件

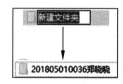

图 2-3-13　输入文件名

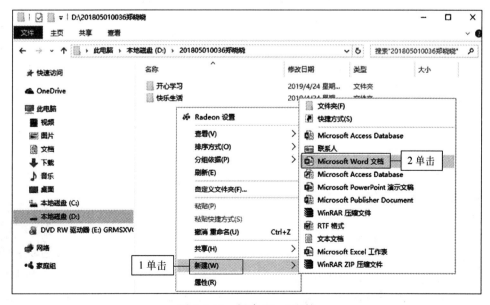

图 2-3-14　新建 Word 文档

图 2-3-15　新建文件夹和文件效果

2. 文件和文件夹复制与移动

1）复制文件

（1）排序。

2.1 复制文件

打开文件夹"素材文件"，在空白处右击，单击"排序方式"命令，在子菜单中单击"类型"命令，如图 2-3-16 所示。

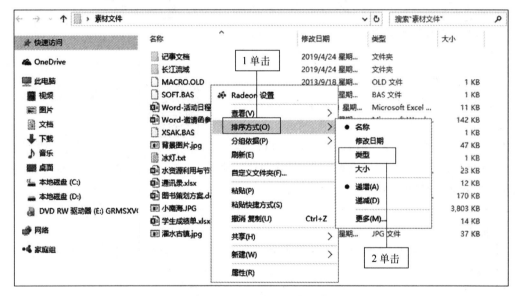

图 2-3-16　按类型进行排序

（2）选择第 1 到 10 个连续的文件。

单击第一个文件"冰灯.txt"，按住 Shift 键不放，单击第 10 个文件"小南海.JPG"。

（3）复制。

按下组合键 Ctrl＋C。

（4）粘贴。

打开"开心学习"文件夹，按下组合键 Ctrl＋V。

2）移动文件

（1）选择第 1、5、7、8 个文件。

2.2 移动文件

打开"开心学习"文件夹，单击第一个文件"冰灯.txt"，按住 Ctrl 键不放，单击第 5 个、第 7 个和第 8 个文件。

（2）剪切。

按下组合键 Ctrl＋X。

（3）粘贴。

打开"快乐生活"文件夹，按下组合键 Ctrl＋V。

复制和移动后最终效果如图 2-3-17 所示。

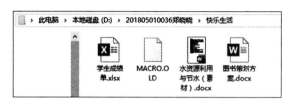

图 2-3-17　复制和移动最终效果图

3. 重命名

3 重命名

右击文件"开心学习"，在弹出的快捷菜单中单击"重命名"命令，如图 2-3-18 所示。输入新的文件夹名称。

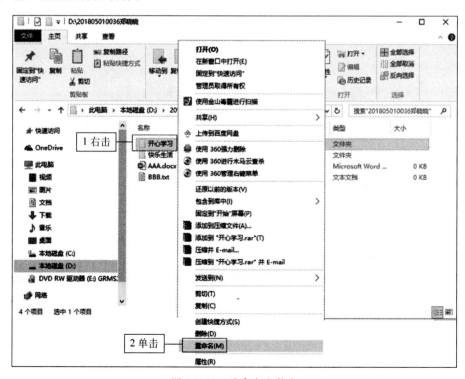

图 2-3-18　重命名文件夹

4. 设置"开心学习"文件夹的属性为隐藏

右击文件"开心学习",在弹出的快捷菜单中单击"属性"命令,在弹出的"开心学习 属性"对话框中单击"隐藏"前复选框以选中该选项,单击"确定"按钮,如图 2-3-19 所示。

4 隐藏文件夹

图 2-3-19　更改属性

5. 删除文件和文件夹

1)删除

单击文件夹"长江流域",按住 Ctrl 键不放,单击"背景图片.jpg",右击,在弹出的快捷菜单中单击"删除"命令,如图 2-3-20 所示。该文件和文件夹被删除到回收站。

2)还原

打开回收站,右击"背景图片.jpg",在弹出的快捷菜单中单击"还原"命令,如图 2-3-21 所示。

5.1 删除文件
和文件夹

5.2 还原

6. 文件和文件夹的搜索

打开文件夹"素材文件",在搜索框中输入".TXT",按下 Enter 键,如图 2-3-22 所示。

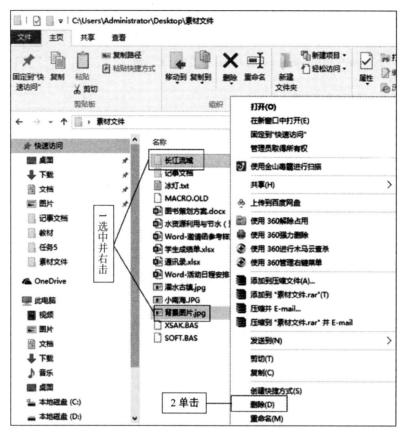

图 2-3-20 删除文件和文件夹

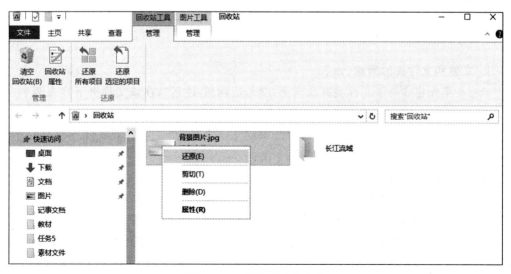

图 2-3-21 还原回收站文件

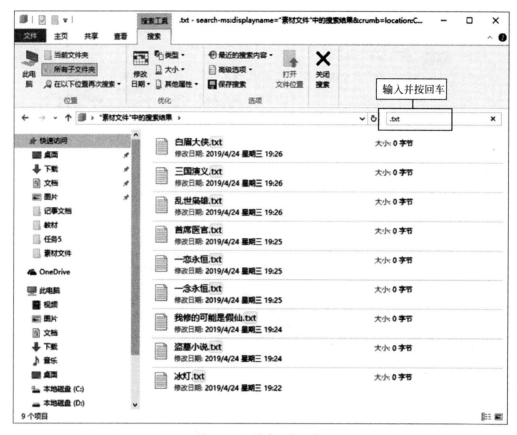

图 2-3-22　搜索文本文件

课后练习

一、上机操作题

1. 文件和文件夹的新建、命名

(1) 在桌面建立一级文件夹并命名为"学号后两位-姓名",在该文件夹下建立两个二级文件夹,分别命名为"计算机基础学习资料"和"生活资料"。

(2) 在"学号后两位-姓名"文件夹中分别创建一个名为"文字处理软件.docx"的 Word 文件,以及名为"记事本软件.txt"的记事本文件。

2. 文件和文件夹的选定、复制、移动

(1) 将"扩展练习素材文件"文件夹中的文件,按照"大小"排序,然后将其中的第 1 至 12 个连续的文件复制到"学号后两位-姓名\计算机基础学习资料"文件夹。

(2) 将"学号后两位-姓名\计算机基础学习资料"文件夹中的第 2、3、9、12 个文件移动到"学号后两位-姓名\生活"文件夹。

3. 文件和文件夹的重命名、属性更改

(1) 将二级文件夹"计算机基础学习资料"更改为"大一资料整理",并将该文件夹隐藏。

(2) 将"扩展练习素材文件"文件夹中的"侗族文化.doc"文件属性设置为只读。

4．文件和文件夹的删除

（1）将"扩展练习素材文件"文件夹中的"鸟巢.jpg"文件和"短小文章"文件夹删除。

（2）将"扩展练习素材文件"文件夹中的"心理暗示.txt"文件彻底删除。

（3）打开"回收站"，将"短小文章"文件夹还原。

5．文件和文件夹的搜索

（1）查找"扩展练习素材文件"所有的文本文件，并将其移动到"学生姓名\快乐生活"文件夹中。

（2）查找第二个字为"南"的文件，并删除。

6．创建快捷方式、显示或隐藏扩展名

（1）为"扩展练习素材文件\中秋节风俗.txt"文件创建名为"风俗"的快捷方式，并放在"学号后两位-姓名"文件夹中。

（2）隐藏文件的扩展名。

二、单项选择题

1．要把当前活动窗口的内容复制到剪贴板中，可按（　　）组合键。

    A．Shift+PrintScreen   B．PrintScreen

    C．Alt+PrintScreen   D．Ctrl+PrintScreen

2．A＊B.TXT 表示所有文件名含有字符个数是（　　）。

    A．3个   B．2个   C．不能确定   D．4个

3．A？B.TXT 表示所有文件名含有字符个数是（　　）。

    A．2个   B．3个   C．不能确定   D．4个

4．在"此电脑"或者"资源管理器"中，若要选定全部文件或文件夹，按（　　）组合键。

    A．Shift+A   B．Ctrl+A   C．Alt+A   D．Tab+A

5．回收站中的文件（　　）。

    A．可以直接打开   B．可以还原   C．可以复制   D．只能清除

6．在资源管理器窗口用鼠标选择不连续的多个文件的正确操作方法是：先按住（　　）键，然后逐个单击要选择的各个文件。

    A．Tab   B．Shift   C．Alt   D．Ctrl

7．资源管理器中文件夹图标前有"＞"，表示此文件夹（　　）。

    A．含有子文件夹   B．不含有文件夹

    C．桌面上的应用程序图标   D．含有文件

8．在 Windows 10"资源管理器"中进行文件操作时，单击第 2 个文件，按住 Shift 键单击第 5 个文件上，结果选中了（　　）个文件。

    A．2   B．3   C．4   D．5

9．在 Windows 10 下，将整个屏幕的全部信息发送剪贴板的组合键是（　　）。

    A．Alt+Insert   B．Ctrl+Insert   C．PrintScreen   D．Alt+Esc

10．删除 Windows 桌面上某个应用程序的图标，意味着（　　）。

    A．只删除了图标，对应的应用程序被保留

    B．该应用程序连同其图标一起被删除

C. 该应用程序连同其图标一起被隐藏

D. 只删除了该应用程序,对应的图标被隐藏

11. 剪贴板是(　　)中的一块区域。

A. 硬盘　　　　　　B. 优盘　　　　　　C. 内存　　　　　　D. 光盘

12. 在 Windows 10 中,可用"Ctrl+空格键"来进行(　　)。

A. 中、英文输入法切换　　　　　　B. 全、半角切换

C. 各汉字输入法切换　　　　　　D. 软硬键盘切换

13. Windows 10 中,要复制当前文件夹中已经选中的对象,可先使用组合键(　　)。

A. Ctrl+V　　　　B. Ctrl+A　　　　C. Ctrl+C　　　　D. Ctrl+X

14. 设 Windows 桌面上已经有某应用程序的图标,要运行该程序可以(　　)。

A. 用鼠标左键单击该图标　　　　　　B. 用鼠标右键单击该图标

C. 用鼠标左键双击该图标　　　　　　D. 用鼠标右键双击该图标

15. 彻底将选中的文件或文件夹删除的操作是(　　)。

A. 按 Delete(Del)键

B. 用鼠标直接将文件或文件夹拖放到"回收站"中

C. 按 Shift+Delete(Del)键

D. 使用"此电脑"或"资源管理器"窗口中"文件"菜单中的删除命令

16. 在 Windows 的"回收站"中,存放的(　　)。

A. 只能是硬盘上被删除的文件或文件夹

B. 只能是软盘上被删除的文件或文件夹

C. 可以是硬盘或软盘上被删除的文件或文件夹

D. 可以是所有外存储器中被删除的文件或文件夹

17. "剪切"的功能是把选定内容移动到(　　)。

A. 回收站　　　　　　B. 硬盘　　　　　　C. 剪贴板　　　　　　D. 资源管理器

18. Windows 中使用"磁盘清理"的主要作用是为了(　　)。

A. 修复损坏的磁盘　　　　　　B. 删除无用文件,扩大磁盘可用空间

C. 提高文件访问速度　　　　　　D. 删除病毒文件

19. Windows 中使用"磁盘碎片整理",主要是为了(　　)。

A. 修复损坏的磁盘　　　　　　B. 删除临时文件

C. 提高文件访问速度　　　　　　D. 扩大磁盘空间

三、判断题

1. Windows 系统桌面上的快捷图标被删除后,其所指向的文件也被删除。(　　)

2. 计算机操作系统的重要功能是对计算机硬件、软件资源进行管理和控制。(　　)

3. Windows 系统的"控制面板"主要是用来对当前系统进行硬件设备管理和设置用户操作环境。(　　)

4. 在 Windows 系统中,如果删除了优盘上的文件,该文件被送入"回收站",并可以恢复。(　　)

5. 在 Windows 中,若某一程序转入后台运行,则其占用的系统资源自动释放。(　　)

6. 操作系统是计算机和用户之间的接口。(　　)

7. Windows 系统中基本操作原则是选定对象再操作。(　　)

8. 将剪贴板中的内容粘贴到文档中后,其内容在剪贴板中仍然存在。(　　)

9. Unix 的文件系统与 Windows 的文件系统互相兼容。(　　)

10. Windows 操作系统的"桌面"实际上是系统盘上的一个文件夹。(　　)

11. Microsoft 公司的 Windows 是当前世界上唯一可以用的微型计算机操作系统。

(　　)

文字处理软件Word 2016

项目分析：如何制作图文并茂的宣传稿、批量制作邀请函，临近毕业怎样编辑与排版毕业论文？Word 2016 是一款强大的文字处理软件，可以实现文档的输入、编辑、排版，文档的分栏、分页，使用艺术字、剪贴画、图片、文本框等进行图文混排，也可以方便地导入工作图表、幻灯片以及插入视频等。本项目从认识 Word 2016 开始，学习文档字体、段落格式、边框等的设置，图文混排，以及制作表格、对表格数据进行管理、表格的应用（邮件合并），最后通过长文档排版，深入浅出掌握样式、目录、页眉页脚等技能。

任务 1　Word 2016 基本操作

Microsoft Office Word 2016 是 Office 2016 的重要一员，是微软公司推出的优秀文字处理软件，集文字编辑、格式排版、文档打印、图文混排、表格制作等功能于一体。使用该软件可以轻松、高效地组织和编写文档。

任务展示

本任务新建一个以"2019 劳动节放假通知.docx"命名的 Word 文档，保存在桌面并输入相应内容，最终效果如图 3-1-1 所示。

支撑知识

1. Word 2016 窗口组成

启动 Word 2016 后，系统会自动建立一个名为"文档 1"的空白文档，默认扩展名为.docx。Word 2016 窗口主要由快速启动栏、标题栏、选项卡、功能区、文档编辑区、状态栏、视图切换区和比例缩放区等部分组成，如图 3-1-2 所示。

1）快速访问工具栏

默认的快速访问工具栏包括"保存""撤销"和"恢复"命令按钮。单击快速访问工具栏右侧的下拉按钮，可以自定义、快速访问工具栏中的命令。

2）文件菜单

"文件"菜单包含一些基本命令，如"新建""打开""另存为""打印"和"关闭"等。

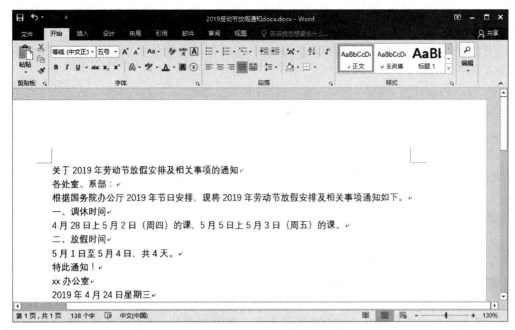

图 3-1-1 最终效果图

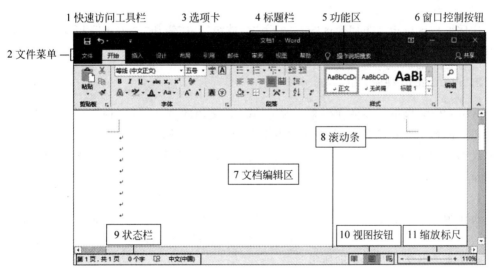

图 3-1-2 Word 2016 工作窗口

3）选项卡

Word 2016 共有 9 个选项卡，分别是开始、插入、设计、布局、引用、邮件、审阅、视图和帮助。

4）标题栏

标题栏位于窗口最顶部，当前正在编辑的文档标题为"文档 1"。

5）功能区

Word 2016 取消了传统的菜单和工具栏操作方式，取而代之的是各种功能区。Word

2016 窗口上方看起来像菜单的名称,其实是功能区的名称,单击这些名称时不会打开菜单,而是切换到与之相对应的功能区。每个功能区根据功能的不同又分为若干组。如"开始"功能区中包括剪贴板、字体、段落和样式等功能区,功能区基本包含了 Word 2016 中的各种操作所需要用到的命令。

6)窗口控制按钮

窗口控制由最小化、最大化与关闭按钮组成。

7)文档编辑区

文档编辑区用于对文档进行各种编辑操作,是 Word 2016 最重要的组成部分。文档编辑区中闪烁的短竖线是文本插入点,提示下一个文字的输入位置。

8)滚动条

使用水平滚动条和垂直滚动条中的滑块或按钮,可滚动显示工作区内的文档的内容。

9)状态栏

状态栏位于工作页面的最下方,主要用于显示当前文档的状态信息,包括文档的当前页数/总页数、字数统计、当前输入语言以及输入状态等。

10)视图切换区

视图切换区用来进行文档视图方式的切换。视图切换区由"页面视图"▤、"阅读版式视图"▥、"Web 版式视图"▦、"大纲视图"▧以及"草稿"▨ 5 个按钮组成。

11)比例缩放区

比例缩放区位于视图切换区的右侧,由"缩放级别"按钮和"显示比例"滑块组成,用户可以在该区域中对文档编辑区的显示比例进行设置。

2. Word 2016 视图方式

Word 2016 提供了多种在屏幕上显示 Word 文档的方式,每一种显示方式称为视图。使用不同的显示方式,用户可以把注意力集中到文档的不同方面,从而高效、快捷地查看和编辑文档。Word 2016 提供的视图方式有页面视图、阅读版式视图、Web 版式视图、大纲视图和草稿视图。

1)页面视图

页面视图是 Word 的默认视图。页面视图可以显示这个页面的分布情况和文档中的所有元素,如页眉页脚、脚注和尾注等,并能对其进行编辑。在页面视图方式下,显示效果反映打印后的真实效果,即"所见即所得"。

2)阅读版式视图

如果打开文档是为了进行阅读,阅读版式视图将优化阅读体验。在阅读版式视图中会隐藏所有选项卡。

3)Web 版式视图

Web 版式视图优化了布局,使文档具有最佳屏幕外观,使得联机阅读更容易。

4)大纲视图

大纲视图使得查看长文档的结构变得容易,且可以通过拖动标题来移动、复制或重新组织正文。在大纲视图中,可以扩展文档,只查看主标题;或者扩展文档,以便查看整个文档。

5）草稿视图

草稿视图显示所有的文本内容，以便快速编辑文本，但不会显示页眉、页脚、图片、剪贴画和艺术字等。

3．保存文档

文档编辑完成后，用户需要将它保存在磁盘上，以便将来使用。Word 2016 提供了多种保存文档的方法。

1）手动保存文档

（1）首次保存文档。

默认情况下，系统每次创建一个空文档时，标题栏上都给出"文档 1""文档 2"之类的名字。经过第一次保存后，才能获得用户命名的文件名。一个新建的文件第一次保存时，"保存"和"另存为"命令是相等的。

（2）保存已经保存过的文档。

进行第一次保存后，为了保证文档不被破坏或减少损失，需要在编辑文档过程中对文稿进行例行保存。

如果要使用另一个名字来保存文件或将该演示文稿存储于其他位置，则使用"另存为"命令进行保存。

2）自动保存文档

Word 2016 中提供"自动保存"功能，该功能是为了避免由于误操作或各种计算机故障造成未保存信息丢失。自动保存可以每隔一段时间自动保存一次文档。

自动保存虽然在很大程度上能避免忘记保存内容丢失的情况，但是并不能完全代替存盘操作。它的作用只是将正在编辑的文档自动保存到一个临时文件夹中，当遇到意外情况发生时，临时文件保存的内容会在重启 Word 时显示出来，并在该文件名中含有"恢复"字样，此时用户应该马上将恢复内容保存。但是，从最后一次自动保存到断电前这段时间里编辑的内容不能恢复。

4．换行

1）自动换行

在文档中输入文字时，文字达到右缩进位置时，Word 2016 会自动换行，并默认首位字符规则，使后置标点位于行尾。

2）强制换行

在文档中输入文字时，用户也可根据需求自动换行，主要有如下两种方法：

（1）硬回车。文档的自然段结束时需要强制换行。插入点定位在需要换行的地方，按下回车键（Enter），即可在插入点处插入硬回车符号（也称段落标记），表示当前自然段结束，同时插入点自动移动到下一行行首。

（2）软回车。将插入点定位在需要换行的地方，按 Shift＋Enter 组合键，即可在插入点处插入软回车符号（也称换行标记），表示当前行结束。同时，会在当前行下面自动添加新的一行，插入点自动移动到下一行行首。

硬回车和软回车的区别是硬回车将文字分成不同的自然段,而软回车是单纯的换行操作,软回车符前后的文字仍然为一个自然段。

5. 选取文本

在 Word 中对文档进行修改和编辑时要遵守"先选择后操作"原则。选取文本的操作方式根据对象的不同而不同。

1)选取连续文本

选取连续文本的方法主要有以下两种:

(1)将鼠标移动到需要选取文本的起始位置,按下鼠标左键拖动至文本的结束位置,即完成选取操作。

(2)单击连续文本的起始位置,然后按下 Shift 键不放,单击连续文本的结束位置。

2)选取不连续文本

拖动鼠标,选中不连续文本中的一部分文本,然后按住 Ctrl 键不放,选择文档中不连续的其他文本。

3)选取一行或多行

将鼠标移动到所选行的左边空白位置,鼠标会变成斜向上的箭头,此时单击鼠标将选定该行。如果要选定多行,按住鼠标左键拖动即可。

4)选取一段文本

将鼠标移动到所选段的左边空白位置,鼠标会变成斜向上的箭头时双击,选定该段。

5)选取矩形文本

按住 Alt 键不放,在矩形文本的起始位置按住鼠标左键拖动到矩形文本的结束位置,松开鼠标和 Alt 键,可选取多行的矩形字符块。

6)选取整篇文档

将鼠标移动到文档最左边的空白位置,鼠标会变成一个斜向上的箭头,此时连续单击鼠标左键三次,将选取整篇文档。也可直接使用 Ctrl+A 组合键,选取整篇文档。

6. 复制和移动文本

当用户需要在文档中移动文本的位置时,可以对文本进行剪切和粘贴操作。若要在文档中输入内容相同的文本时,则可对文本进行复制和粘贴操作。

1)在当前窗口移动或复制

移动的方法是选取文本,用鼠标拖曳到目的位置。复制的方法是"Ctrl+拖曳"。

2)在不同页、文档、应用程序之间移动或复制

(1)移动文本。

使用 Ctrl+X 组合键将选中的文本剪切,再使用 Ctrl+V 组合键将内容移动到目标位置,可快速实现移动。

(2)复制文本。

使用 Ctrl+C 组合键将选取的文本复制,再使用 Ctrl+V 组合键将内容复制到目标位置,也可快速实现复制。

7．删除和修改文本

在文本输入过程中，若发生错误，可以进行修改。

1）删除文本

（1）删除一个字符。

按 Backspace 键删除插入点前面的一个字符；按 Delete 键删除插入点后面的一个字符。

（2）删除多个字符。

选定要删除的词、句、行、自然段或任意连续的文本或整个文档，按 Backspace 或 Delete 键执行操作。

2）修改文本

选中需要修改的文本，输入新文本即可修改文本。

8．撤销与恢复

Word 2016 具有自动记录功能，在编辑文档时执行了错误操作，可进行撤销，同时也可恢复被撤销的操作。这一功能对发生误操作是十分有用的，能够及时补救。

1）撤销

撤销的组合键：Ctrl＋Z

"撤销"功能可以保留最近执行的操作记录，用户可以按照从后到前的顺序撤销若干步操作，但不能有选择地撤销不连续的操作。

2）恢复

恢复的组合键：Ctrl＋Y

当用户执行一次"撤销"操作后，用户可以进行恢复操作。

9．查找与替换

Word 2016 提供了强大的查找与替换功能，不仅可以快速查找，并把查找到的字符替换成其他字符，而且还能够查找到指定的格式和其他特殊字符等。

任务实施

1．创建"2019 劳动节放假通知"文档

1 新建文档

单击"开始"菜单→"所有应用"→Word 命令，在弹出的对话框中单击"空白文档"，如图 3-1-3 所示。

2．保存"2019 劳动节放假通知"文档

2 保存 Word 文档

单击"文件"→"保存"命令，在"另存为"导航栏中单击"浏览"，如图 3-1-4 所示。

在弹出的"另存为"对话框左边窗口中单击"桌面"，在"文件名"输入框中输入"2019 劳动节放假通知"，单击"保存"按钮，如图 3-1-5 所示。

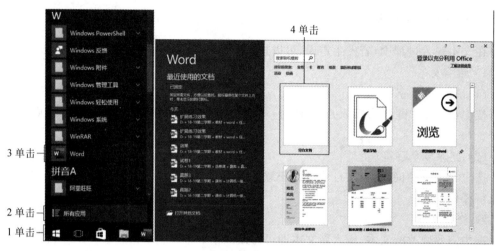

图 3-1-3　创建 Word

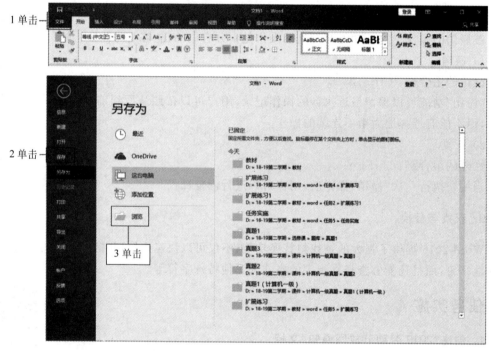

图 3-1-4　保存 Word 文档

3. 输入文本文档

Word 的中间空白区是编辑区,上面有一条闪动的竖线,这就是插入点。插入点的功能是标记输入的文本在文档中的位置及正在进行编辑的位置。

3 输入文本文档

1)输入法切换

单击"通知区域"语言栏,单击"中文(搜狗拼音输入法)"或使用 Ctrl+Shift 组合键,如图 3-1-6 所示。

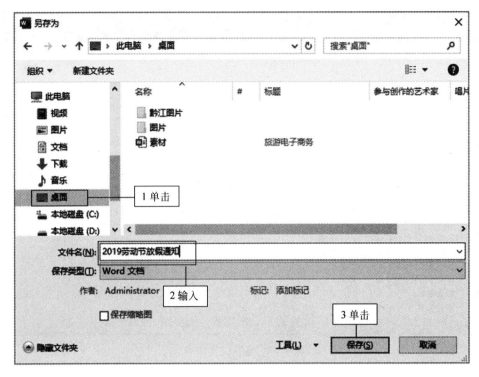

图 3-1-5 "另存为"对话框

图 3-1-6 输入法切换

2）输入文本

输入标题文字"2019 劳动节放假通知"，按 Enter 键换行，使用相同的方法输入其他文本，完成文本的输入，如图 3-1-7 所示。

3）光标定位并插入日期

在"xx办公室"文字下一行双击鼠标左键进行定位，单击"插入"选项卡，单击"文本"组中的"日期和时间"，在弹出的"日期和时间"对话框中单击"可用格式"栏中第 3 个选项，单击"确定"按钮，如图 3-1-8 所示。

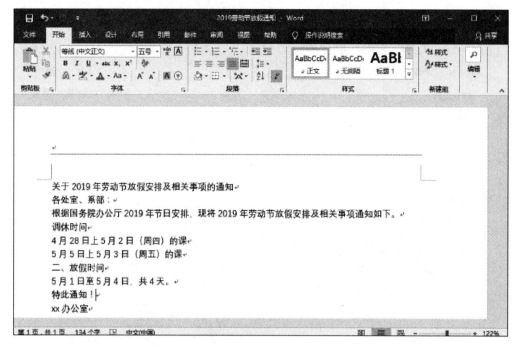

图 3-1-7　输入文本内容

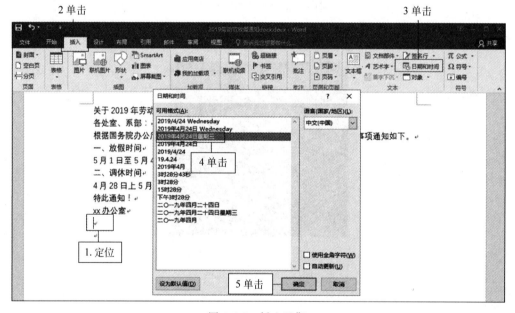

图 3-1-8　插入日期

4. 复制和移动文本

1) 复制文本

选中标题文字"劳动节",右击,在弹出的快捷菜单中单击"复制"命令(或按下组合键 Ctrl+C),在第 4 自然段文字"5 月 1 日"前右击,在弹出的快捷菜单中

4 复制和
移动文本

单击"粘贴选项"命令下的"保留源格式"(或按下组合键 Ctrl＋V),如图 3-1-9 所示。

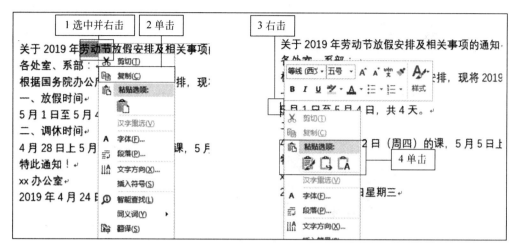

图 3-1-9　复制文本

2) 移动文本

选中第 3、4 自然段文字,右击,在弹出的快捷菜单中单击"剪切"命令(或按下组合键 Ctrl＋X),在第 5 自然段前右击,在弹出的快捷菜单中单击"粘贴选项"命令下的"保留源格式"(或按下组合键 Ctrl＋V),如图 3-1-10 所示。

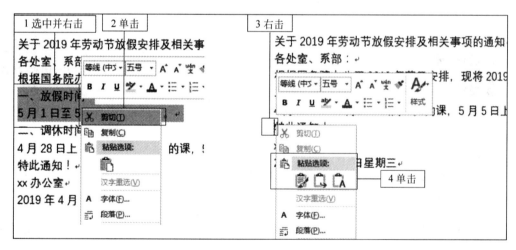

图 3-1-10　移动文本

5. 删除和修改文本

在文本输入过程中,若发生错误,可以进行修改。

1) 删除字符

将光标定位在"现"字前,按下控制键区或数字键区 Delete 键将"现"字删除,如图 3-1-11 所示。

2) 更改文字块内容

选中"通知",直接输入文字"紧急通知",即可更改选定文字块内容,如图 3-1-12 所示。

5 删除和
修改文本

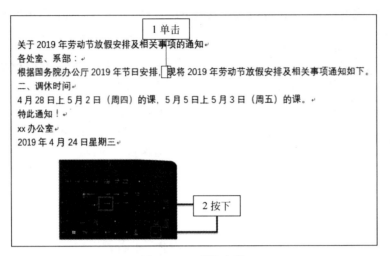

图 3-1-11　删除字符

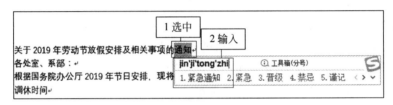

图 3-1-12　更改文字块内容

6. 撤销与恢复

1）撤销

单击"快速访问工具栏"的"撤销"按钮，或按 Ctrl＋Z 组合键，即可恢复到删除"现"字前的文档效果，如图 3-1-13 所示。

2）恢复

单击"快速访问工具栏"的"恢复"按钮，或按 Ctrl＋Y 组合键，即可恢复到"撤销"操作前的文档效果。

7. 查找与替换

单击"开始"选项卡，单击"编辑"组下拉列表，单击"替换"命令，在弹出"查找和替换"对话框的"查找内容"文本框中输入"2019"，在"替换为"文本框中输入"2018"，单击"全部替换"命令，在弹出的替换完成对话框中单击"确定"按钮，如图 3-1-14 所示。

课后练习

上机操作题

请新建一个 Word，并以"班级旅游通知.docx"命名，保存在桌面，内容如图 3-1-15 所示。

撤销前

关于 2019 年劳动节放假安排及相关事项的通知
各处室、系部：
根据国务院办公厅 2019 年节日安排，将 2019 年劳动节放假安排及相关事项通知如下。

撤销后

图 3-1-13　撤销操作

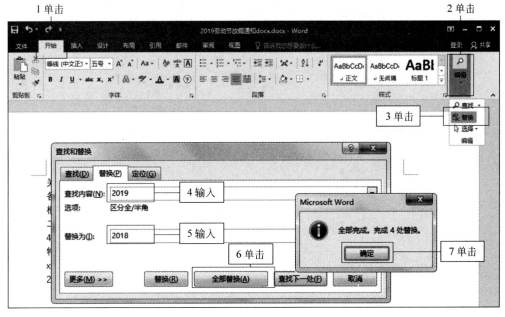

图 3-1-14　替换文字

班级旅游通知
为丰富同学们的课余文化生活，特定于 6 月 23、24 日举行"黔江魅力二日游"活动！
集合时间——6 月 23 日早上 7:00
集合地点——巴拉胡公园大门口

学生会
2019 年 6 月 21 日星期三

图 3-1-15　录入内容

任务 2　Word 2016 格式设置

　　在 Word 2016 中,通过设置丰富多彩的文字、段落和页面格式,可以使文档看起来更美观,更舒适。

任务展示

　　本任务对一则通知进行字体和段落格式设置,最终效果图如图 3-2-1 所示。

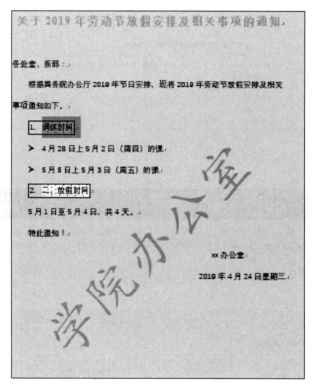

图 3-2-1　字体和段落设置最终效果图

支撑知识

1. 字体格式

　　字体格式是对文档字体进行设置,包括对字体、字号、颜色、文本效果、下画线、着重号、字符间距、缩放等进行设置。

　　在进行字体设置时可使用对话框,也可使用"字体"组进行设置,如图 3-2-2 所示为"字体"组。

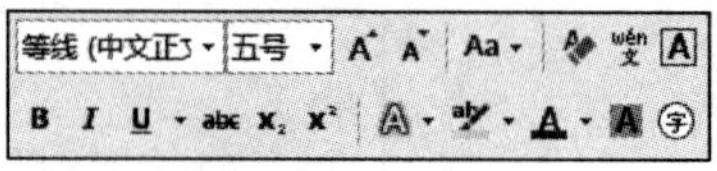

　　等线(中文正▼):对所选中的文本进行字体设置,Word 2016 提供了很多字体,中文字体有等线、宋体、黑体等,西文字体有 Times New Roman、Arial Black 等。

图 3-2-2　"字体"组

五号　▾：对所选中的文本进行字号设置，字号是指字符大小。常用的从初号到八号，如二号字比三号字大，也可以用"磅"值来表示字符大小，如 18 磅比 10 磅大。默认情况下Word 2016 使用的是"等线（中文正文）""五号"字体。

A⁺：对所选中的字体进行增大字体设置。

A⁻：对所选中的字体进行缩小字体设置。

Aa▾：对多选字母更改大小写。

🧹：清除所选文本字体格式。

wén拼：显示所选文本的发音。

Ⓐ：对所选文本设置或取消字符边框。

B：对所选文本设置或取消加粗格式。

I：对所选文本设置或取消倾斜格式。

U ▾：对所选文本设置或取消下画线格式。

a̶b̶c̶：对所选文本设置或取消删除线格式。

x₂：对所选文本设置或取消下标格式。

x²：对所选文本设置或取消上标格式。

A▾：对所选文本设置或取消文本效果，通过更改文本的轮廓、阴影、映像、发光等属性来更改字符的外观。

abc▾：对所选文本设置或取消突出效果。

A▾：对所选文本设置或取消字体颜色。

A：对所选文本设置或取消字符底纹。

字：对所选文本设置或取消带圈字符。

2．段落格式

段落格式是对文档的段落进行设置，包括缩进和间距、换行和分页、中文版式、制表位置等。

在进行段落设置时可使用对话框，也可使用"段落"组进行设置，如图 3-2-3 所示为"段落"组。

图 3-2-3　"段落"组

≔：为所选段落设置项目符号。在编辑文档时，用户经常会用到"01、02、03、04……"这样的编号来突出重点或强调顺序，从而增加文档的可读性。Word 提供了自动创建项目符号和编号的功能。项目符号和编号的应用对象是段落，项目符号和编号只添加在段落第一行的左侧。

≔：为所选段落设置编号。

≔：为所选段落设置多级列表。

≡：对所选段落设置减少段落缩进量。

≡：对所选段落设置增减段落缩进量。

🈂：对所选段落设置纵横混排、合并字符、双行合一等。

↕：对所选段落按字母顺序或数字顺序进行排序。

¶：对所选段落显示/隐藏编辑标记。

▤：对所选段落设置左对齐。

▤：对所选段落设置居中对齐。

▤：对所选段落设置右对齐。

▤：对所选段落设置分散对齐。

▤：对所选段落设置行和段落间距。

▤：对所选段落设置底纹。

▤：对所选段落设置边框。

1) 常规

整齐的版面效果可以使文本更为美观,对齐方式就是段落中文本的排列方式。段落水平对齐方式一般分为左对齐、居中对齐、右对齐、两端对齐和分散对齐 5 种。

2) 缩进和间距

缩进是指段落到左右页边的距离,段落缩进有 4 种形式：左缩进、右缩进、首行缩进和悬挂缩进。

(1) 左缩进：控制段落每行左边的起始位置。

(2) 右缩进：控制段落每行右边自动换行的位置。

(3) 首行缩进：控制段落第一行的起始位置。

(4) 悬挂缩进：控制段落除第一行以外其他行的起始位置。

在"缩进"栏中的"左侧",可设置段落左缩进字符数,"右侧"可设置段落右缩进字符数,"特殊格式"中可设置首行缩进和悬挂缩进的距离。

间距指的是段落作为整体和上一段以及下一段的间距。

段落行距是指从一行文字的底部到另一行文字底部的间距。行距决定段落中各行文本间的垂直距离,其默认值是单倍行距。段落间距是指文档中段落与段落之间的距离,它决定段落前后距离的大小。

3. 格式刷

格式刷能够将光标所在位置的所有格式复制到所选文字上面,大大减少了排版的重复劳动。先把光标放在设置好的格式的文字上,单击格式刷,然后选择需要同样格式的文字,鼠标左键拉取范围选择,松开鼠标左键,相应的格式就会设置好。

格式刷的作用：复制文字格式、段落格式等任何格式。

格式刷组合键：Ctrl+Shift+C 和 Ctrl+Shift+V。

在使用格式刷时单击一次格式刷可粘贴一次,双击格式刷可粘贴多次。

4. 首字下沉和分栏

1) 首字下沉

在报纸、杂志中使用首字下沉可以提高视觉效果,它不仅丰富了页面,且让读者一看便知文章的起始位置。除此之外,下沉文字通常用来标记一些重要段落的开始,或是为了提升版面的美观效果。

首字下沉分为下沉和悬挂两种类型,如图 3-2-4 所示。对相同段落设置下沉和悬挂两种方式,效果如图 3-2-5 所示。

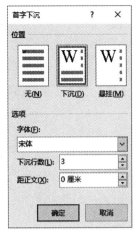

图 3-2-4　首字下沉种类

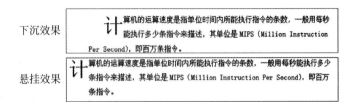

下沉效果

悬挂效果

图 3-2-5　首字下沉效果

2）分栏

默认情况下，文档只有一栏。将文档中的文本分成两栏或多栏，是文档编辑中的一个基本方法。Word 2016 提供的预设分栏主要有一栏、两栏、三栏、偏左和偏右，若需要更多分栏，则在"栏数"文本框中输入栏数以进行分栏，如图 3-2-6 所示。为突出分栏效果还可勾选"分隔线"复选框。如图 3-2-7 所示为分 4 栏有分隔线效果图。

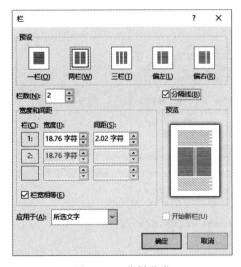

图 3-2-6　分栏种类

计算机的运	指令的条数，一	述，其单位是	Per Second），
算速度是指单位	般用每秒能执行	MIPS（Million	即百万条指令。
时间内所能执行	多少条指令来描	Instruction	

图 3-2-7　分栏效果图

5. 页面背景设置

1）水印

水印是显示在文档文本之下的文本或图案，常用于向读者表明文档的保密性或版权特征。水印分为图片水印和文字水印两种，文字水印较常用，如图 3-2-8 所示。图 3-2-9 所示为文字"严禁复制"水印效果。

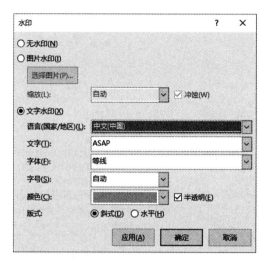

图 3-2-8　水印种类

图 3-2-9　水印效果

2）页面颜色

Word 2016 除了可以在 Web 版式视图中显示背景，也可以在页面视图和阅读版式视图中显示背景，可以将纯色、过渡色、纹理、图案、图片作为背景，如图 3-2-10 所示。图 3-2-11 为"雨后初晴"预设效果。

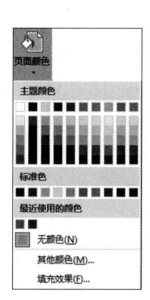

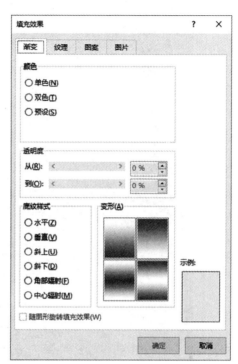

图 3-2-10　页面颜色种类

3）页面边框

页面边框主要用于在 Microsoft Word 文档中设置页面周围的边框，可以设置普通的线型页面边框和各种图标样式的艺术型页面边框，从而使 Word 文档更富有表现力。页面边框可自定义，也可选择系统自带的"艺术"类型，如图 3-2-12 所示。图 3-2-13 所示为艺术型页面边框效果。

6. 页面设置

在打印文件前，一般要根据实际情况设置纸张大小、打印方向、页边距等。页面设置对文档打印出来的效果有很大的影响。可以在新建文件的时候对页面进行设置，对页面进行设置可通过"布局"功能区"页面设置"组进行，如图 3-2-14 所示，也可通过对话框进行设置，如图 3-2-15 所示。

任务实施

1. 设置字体格式

选中标题文字，单击"开始"选项卡，单击"字体"组右下角折叠按钮，如图 3-2-16 所示。

1 设置字体格式

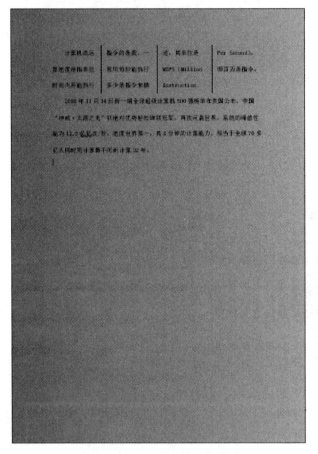

图 3-2-11 "雨后初晴"预设效果

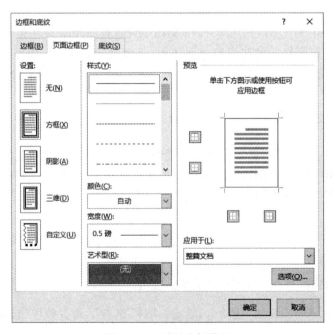

图 3-2-12 页面边框设置

图 3-2-13 艺术型页面边框

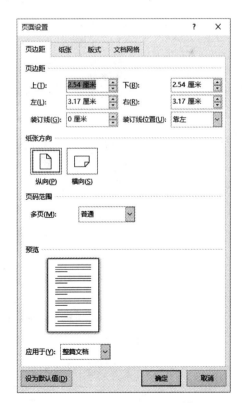

图 3-2-14 "页面设置"功能区　　　　　图 3-2-15 "页面设置"对话框

图 3-2-16 打开"字体"对话框

（1）在弹出的"字体"对话框"中文字体"下拉列表中选择"等线 Light"，在"西文字体"下拉列表中选择"Times New Roman"，在"字形"组中单击"加粗"，在"字号"组下拉列表中选择"三号"，在"字体颜色"下拉列表中选择"橙色"，如图 3-2-17 所示。

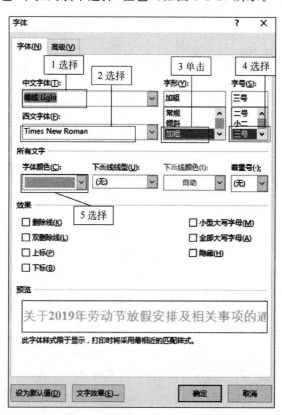

图 3-2-17 "字体"选项卡设置

（2）单击"高级"选项卡，在"缩放"输入框中输入"110％"，在"间距"下拉列表中选择"加宽"，在"磅值"输入框中输入"1 磅"，单击"确定"按钮，如图 3-2-18 所示。

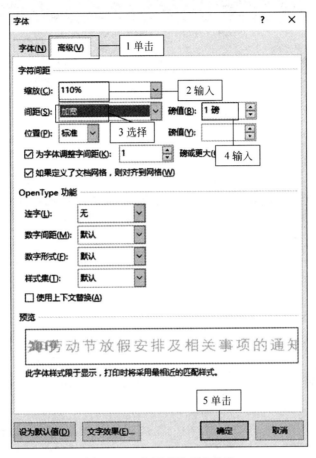

图 3-2-18　"高级"选项卡设置

设置其余字体为楷体、四号字。

2．设置段落格式

1）段落对话框

2.1 设置段落格式

（1）选中标题文字，单击"开始"选项卡，单击"段落"组右下角折叠按钮，如图 3-2-19 所示。

在弹出的"段落"对话框"常规"组"对齐方式"下拉列表中选择"居中"，在"间距"组"段后"输入框中输入"2 行"，单击"确定"按钮，如图 3-2-20 所示。

（2）选中第 2 到第 6 自然段，单击"开始"选项卡，单击"段落"组右下角折叠按钮，在弹出的"段落"对话框"常规"组下拉列表中选择"左对齐"，在"缩进"组"特殊格式"下拉列表中选择"首行缩进"，在"缩进"值输入框中输入"2 字符"，在"间距"组"行距"下拉列表中选择"2倍行距"，单击"确定"按钮，如图 3-2-21 所示。

（3）选中最后 2 个自然段并设置右对齐。

图 3-2-19　打开"段落"对话框

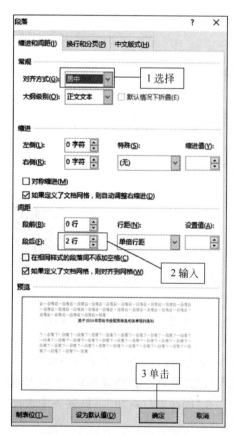

图 3-2-20　标题段落格式设置

图 3-2-21　正文段落格式设置

2）边框和底纹

（1）设置边框和底纹。

① 选中第 2 自然段，单击"开始"选项卡，单击"段落"组中的"边框"下拉列表，单击"边框和底纹"命令，如图 3-2-22 所示。

2.2 边框和底纹

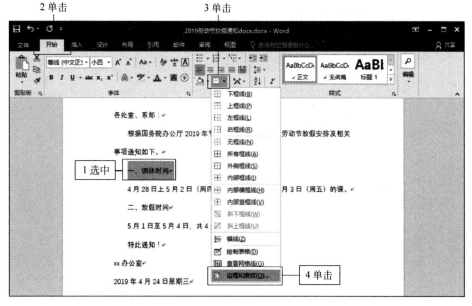

图 3-2-22　打开"边框和底纹"对话框

② 单击"设置"组中的"三维"，单击"样式"组中的"单实线"，单击"颜色"下拉列表并选择"紫色"，单击"宽度"下拉列表并选择"2.25"磅，单击"应用于"下拉列表并选择"文字"，如图 3-2-23 所示。

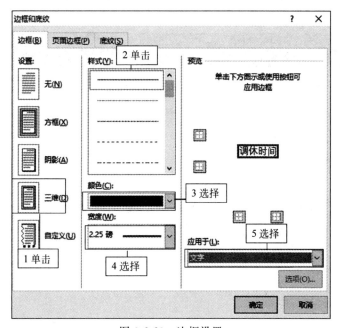

图 3-2-23　边框设置

③ 单击"底纹"选项卡,单击"图案"组中的"样式"下拉列表并选择"10％",单击"颜色"下拉列表并选择"蓝色",单击"应用于"下拉列表并选择"文字",单击"确定"按钮,如图 3-2-24 所示。

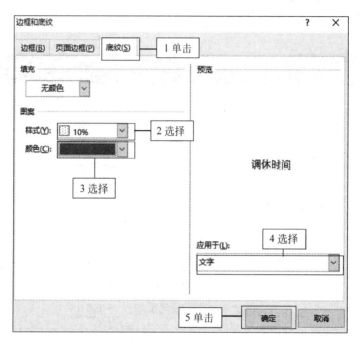

图 3-2-24　底纹设置

(2)格式刷。

选中第 2 自然段,单击"开始"选项卡,单击"剪贴板"组中的"格式刷",鼠标变成刷子后,定位到第 4 自然段并按住鼠标左键不放,从左侧拖动到右侧,如图 3-2-25 所示。

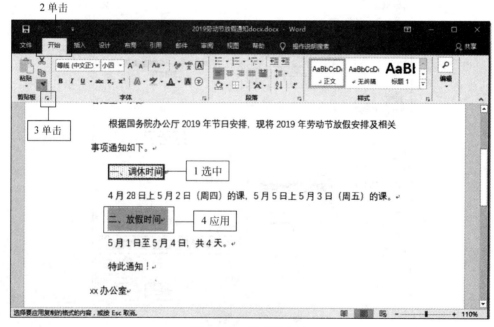

图 3-2-25　格式刷应用

3）项目符号

（1）将鼠标置于第 3 自然段"4 月 28 日上 5 月 2 日（周四）的课"后，按回车键，按下 Del 键将逗号"，"删除。

2.3 项目符号

（2）选中第 3 和第 4 自然段，单击"开始"选项卡，单击"段落"组中的"项目符号"下拉列表，单击"项目符号库"第 2 行第 1 个项目符号，如图 3-2-26 所示。

图 3-2-26　添加项目符号

4）添加编号

选中第 2 自然段，单击"开始"选项卡，单击"段落"组中的"编号"下拉列表，单击"文档编号格式"组中第一个格式，如图 3-2-27 所示。

2.4 添加编号

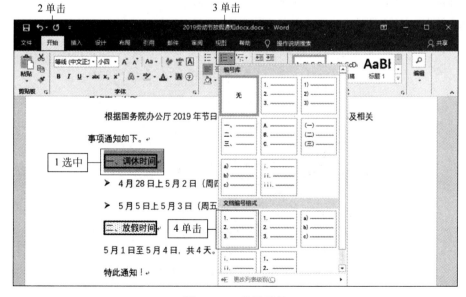

图 3-2-27　设置编号

利用格式刷将该格式应用到第五自然段。

在编辑文档时,用户经常会用到"01、02、03、04……"这样的编号来突出重点或强调顺序,从而增加文档的可读性。Word 提供了自动创建项目符号和编号的功能。项目符号和编号的应用对象是段落,项目符号和编号只添加在段落第一行的左侧。

3. 页面背景设置

1) 水印设置

3.1 水印设置

单击"设计"选项卡,单击"页面背景"组中的"水印"下拉列表,单击"自定义水印"选项,如图 3-2-28 所示。

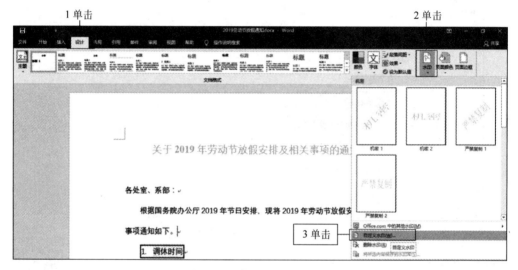

图 3-2-28　打开"水印"对话框

单击"文字水印"前单选按钮,在"文字"输入框中输入"学院办公室",在"字体"下拉列表中选择"楷体",在"字号"下拉列表中选择"80",在"颜色"下拉列表中选择"深红色",单击"应用"按钮,如图 3-2-29 所示。

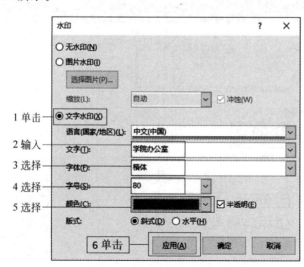

图 3-2-29　文字水印设置

2）页面颜色

单击"设计"选项卡，单击"页面背景"组中的"页面颜色"下拉列表，单击"主题颜色"中第 2 行第 7 个"灰色个性色 3，淡色 80％"选项，如图 3-2-30 所示。

3.2 设置页面颜色

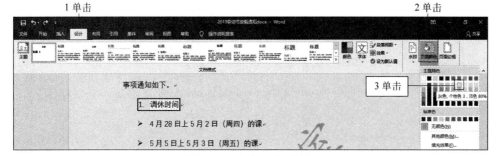

图 3-2-30　设置页面颜色

3）页面边框

单击"设计"选项卡，单击"页面背景"组中的"页面边框"，在弹出的"边框和底纹"对话框"页面边框"选项卡下单击"设置"栏中的"三维"，在"样式"栏单击第 5 个样式，在"颜色"下拉列表中选择"紫色"，在"宽度"下拉列表中选择"3.0磅"，如图 3-2-31 所示。

3.3 设置页面边框

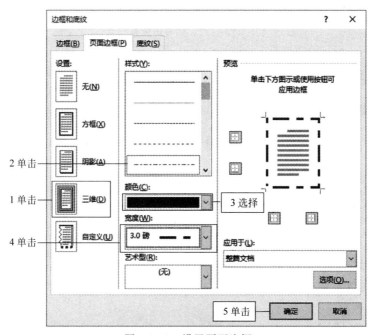

图 3-2-31　设置页面边框

4）页面设置

单击"布局"选项卡，单击"页面设置"组右下角折叠按钮，弹出"页面设置"对话框"页边距"选项卡，分别在上、下、左、右页边距输入框中输入"3、3、2.8、2.8"，单击"确定"按钮，如图 3-2-32 所示。

4 页面设置

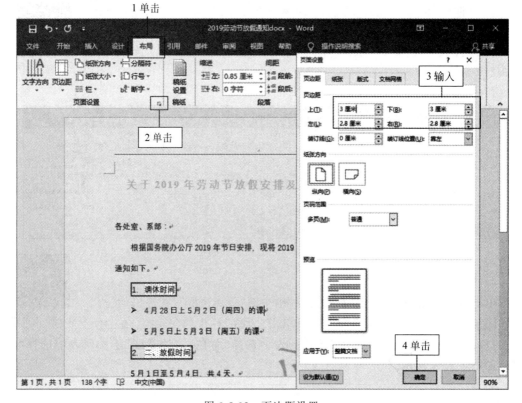

图 3-2-32　页边距设置

课后练习

上机操作题

1. 请按图 3-2-33 所示样例格式对文字进行字体和段落设置、页面设置。

1) 标题

(1) 中文字体为黑体,加粗、小初,颜色为粉红,字符间距加宽 2 磅。

(2) 段落格式为居中对齐、段后 1 行。

2) 第 1 至 5 自然段

(1) 中文字体为宋体,西文字体为 Times New Roman,小四号。

(2) 段落左缩进 2 厘米,行距为 28 磅。

(3) 添加项目符号,自选。

3) 第 6 自然段

(1) 字体:黑体、小四。

(2) 边框:三维、单实线、绿色、3 磅,应用于文字。

(3) 底纹:橙色,应用于文字。

(4) 使用格式刷将该标题格式刷至 8、10、12、14 自然段。

4) 其余文字

(1) 字体:宋体小四号。

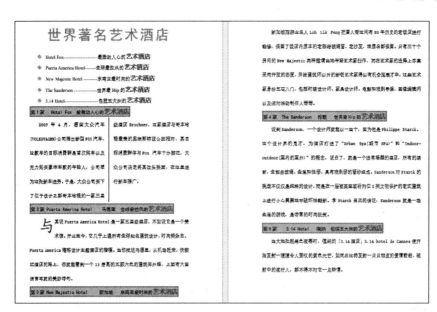

图 3-2-33　课后练习 1 最终效果图

（2）段落：首行缩进 2 字符，行距为 2.3 行。

5）将正文中所有"艺术酒店"设置为加粗、红色、三号字，以突出显示。

2．请按图 3-2-34 样例进行文字排版。

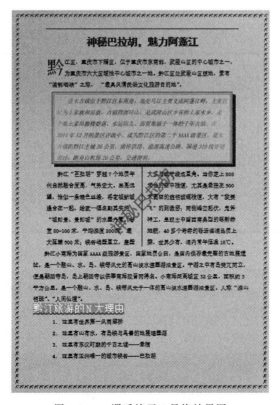

图 3-2-34　课后练习 2 最终效果图

任务3 制作表格

表格以行和列的形式组织信息，结构严谨、效果直观而且信息量大。Word 2016 具有强大的表格编排功能，可以轻松地建立和使用表格。

任务展示

本任务包括 3 个子任务，第 1 个子任务为制作个人简历，效果如图 3-3-1 所示。第 2 个子任务是对表格进行管理，效果如图 3-3-2 所示。

个人简历

<table>
<tr><td>姓名</td><td colspan="2"></td><td>性别</td><td colspan="2"></td><td>出生年月</td><td></td><td rowspan="4">照片</td></tr>
<tr><td>籍贯</td><td colspan="2"></td><td>民族</td><td colspan="2"></td><td>政治面貌</td><td></td></tr>
<tr><td>毕业学校</td><td colspan="3"></td><td>专业</td><td colspan="3"></td></tr>
<tr><td>毕业时间</td><td colspan="3"></td><td>层次</td><td colspan="3"></td></tr>
<tr><td rowspan="2">联系方式</td><td>通信地址</td><td colspan="4"></td><td>邮编</td><td colspan="2"></td></tr>
<tr><td>联系电话</td><td colspan="4"></td><td>邮箱</td><td colspan="2"></td></tr>
<tr><td>获奖情况</td><td colspan="8"></td></tr>
<tr><td>学习经历</td><td colspan="8"></td></tr>
<tr><td>自我推荐</td><td colspan="8"></td></tr>
</table>

图 3-3-1 个人简历最终效果图

类别 品名	单价	数量	金额	金额占比值
笔记本	3	50	53.0	26.4%
中性笔	1.5	45	67.5	33.6%
彩笔	1.2	67	80.4	40.0%
总金额			200.9	

图 3-3-2 表格管理最终效果图

第 3 个子任务为批量制作成绩表,最终效果如图 3-3-3 所示。

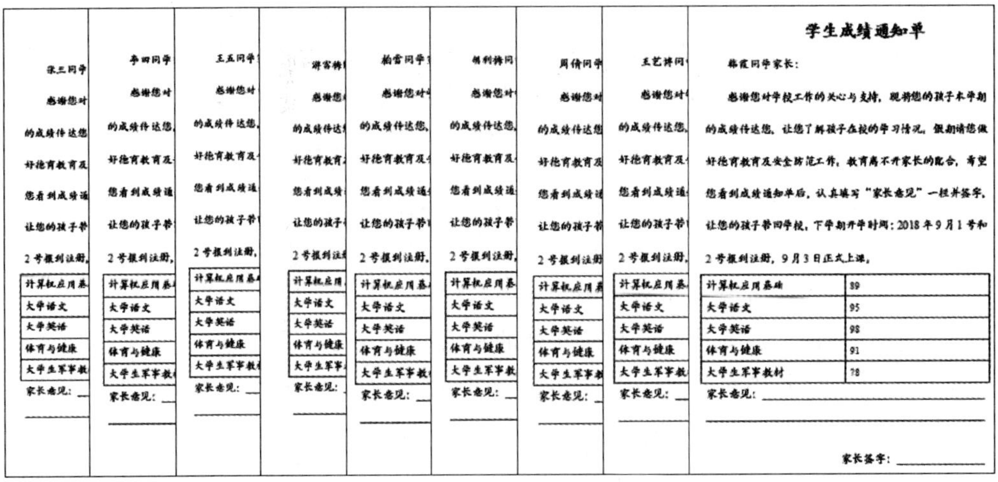

图 3-3-3　邮件合并最终效果图

支撑知识

表格由行和列组成,行与列交叉形成的矩形区域称为单元格,每个单元格都是一个独立的编辑区域,可以在单元格中添加字符、图形等各类对象。创建表格的方法很多,除了使用"插入表格"对话框创建表格,还可以使用插入表格网格、快速表格、绘制表格等方法创建表格。

编辑表格主要包括插入或删除行、列、单元格,合并或拆分单元格,调整行高和列宽等。

1. 选择表格、单元格、行、列

1)选择整个表格

选择整个表格的方法主要有两种。

(1)将鼠标光标定位到表格,当表格的左上方出现 ⊞ 标记时,单击选中整个表格。

(2)将鼠标光标定位到表格左上角的第一个单元格,按住鼠标左键拖动到表格右下角的单元格,松开鼠标左键即可选中整个表格。

2)选中单元格

将鼠标指针移到单元格左边线内侧,待鼠标指针变成 ➤ 后,单击可选中该单元格。双击则选中该单元格所在的一整行。

3)选中一行

将鼠标指针移动到该行左边界的外侧,待鼠标指针变成 ⬈ 后单击。

4)选中一列

将鼠标指针移动到该列顶端,待鼠标指针变成 ⬇ 后单击。

2. 插入与删除单元格、行和列

在表格"布局"选项卡"行和列"组中,可根据实际情况在目标位置上方插入、在下方插

入、在左侧插入、在右侧插入行或列。删除单元格只需
单击"删除"下拉列表,选择删除单元格、删除列、删除
行或删除表格,如图 3-3-4 所示。

图 3-3-4　"行和列"组

(1) 删除:删除选中的行、列、单元格或表格。

(2) 在上方插入:在选中单元格所在行的上方插
入一行。

(3) 在下方插入:在选中单元格所在行的下方插
入一行。

(4) 在左侧插入:在选中单元格所在列的左侧插入一列。

(5) 在右侧插入:在选中单元格所在列的右侧插入一列。

若要插入单元格,则需在目标单元格右击,单击"插入"→"插入单元格"命令,在弹出的
"插入单元格"对话框中进行设置,如图 3-3-5 所示。

图 3-3-5　插入单元格

3. 单元格对齐方式

在进行表格格式设置时,单元格内文本对齐方式主要有 9 种,选中需要设置对齐方式的
单元格,单击"布局"选项卡,"对齐方式"组中提供 9 种对齐方式,如图 3-3-6 所示,每一种对
齐方式的最终效果如图 3-3-7 所示。

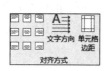

图 3-3-6　单元格对齐方式

靠上两端对齐	靠上居中对齐	靠上右对齐
中部两端对齐	水平居中	中部右对齐
靠下两端对齐	靠下居中对齐	靠下右对齐

图 3-3-7　单元格对齐方式效果

4. 合并与拆分单元格

1) 合并单元格

合并单元格是在不改变表格大小的情况下将两个以上的多个单元格合并为一个单
元格。

选中要合并的单元格区域,单击"布局"选项卡,单击"合并"组中的"合并单元格",如
图 3-3-8 所示。

另一个方法是选中要合并的单元格区域,右击,在弹出的快捷菜单中单击"合并单元格"

命令即可,如图 3-3-9 所示。

图 3-3-8 "布局"选项卡合并单元格　　　　图 3-3-9 快捷菜单合并单元格

2)拆分单元格

选中需要拆分的单元格,单击"布局"选项卡,单击"合并"组中的"拆分单元格",弹出如图 3-3-10 所示"拆分单元格"对话框,根据需求输入列数和行数。

另一种方法是鼠标单击需要拆分的单元格并右击,在弹出的快捷菜单中单击"拆分单元格"命令,如图 3-3-11 所示,也会弹出如图 3-3-10 所示对话框。

图 3-3-10 "拆分单元格"对话框　　　　图 3-3-11 快捷菜单拆分单元格

5.设置表格的行高和列宽

在表格中可以根据具体需要更改列宽和行高。

1)调整行高

改变行高就是改变本行所有单元格的高度,主要有以下两种方法:

方法 1:当鼠标指针指向垂直表格线时,鼠标指针将变成垂直线调整指针 ◄‖►,此时沿垂直方向拖动鼠标即可调整本行的高度。

方法 2:将插入点定位在表格内,或者选中多行,单击"布局"选项卡,在"单元格大小"组的"高度"数值框中可以设置表格行高,如图 3-3-12 所示。

2)调整列宽

改变列宽既可以改变表格中整列的宽度,也可以仅改变单元格的宽度,主要有以下两种方法:

图 3-3-12 "单元格大小"组

方法 1:当鼠标指针指向水平表格线时,鼠标指针将变成水平调整指针 ,此时沿水平方向拖动鼠标即可调整本列宽度。

方法 2:将插入点定位在表格内,单击"布局"选项卡,在"单元格大小"组的"宽度"数值框中可以设置表格列宽,如图 3-3-12 所示。

6. 套用表格样式

1)快速插入带格式表格

单击"插入"选项卡,单击"表格"组中的"表格"下拉列表,单击"快速"表格,弹出带格式的表格子菜单,如图 3-3-13 所示。

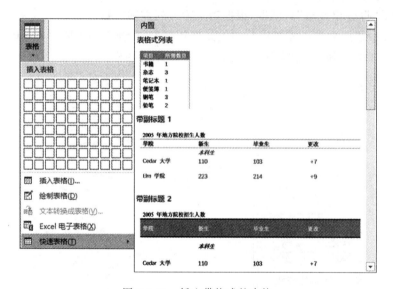

图 3-3-13 插入带格式的表格

2)套用表格样式

Word 2016 提供了近百种表格样式,以满足不同类型表格的需求。

选中需要套用格式的表格,单击"设计"选项卡,单击"表格样式"下拉列表,如图 3-3-14 所示,单击用户所需格式。

7. 管理表格数据

表格的一个重要功能就是存放数据,为了更好地分析表格中的数据,用户还需要对其进行一些必要的操作,主要包括对数据排序、使用公式进行计算以及表格与文本的相互转换等。

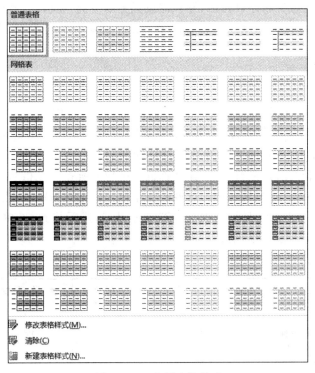

图 3-3-14　套用表格样式

1）数据排序

Word 2016 提供 4 种排序类型,分别可以按照笔画、数字、日期或拼音进行数据排序。数据排序主要使用"排序"对话框来实现。选中需要排序的表格,单击"布局"选项卡,单击"数据"组中的"排序"图标⬛,弹出如图 3-3-15 所示"排序"对话框,用户根据排序的关键字、排序类型及升序或降序进行排序。

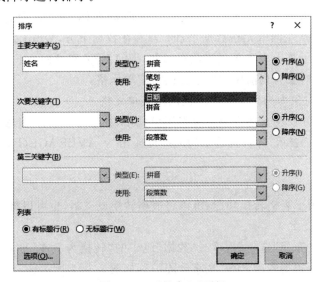

图 3-3-15　"排序"对话框

若表格中数据是按照单条件排序,则只需设置主要关键字及其类型和排序方式等,若要对表格数据进行多条件排序,则还可设置次要关键字和第三关键字,注意 Word 2016 只提供最多 3 个排序条件。

2) 对表格中的数据进行简单运算

(1) 单元格的表示方式。

在 Word 表格中,列用 A、B、C……来表示,称作列标;行用 1、2、3……来表示,称作行号。一个单元格由列标和行号表示,如 A1 表示第 A 列第 1 行,A1 也叫做单元格地址,如表 3-3-1 所示,张思雨同学的计算机成绩所在的单元格叫作 C2。若有合并单元格,则合并后单元格名称根据合并后来进行计算,如计算机的平均分所在单元格名称为 B5,如表 3-3-1 所示。引用连续的单元格,只需在选定区域的首尾单元格之间用冒号分隔,不连续的单元格只需在不同单元格之间用逗号隔开,如 C3:C5 表示从 C3 单元格到 C5 单元格的矩形区域内的所有单元格。C3,C5 表示单元格 C3 和 C5 共 2 个单元格。

表 3-3-1　学生成绩表

学　号	姓　名	计算机基础	大学军事教程	大学语文	总　分
20180015251	张思雨	68	82	74	
20180015252	赵敬梓	81	72	93	
20180015253	舒童	73	69	51	
各科平均分					

(2) 公式计算。

利用 Word 2016 提供的表格公式功能,可以对表格中的数据进行简单的数据运算,如求和、平均值、最大值和最小值。

将光标定位在目标单元格,单击"布局"选项卡,单击"数据"组中的"公式"按钮,打开如图 3-3-16 所示"公式"对话框。

默认显示的是求和公式,若总分单元格在数据右侧,Word 会建议使用"=SUM(LETF)",对该单元格左侧单元格数据求和;若其在数据下方,Word 会建议使用"=SUM(ABOVE)",对该单元格上方各单元格数据求和;除 LEFT 和 ABOVE 外,还有以下参数:

BELOW:计算对象为当前单元格上方的所有单元格。

RIGHT:计算对象为当前单元格右侧的所有单元格。

在进行计算时,除使用上述方法还可引用单元格,如表 3-3-1 中"张思雨"的总成绩可使用"=SUM(A3:A5)"表示,计算机的平均成绩可使用"=AVERAGE(B2:B4)"表述。

8. 表格转换

Word 2016 提供了表格转换功能,可以将表格转换成文本,也可以将文本转换为表格。

1) 表格转换为文字

选中表格,单击"布局"选项卡,单击"数据"组中的"转换为文本" 转换为文本 图标,"表格转换成文本"对话框,根据需求选择"文字分隔符",如图 3-3-17 所示。

图 3-3-16 "公式"对话框

图 3-3-17 "表格转换成文本"对话框

2）将文本转换为表格

将文本转换为表格，转换时必须指定文本中的逗号、制表符、段落标记或其他字符作为单元格文字分隔位置。

选中需要转换为表格的文字，单击"插入"选项卡，单击"文本转换成表格"，弹出"将文字转换成表格"对话框，在"文字分隔位置"选择"制表符（T）"，如图 3-3-18 所示。

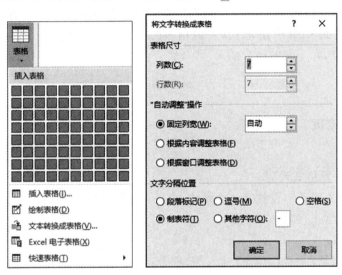

图 3-3-18 文本转换为表格

9. 重复标题行

当表格超过 1 页时，跨页部分没有表头，编辑与查看都不方便，所以有必要给每一页都设置标题行。

选中表头，单击"布局"选项卡，单击"数据"组中的"重复标题行" 图标。

10. 邮件合并

如果用户在日常工作中需要制作出大量内容相同而收信人不同的邮件，如下发通知书、请柬等，可以使用 Word 2016 提供的邮件合并功能，快速地创建出多份邮件。邮件合并主

要应用在以下 8 个方面:

(1) 批量打印信封:按统一的格式,将电子表格中的邮编、收件人地址和收件人打印出来。

(2) 批量打印信件:主要是从电子表格中调用收件人,更换称呼,信件内容基本固定不变。

(3) 批量打印请柬。

(4) 批量打印工资条:从电子表格调用数据。

(5) 批量打印个人简历:从电子表格中调用不同字段数据,每人一页,对应不同信息。

(6) 批量打印学生成绩单:从电子表格成绩中取出个人信息,并设置评语字段,编写不同评语。

(7) 批量打印各类获奖证书:在电子表格中设置姓名、获奖名称和等级,在 Word 中设置打印格式,可以打印众多证书。

(8) 批量打印准考证、明信片、信封等个人报表。

总之,只要有数据源(电子表格、数据库)等,只要是一个标准的二维数表,就可以很方便地按一个记录一页的方式在 Word 中用邮件合并功能打印出来。

Word 2016 的邮件合并功能可以方便地获取 VFP 或 Excel 等应用程序中的数据。如果在 Word、Excel 或 VFP 中预先组织好收信人的有关信息(数据源),再在 Word 中建立好每封信相同的部分,在不同的地方插入"域",然后合并邮件,生成所有信函,非常方便。

任务实现

1. 制作个人简历

1) 插入表格

(1) 标题输入及格式设置。

输入标题"个人简历",设置字体为黑体、小一、加粗、黑色、水平居中、字符间距加宽 2 磅,段后 1 行,1.5 倍行距。

1.1 插入表格

(2) 插入表格。

将光标定位在新的一行,单击"插入"选项卡,单击"插入表格"组中的"表格"下拉列表,单击"插入表格"命令,在弹出的"插入表格"对话框"列数"输入框中输入"7","行数"输入框中输入"8",单击"确定"按钮,如图 3-3-19 所示。

(3) 在表格中输入文字,如图 3-3-20 所示。

2) 设置行高和列宽

(1) 设置行高。

选中第 1 行至第 6 行,单击"布局"选项卡,在"单元格大小"组"高度"数值输入框中输入 1.2 厘米,如图 3-3-21 所示。

1.2 设置行高和列宽

利用相同的方法将第 7 行的行高设置为 4 厘米,8 行为 1.2 厘米,9 行为 10 厘米。

(2) 设置列宽。

选中第 1 列,单击"布局"选项卡,在"单元格大小"组"宽度"数值输入框中输入 1.2 厘米,如图 3-3-22 所示。

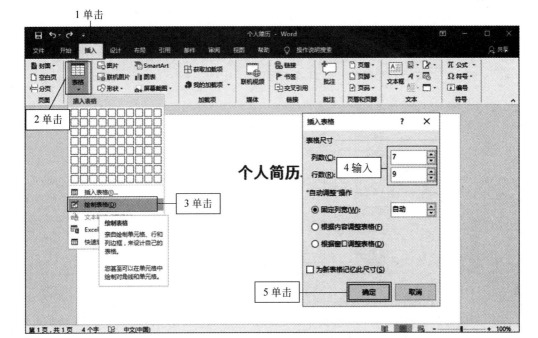

图 3-3-19　插入 7 列 9 行表格

个人简历

姓名		性别		出生年月		照片
籍贯		民族		政治面貌		
毕业学校			专业			
毕业时间			层次			
联系方式	通信地址			邮编		
	联系电话			邮箱		
获奖情况						
学习经历						
自我推荐						

图 3-3-20　输入文字后的表格

图 3-3-21　设置行高

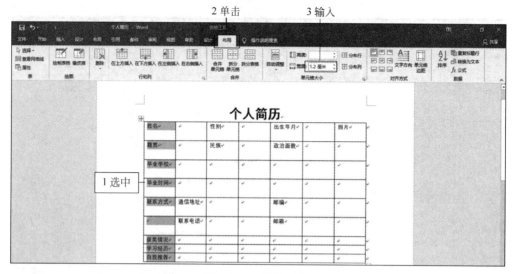

图 3-3-22　设置列宽

利用相同的方法将第 3 和 5 列的列宽设置为 1.2 厘米,将第 2、4、6 列的列宽设置为 2.5 厘米,将第 7 列的列宽设置为 3.5 厘米。

3)合并与拆分单元格

(1)合并单元格。

选中 G1 到 G4 单元格,右击,在弹出的快捷菜单中单击"合并"单元格,如图 3-3-23 所示。

1.3 拆分与合
并单元格

请按照最终效果图对表格进行其他单元格的合并。

图 3-3-23　合并单元格

(2)拆分单元格。

选中文字"通讯地址"所在单元格,单击"布局"选项卡,单击"合并"组中的"拆分单元格"命令,在弹出的"拆分单元格"对话框"列数"输入框中输入"2","行数"输入框中输入"1",单击"确定"按钮,如图 3-3-24 所示。

图 3-3-24 拆分单元格

（3）橡皮擦。

单击"布局"选项卡，单击"绘图"组中的"橡皮擦"图标，鼠标单击多余的边框，如图 3-3-25 所示。

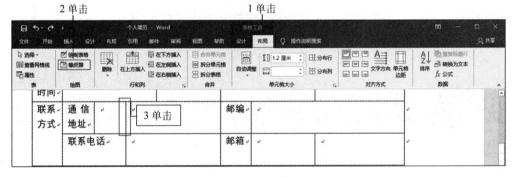

图 3-3-25 橡皮擦的使用

根据最终效果图将单元格拆分，并用橡皮擦删除多余边框。

4）设置对齐方式

选中整个表格，单击"布局"选项卡，单击"对齐方式"组中的"水平居中"对齐方式，如图 3-3-26 所示。

1.4 设置对齐方式

5）设置文字方向

选中文字"获奖情况"，单击"布局"选项卡，单击"对齐方式"组中的"文字方向"，如图 3-3-27 所示。

1.5 更改文字方向

利用相同的方法将"个人履历"更改文字方向。

2. 管理表格数据

打开文件"表格数据管理.docx"。

2.1 套用表格样式

1）套用表格样式

选中整个表格，单击"设计"选项卡，单击"表格样式"组中的"其他"折叠按钮，单击"网格表"组中的"网格表 4，着色 3"，如图 3-3-28 所示。

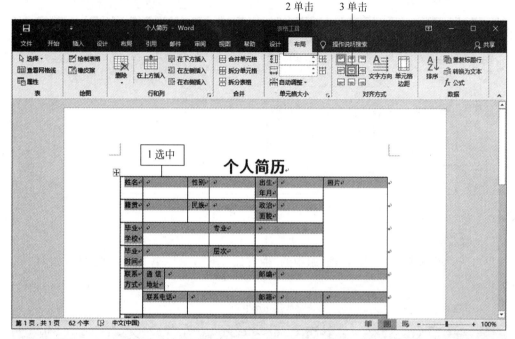

图 3-3-26　设置对齐方式

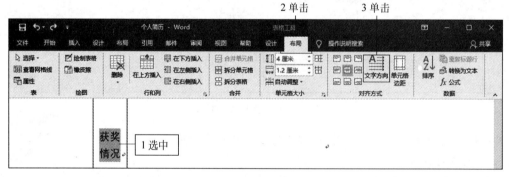

图 3-3-27　更改文字方向

2）利用公式计算

（1）计算金额。

单击 D4 单元格，单击"布局"选项卡，单击"数据""fx 公式"，在弹出的
"公式"对话框"公式"输入框中输入"＝B2＊C2"，在"编号格式"输入框中输
入"0.0"，单击"确定"按钮，如图 3-3-29 所示。

笔记本和彩笔的金额计算方法相同。

2.2.1 金额计算

（2）计算总金额。

单击 B5 单元格，单击"布局"选项卡，单击"数据"组中的"公式" fx 公式
图标，在弹出的"公式"对话框"公式"输入框中输入"＝SUM(D2:D4)"，在
"编号格式"输入框中输入"0.0"，单击"确定"按钮，如图 3-3-30 所示。

2.2.2 计算总金额

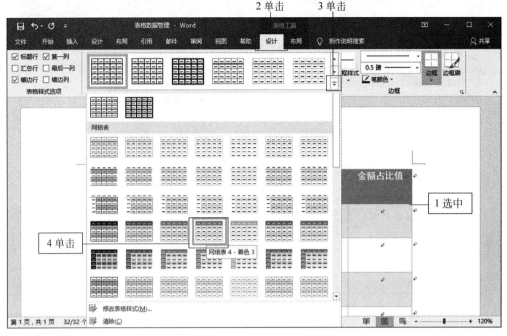

图 3-3-28　套用表格样式

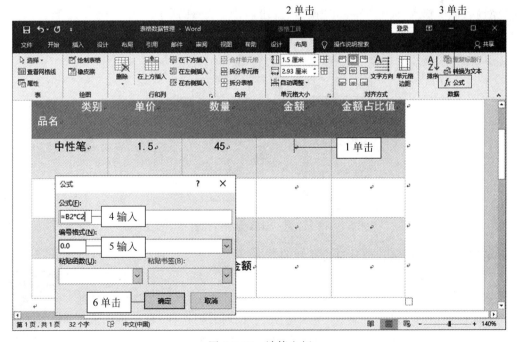

图 3-3-29　计算金额

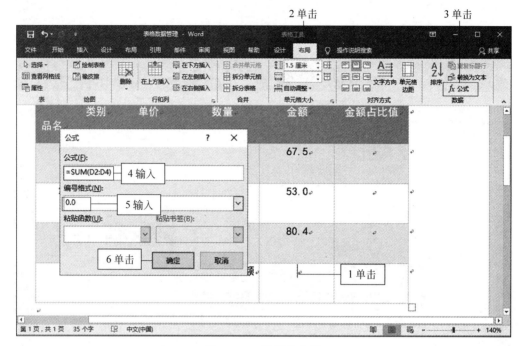

图 3-3-30　计算总金额

（3）计算金额占比值。

单击 E2 单元格，单击"布局"选项卡，单击"数据"组中的"公式" 图标，在弹出的"公式"对话框"公式"输入框中输入"＝D2/B5＊100"，在"编号格式"输入框中输入"0.0％"，单击"确定"按钮，如图 3-3-31 所示。

2.2.3 计算机
金额占比值）

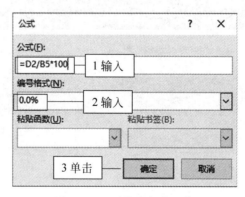

图 3-3-31　计算金额占比值

笔记本和彩笔的占比值计算方法相同。

（4）排序。

选中 A1 到 E4 单元格区域，单击"布局"选项卡，单击"数据"组中的"排序"图标，在弹出的"排序"对话框"主关键字"下拉列表中选择"金额占比值"，单击"升序"前单选按钮，单击"确定"按钮，如图 3-3-32 所示。

2.2.4 排序

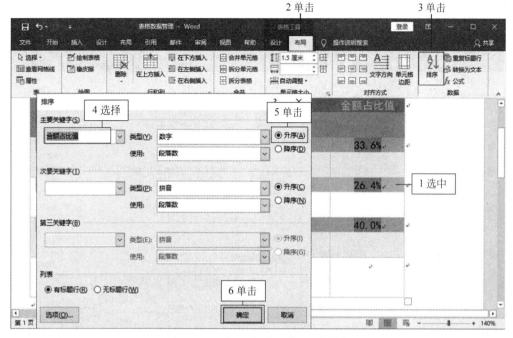

图 3-3-32 按"金额占比值"升序排序

3. 邮件合并

3 邮件合并

打开文件"学生成绩通知书(主文档).docx"。

单击"邮件"选项卡,单击"邮件合并"组中的"开始邮件合并"下拉列表,单击"信函"命令,如图 3-3-33 所示。

图 3-3-33 开始邮件合并

单击"选择收件人"下拉列表,单击"使用现有列表",在弹出的"选择数据源"对话框汇总找到目标文件并单击,单击"打开"命令,如图 3-3-34 所示。

在"同学家长"前单击鼠标,单击"编写和插入域"组中的"插入合并域"下拉列表,单击"姓名"命令,如图 3-3-35 所示。

依次将计算机应用基础、大学语文、大学英语、体育与健康和大学生军事教材成绩插入合并域。

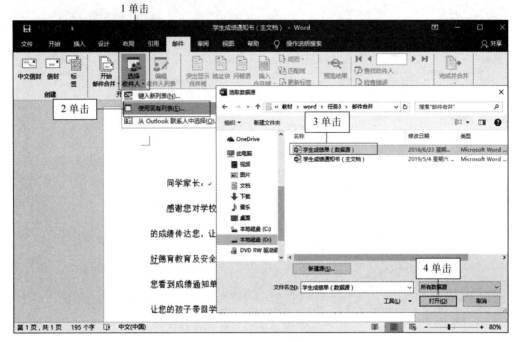

图 3-3-34　导入数据源

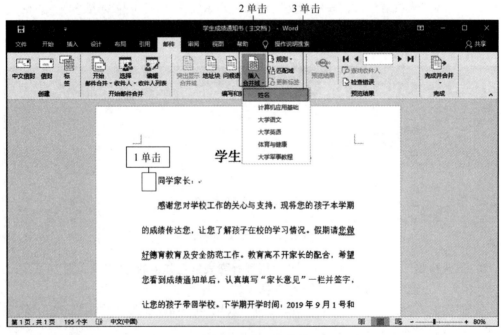

图 3-3-35　插入合并域

单击"完成合并域"下拉列表，单击"编辑单个文档"命令，在弹出的"合并到新文档"对话框中单击"全部"前单选按钮，单击"确定"按钮，如图 3-3-36 所示。

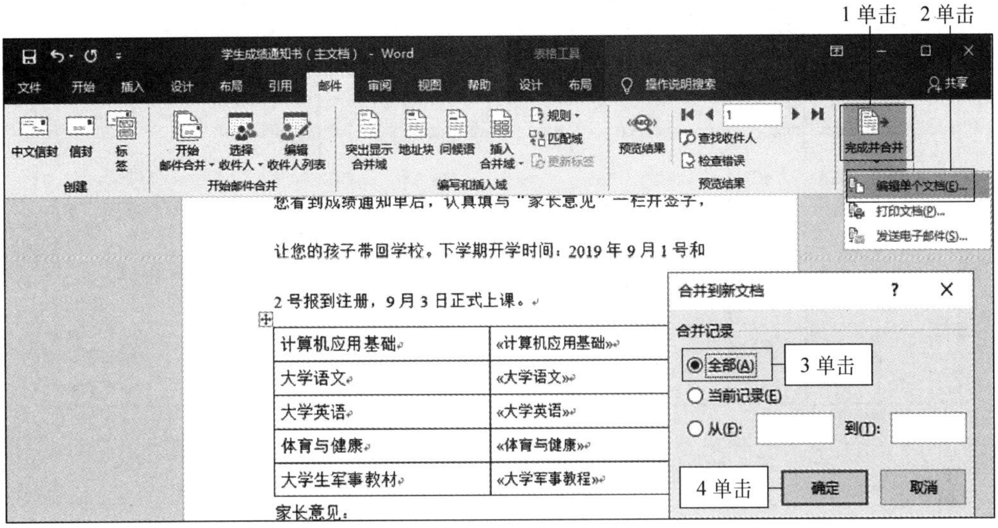

图 3-3-36　完成并合并成绩通知书

课后练习

上机操作题

1. 请按图 3-3-37 所示样例格式制作表格并计算总分和平均分，计算完成后请按总分进行降序排序。

期末成绩

学科＼姓名	语文	英语	计算机	总分
李丽	89	76	90	255
王国兵	77	80	80	237
张扬	70	68	76	214
陈小琴	88	79	75	242
平均分	81	75.75	80.25	

图 3-3-37　表格样例

2. 请根据素材制作邀请函,最终效果如图 3-3-38 所示。

图 3-3-38　邮件合并最终效果图

任务 4　Word 2016 图文混排

　　利用 Word 提供的图文混排功能,可以在文档中插入图片,使文档更加赏心悦目。在 Word 中的图形对象可以是艺术字、剪贴画、图片、SmartArt 图形、文本框等。

任务展示

　　本任务通过艺术字、图片、形状、SmartArt 等图形对象与文字的排版,完成图文混排,最终效果如图 3-4-1 所示。

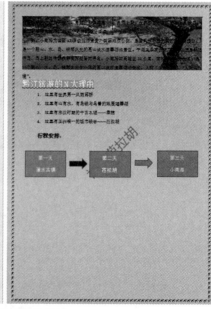

图 3-4-1　图文混排最终效果图

支撑知识

1. 图片类型

1）艺术字

艺术字是一种具有特殊效果的文字，它不仅具有文字的特性，也具有一定的图片特性，是美化文档的好帮手，其装饰效果包括颜色、字体、阴影效果和三维效果等。

2）文本框

"文本框"是一种特殊的对象，不但可以在其中输入文本，还可以插入图片、剪贴画、形状和艺术字等对象，从而制作出各种特殊和美观的文档。

3）联机图片

Office 2016 中没有专门提供剪贴画图标，而是提供联机图，在需要剪贴画时进行选择，如图 3-4-2 所示，单击"筛选"图标，在弹出来的快捷菜单中可选择剪贴画。

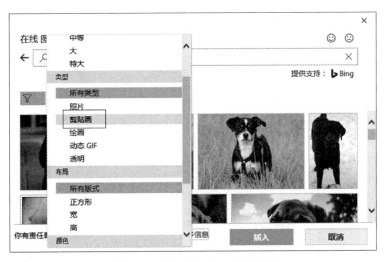

图 3-4-2　Word 2016 中的剪贴画

4）图片

在 Word 中可以方便地插入各种类型的图片，如 .JPG、.JPEG、.GIF、.PNG、.BMP 等，且可以把图片插入到文档的任何位置。

5）形状

Word 2016 自带大量的形状，如基本形状、公式形状、流程图等。

6）SmartArt 图形

SmartArt 是 Office 2007 开始提供的绘图功能，提供了一些模板，如组织结构图、流程图、关系图、矩阵图等。

2. 各种图形对象的组合

在编辑文档时需要将多个艺术字、图形、图片、组织结构图、文本框等组成一个大的图片，可使用图形的组合功能将其组合在一起。

对于组合后的图片,可以通过右击图片,在弹出的快捷菜单"组合"子菜单中选择"取消组合"命令,将其还原成原来独立的对象。

3. 环绕文字

图片、形状、文本框、艺术字等对象插入在文档中的位置有两种：嵌入型和浮动型。插入形状的默认环绕方式为"浮于文字上方",其余图片类型插入后默认的环绕方式为"嵌入型"。如图 3-4-3 所示为环绕文字方式。

嵌入型：文字围绕在图片的上下方,图片所在行没有文字出现。

四周型：文字在对象四周环绕,形成一个矩形。

紧密型环绕：文字在对象四周环绕,以对象的边框形状为准形成环绕区。

穿越型环绕：常用语空心的图片,文字穿过空心部分,在图片周围环绕。

上下型环绕：文字环绕在图片的上部和下部。

衬于文字下方：图片作为文字的背景。

浮于文字上方：图片挡住图片区域的文字。

图 3-4-3　环绕文字方式

4. 编辑图片

1) 调整图片大小

选中图片、形状等对象,对象的四周将出现八大控制点,拖动这些控制点可以改变对象的大小,如图 3-4-4 所示。用户也可以使用"布局"对话框来调整图片大小,如图 3-4-5 所示。

图 3-4-4　图片八大控制点更改图片大小

2) 旋转图片

选中图片、形状等对象,将鼠标指针指向旋转控制点,按住鼠标左键,当鼠标指针变成旋转形状时,单击并移动鼠标即可旋转对象。用户也可以在"布局"对话框"大小"选项中进行精准设置,如图 3-4-5 所示。

图 3-4-5 "布局"对话框设置图片大小

3）图片裁剪

图片裁剪可以减掉图片多余部分，图片裁剪可以通过单击并拖动鼠标的方式任意裁剪。如图 3-4-6 所示，图片控制点变为 8 个裁剪标记，将鼠标指针放到剪裁位置的图片控制点上，按住鼠标左键拖动，显示裁剪后的虚框，拖动到目标位置后松开鼠标，如图 3-4-7 所示。

图 3-4-6 裁剪标记

注意：文本框和艺术字没有"裁剪"功能。

4）图片叠放次序

当文档中图片较多时需设置叠放层次，图片的叠放层次如图 3-4-8 所示。

置于顶层：所选中的图片放置于所有图片的最上方。

图 3-4-7 裁剪图片

图 3-4-8 图片的叠放层次

上移一层：将图片向上移一层。

浮于文字上方：文字位置不变，图片位于文字上方，遮挡了图片的文字。

置于底层：所选中的图片放置于所有图片的最下方。

下移一层：将图片向下移动一层。

衬于文字下方：文字位置不变，图片位于文字下方，文字显示出来。

任务实施

1. 标题艺术字

1 艺术字标题

1）插入艺术字

选中标题文字，单击"插入"选项卡，单击"文本"组中的"艺术字"下拉列表，单击第 1 排最后一个"填充：金色，主题色 4，软棱台"艺术字类型，如图 3-4-9 所示。

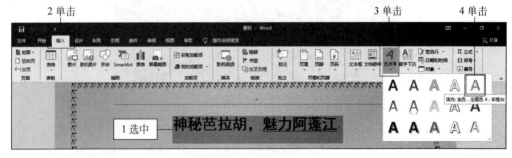

图 3-4-9 插入艺术字

2）设置艺术字格式

设置艺术字字号为"小一"，单击"格式"选项卡，单击"排列"组中的"文字环绕"下拉列表，单击"上下型环绕"命令，如图 3-4-10 所示。将该艺术字移动至顶端。

图 3-4-10　设置艺术字环绕文字方式

2. SmartArt 图

1）插入 SmartArt 图

单击"插入"选项卡，单击"插图"组中的"SmartArt"图标，在弹出的"选择 AmartArt 图形"对话框左侧单击"图片"，在中间窗格单击"水平图片列表"，单击"确定"按钮，如图 3-4-11 所示。

2.1 插入 SmartArt 图

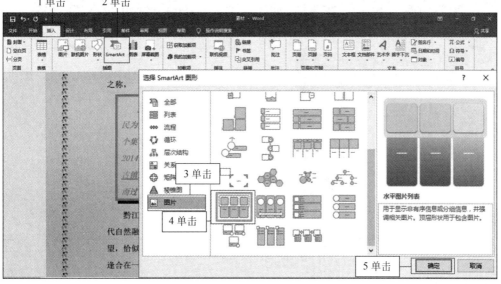

图 3-4-11　插入 SmartArt 图形

2）更改 SmartArt 环绕文字

因插入 SmartArt 图形默认不是选中整个图片，故需单击 SmartArt 图外框以选中整个图形。

单击 SmartArt 外框，单击"格式"选项卡，单击"排列"组"文字环绕"下拉列表，单击"上下型环绕"命令，如图 3-4-12 所示。

2.2 更改 SmartArt 文字环绕

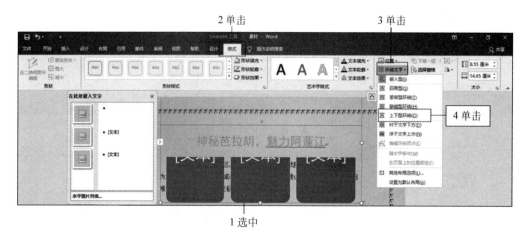

图 3-4-12　更改 SmartArt 文字环绕方式

3) 添加图片和文字

(1) 添加图片。

单击 SmartArt 图片图标,在弹出的"插入图片"对话框中单击"浏览",如图 3-4-13 所示。

在弹出的新"插入图片"对话框中找到目标图片并单击,单击"插入"按钮,如图 3-4-14 所示。

2.3 添加图片和文字

图 3-4-13　添加 SmartArt 图片

依次添加芭拉胡和小南海图片。

(2) 添加文字。

单击"文本"二字即可开始录入文字,如图 3-4-15 所示。输入"濯水古镇""芭拉胡""小南海"。

4) 调整 SmartArt 图片大小和颜色

选中 SmartArt 图后出现 8 个控制点,请根据这 8 个控制点进行图片大小调整。

2.4 调整 SmartArt 图片大小和色彩

图 3-4-14　插入 SmartArt 图片

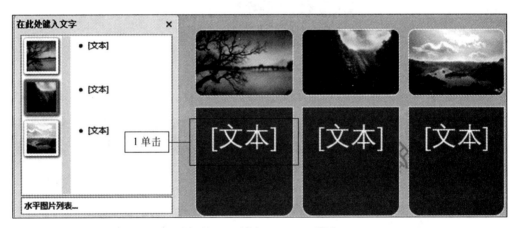

图 3-4-15　插入 SmartArt 图片

单击 SmartArt 图以选中，单击"设计"选项卡，单击"SmartArt"样式组中的"更改颜色"下拉列表，单击"彩色"组中第 4 个"彩色范围-个性色 4 至 5"，如图 3-4-16 所示。

3．插入图片

1）濯水图片

（1）在第 2 自然段插入图片"濯水古镇"，更改环绕文字为四周型，适当调整大小。详细操作步骤与其他图片一致。

 3 插入图片

（2）单击图片，单击"格式"选项卡，单击"图片样式"组中的"其他"下拉列表，单击第 3 排第 6 个样式"柔化边缘椭圆"，如图 3-4-17 所示。

2）小南海图片

在"小南海"文字介绍段落插入图片"小南海"，适当调整大小，并设置环绕文字为"衬于文字下方"。

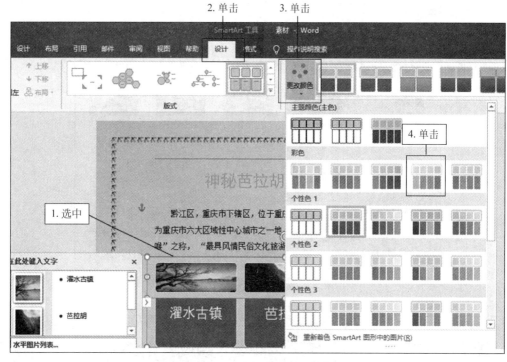

图 3-4-16　更改 SmartArt 颜色

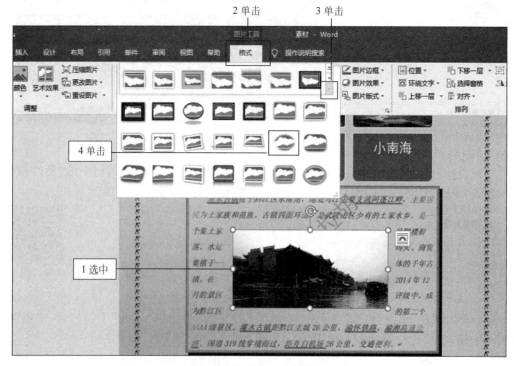

图 3-4-17　设置图片样式

4．插入联机图片

将鼠标定位于"黔江'芭拉胡'"自然段分栏右侧文字，单击"插入"选项卡，单击"插图"组中的"联机图片"，在弹出的"插入图片"对话框"必应图像搜索"输入框中输入"黔江芭拉胡"，按回车键，如图 3-4-18 所示。

4 插入联机图片

图 3-4-18　插入"联机图片"

在弹出的"在线图片"对话框中单击"仅限 Creative Commons"前复选框以取消该选项，单击查找的图片，单击"插入"按钮，如图 3-4-19 所示。

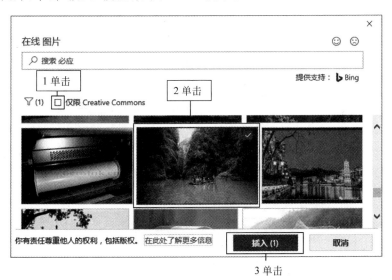

图 3-4-19　插入在线图片

调整图片大小,更改图片环绕文字为"紧密型",设置图片样式为"简单框架,白色"。

5. 文本框

单击"插入"选项卡,单击"文本"组中的"文本框"下拉列表,单击第一个"简单文本框",如图 3-4-20 所示。

5 文本框

图 3-4-20　插入文本框

在文本框中输入"神秘芭拉胡",调整该文本框大小以刚好适应文字,并将文本框移动到刚才插入的"芭拉胡"图片下侧。

6. 图片组合

单击插入的在线图片,按住 Ctrl 键不放同时鼠标单击文本框,右击,在弹出的快捷菜单中单击"组合"→"组合"命令,如图 3-4-21 所示。

6 图片组合

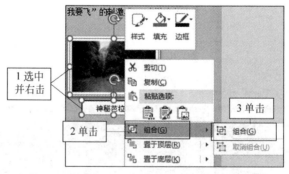

图 3-4-21　图片合并

组合后的图片环绕文字为"浮于文字上方",更改组合后的图片环绕文字方式为紧密型。

7. 绘制形状

在文章末尾输入"行程安排:"。

7 绘制形状

　　单击"插入"选项卡,单击"插图"组中的"形状"下拉列表,单击"流程图"组中的"流程图:过程",如图 3-4-22 所示。

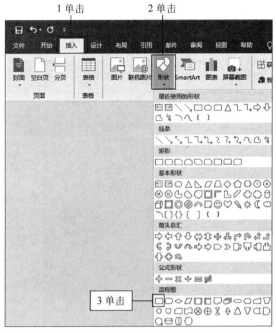

图 3-4-22　插入形状

　　鼠标呈"+"绘制形状时,按住鼠标左键拖动到合适位置释放鼠标。

　　右击该图片,在弹出的快捷菜单中单击"设置形状格式"命令,如图 3-4-23 所示。在右侧"设置形状窗格"中单击"纯色填充",单击"颜色"下拉列表,单击标准色中的"浅蓝",如图 3-4-24 所示。

图 3-4-23　设置形状格式快捷菜单

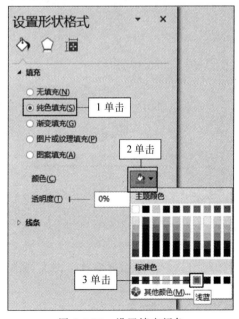

图 3-4-24　设置填充颜色

将该流程图复制两份,并更改其填充颜色为金色、绿色。

选中 3 张图片,单击"格式"选项卡,单击"排列"组下拉列表,单击"顶端对齐",再一次单击"对齐"下拉列表,单击"横向分布",如图 3-4-25 所示。

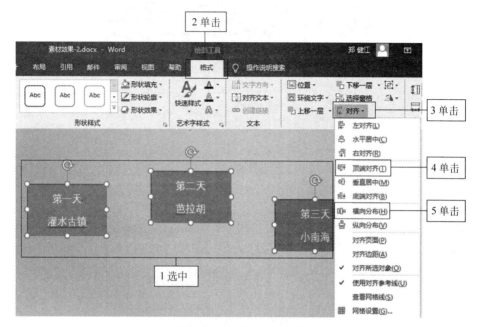

图 3-4-25　图片对齐方式

顶端对齐和横向对齐效果如图 3-4-26 所示。

图 3-4-26　图片对齐方式效果

课后练习

上机操作题

请按照图 3-4-27 所示样例教学图文混排。

世界著名艺术酒店

- Hotel Fox————————最激动人心的艺术酒店
- Puerta America Hotel————全球最拉风的艺术酒店
- New Majestic Hotel———东南亚最时尚的艺术酒店
- The Sanderson—————世界最 Hip 的艺术酒店
- 3.14 Hotel——————包揽五大洲的艺术酒店

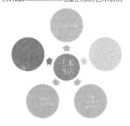

第1家　Hotel Fox　最激动人心的艺术酒店

2005 年 4 月，德国大众汽车 (VOLKSWAGEN) 公司推出新型 FOX 汽车，这款车的目标消费群是首次购车以及无力购买豪华款的年轻人，公司想为这批新车造势。于是，大众公司买下了位于设计之都本哈根的一家三星级酒店 Brochner，这家酒店与哥本哈根最美的奥瑞斯特兹公园相对，其目标消费群体与 Fox 汽车十分接近，大众公司决定将其改头换面，在这里进行新车推广。

第 2 家 Puerta America Hotel　马德里　全球最拉风的艺术酒店

其说 Puerta America Hotel 是一家五星级酒店，不如说它是一个美术馆。开业至今，它几乎上遍所有全球知名建筑设计、时尚类杂志。Puerta America 堪称设计主题酒店的楷模。当你抵达马德里，从机场赶来，快接近酒店的路上，你就能看到一个 13 层高的五颜六色的建筑体外墙，上面有六国语言写就的美妙诗句。

第 3 家 New Majestic Hotel　新加坡　东南亚最时尚的艺术酒店

新加坡旅游业名人 Loh Lik Peng 把这间有 80 年历史的老饭店进行翻修，保留了饭店内原本的老彩绘玻璃窗、老沙发，连原名都保留。只有三十个房间的 New Majestic 同样藁作，而在艺术家的选放的态度，并给建锐艺术家得以有机些艺术家身份五花八门，具设计师、电影和戏剧导演、图像编辑

第 4 家 The Sanderson　伦敦　世界最 Hip 的艺术酒店

说到 Sanderson，一个设计师就能以一当十，因为他是 Philippe Starck。

这个设计界的鬼才，为酒店打造了 "Urban Spa(城市 SPA)" 和 "Indoor-outdoor(室内的室外)" 的概念，说白了，就是一个没有墙壁的酒店，所有的隔断，全部由玻璃、金属和性感、具有戏剧感的窗纱组成。Sanderson 对 Starck 的挑战不仅仅是纯粹的设计，而是在一座被英国政府列位 2 类文物保护的老式建筑上进行小心翼翼地非破坏性翻新。拿 Starck 自己的话说：Sanderson 就是一场金属的游戏，是诗意的时尚玩笑。

第 5 家　3.14 Hotel　嘎纳　包揽五大洲的艺术酒店

当大地拉起黑色夜幕时，嘎纳的「3.14 酒店」3.14 hotel de Cannes 便开始发射一道道令人赞叹的紫色光芒，如同丘比特发射一只顽皮的爱情箭般，被射中的夜行人，都不得不对它一见钟情。

名称	总部所在地	房间数	酒店数
万豪国际	美国	1195141	6333
希尔顿	美国	856115	5284
IHG 洲际酒店集团	英国	798075	5348
温德姆酒店集团	美国	753161	8643
上海锦江国际酒店集团	中国	680111	6794
雅高酒店集团	法国	616181	4283
精选国际酒店集团	美国	521335	6815
北京首旅如家酒店集团	中国	384743	3712
华住酒店集团	中国	379675	3746
贝斯特韦斯特国际酒店集团	美国	290787	3595

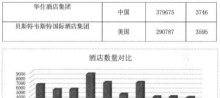

图 3-4-27　扩展练习最终效果图

任务 5　Word 高级应用

任务展示

本任务要求对毕业论文进行排版,插入封面、分页符、分节符,以及目录、页眉页脚等,最终效果如图 3-5-1 所示。

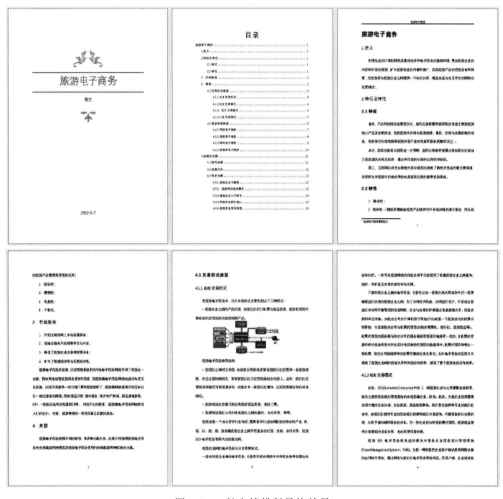

图 3-5-1　长文档排版最终效果

支撑知识

1. 样式

样式是指用有意义的名称保存的字符格式和段落格式的集合。在编排重复格式时,先创建一个该格式的样式,然后在需要的地方套用这种样式,就无须一次次地对它们进行重复的格式化操作了。

字符样式包括字符格式的设置,如字体、字号、字形、颜色等。段落样式包括段落格式的设置,如对齐方式、行距、缩进等。

2．分页符与分节符

1）分页符

分页符是分页的一种符号,包括分页符、分栏符和自动换行符。分页符用于分隔页面,分栏符用于分栏排版,换行符用于换行显示。

Word 提供了两种分页功能:自动分页和人工分页。编排的文档或图形填满一页时,系统将转到下一页的起始位置继续开始新的一页,这是一般情况下的自动分页。在 Word 中,用户还可通过快速插入人工分页符实现分页,即单击"页面布局"→"分隔符"→"分页符"命令即可。

2）分节符

分节符是指为表示节的结尾插入的标记。分节符包含节的格式设置元素,如页边距、页面的方向、页眉和页脚以及页码的顺序。

3．脚注和尾注

脚注和尾注是对文本的补充说明。脚注一般位于页面的底部,可以作为文档某处内容的注释;尾注一般位于文档的末尾,列出引文的出处等。

Word 添加脚注或尾注由两个相互链接的部分组成:注释引用标记和与其对应的注释文本。

4．插入目录

目录可以显示文档内容的分布和结构,是一篇文章必不可少的部分。Word 2016 提供抽取目录功能,可以自动地将文档中的各级标题抽取出来组建成一份目录。

1）自动生成目录

在自动生成目录之前,必须确定每一级的标题使用的是"样式"列表中的标题样式或新建的标题样式。

2）更新目录

在文档中插入目录后,如果用户对文档内容进行了修改,会导致标题文本页码发生变化。为了使目录与标题内容一致,需要对目录进行更新。

5．修订和批注

在审阅文档时可以使用批注和修订功能,以强调对文档的看法和建议。修订一般是作者或审阅者对作者某个部分提出的修改意见。批注是作者或审阅者给文档添加的注释或注解。

1）修订

在 Word 中,修订是指显示文档中所做的诸如删除、插入或其他编辑更改的位置的标记,方便地看到修改前的格式和文字,也可以简单地恢复到原来的样子。

2）批注

在建立一份文档时,若想对某些文字做特别说明,可以在文字后加上批注,让文档内容更加详细。

6. 页眉页脚

在页面格式中常用页眉、页脚进行点缀,页眉和页脚一般包括文档名、主题、作者姓名、页码或日期等信息,通常出现在页面上、下页边区域中。

创建页眉页脚有两种情况:首次进入页眉、页脚编辑区和在已有页眉、页脚的情况下进入编辑区。第2种情况只需双击页面顶部或底部的页眉或页脚区,即可进入页眉页脚编辑区。处于页眉页脚编辑状态的正文部分变成灰色,表示不能在此情况下对正文部分进行编辑,首次创建页眉、页脚的操作步骤如下:

1）插入页眉

单击"插入"选项卡→单击"页眉和页脚"组中的"页眉"按钮,弹出"页眉"列表框,选择所需页眉模板,即可进入页眉编辑状态。同时,功能区中会显示"页眉和页脚工具"栏,如图3-5-2所示。

图 3-5-2　"页眉和页脚工具"栏

2）插入页脚

单击"插入"选项卡→单击"页眉和页脚"组中的"页脚"按钮,弹出"页脚"下拉列表框,选择所需页脚模板,进入页脚编辑状态。

3）退出页眉、页脚编辑状态

页眉和页脚编辑完成之后,单击图3-5-2所示"关闭"组中的"关闭页眉和页脚"按钮,便退出页眉和页脚编辑状态。

4）插入首页不同的页眉和页脚

首页不同的页眉页脚的作用在于区别首页和其他页面,只需勾选图3-5-2"选项"组"首页不同"前的复选框。

5）插入奇偶页不同的页眉和页脚

在创建类似书籍的双面文档时,常需要创建奇数页和偶数页不同的页眉、页脚,只需勾选图3-5-2"选项"组"奇偶页不同"前的复选框。

7. 文档的打印

Word 2016最大的特点之一是"所见即所得",Word 2016打印窗口如图3-5-3所示。

在屏幕的右侧可以预览打印效果,可调整显示比例、在"打印机"栏选择计算机所链接的打印机类型、显示的当前页面等,在"份数"微调框中设置打印份数,在"设置"栏设置打印范围、纸张等。

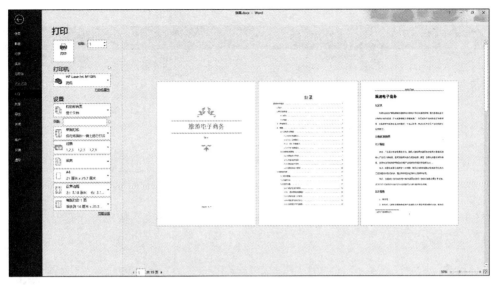

图 3-5-3　打印窗口

任务实施

1. 封面

1 封面

鼠标在"旅游"前单击,单击"插入"选项卡,单击"页面"组中的"封面",在下拉列表中单击"花边",如图 3-5-4 所示。

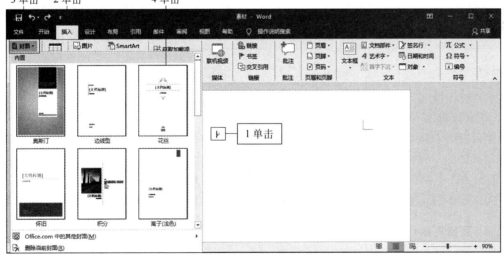

图 3-5-4　插入封面

输入标题、副标题文字及日期,效果如图 3-5-1 所示。

2. 样式

2 样式

选中标题文字,单击"开始"选项卡,单击"样式"组中的"标题 1",如图 3-5-5 所示。

图 3-5-5　文字设置样式

选中"1.定义",单击"开始"选项卡,单击"样式"组中的"标题 2",依次将标题设置标题 3、标题 4。

3. 目录

1) 插入空白页

在"旅游电子商务"前单击鼠标,单击"插入"选项卡,单击"页面"组中的"空白页",如图 3-5-6 所示。

3 目录

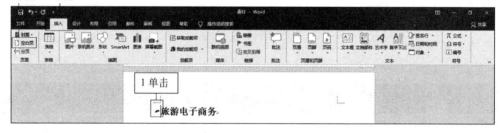

图 3-5-6　插入空白页

2) 插入目录

在空白页输入"目录"并按回车键,单击"引用"选项卡,单击"目录"组中的"目录"下拉列表,单击"插入目录"命令,如图 3-5-7 所示。

勾选"显示页码"和"页码右对齐"前复选框,在"制表符前导符"下拉列表中选择用户所需符号,在"显示级别"输入框中输入"4",单击"确定"按钮,如图 3-5-8 所示。

目录插入后,请根据需求设置字体和段落格式以正好占满一页。

4. 页眉页脚

1) 分节

4 页眉页脚

在"旅游电子商务"前单击鼠标,单击"布局"选项卡,单击"页面设置"组中的"分隔符"下拉列表,单击"分节符"组中的"下一页",如图 3-5-9 所示。

2) 插入页眉

单击"插入"选项卡,单击"页眉页脚"组中的"页眉"下拉列表,单击第一个"空白",如图 3-5-10 所示。

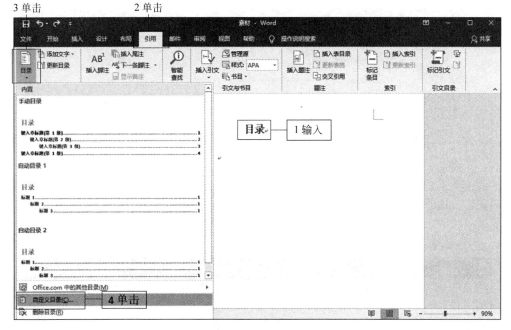

图 3-5-7 插入目录

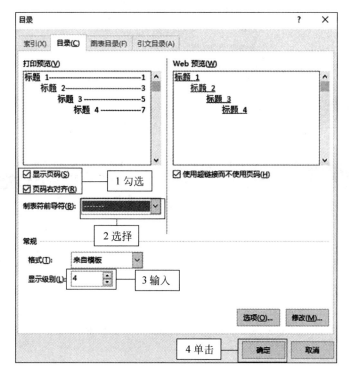

图 3-5-8 "目录"设置

在页眉位置处输入"旅游电子商务",单击"关闭页眉和页脚",如图 3-5-11 所示。

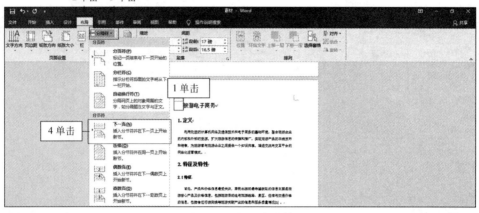

图 3-5-9　插入分节符

图 3-5-10　插入页眉

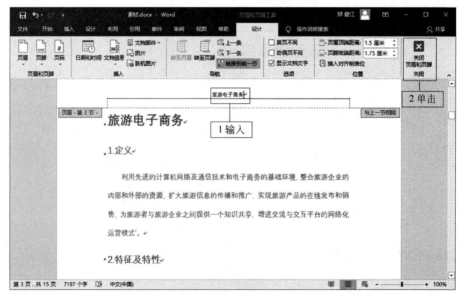

图 3-5-11　输入页眉

3）插入页码

（1）设置页码格式。

单击"插入"选项卡，单击"页眉页脚"组中的"页码"下拉列表，单击"设置页码格式"命令，如图 3-5-12 所示。

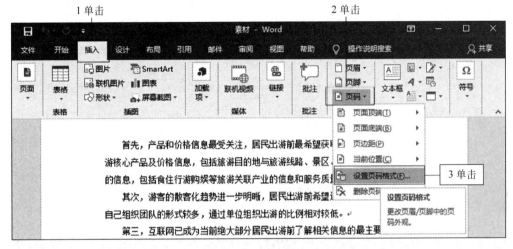

图 3-5-12　设置页码格式（1）

在弹出的"页码格式"对话框中单击"起始页码"前单选按钮，并在输入框中输入"1"，单击"确定"按钮，如图 3-5-13 所示。

图 3-5-13　设置页码格式（2）

（2）插入页码。

单击"插入"选项卡，单击"页眉页脚"组中的"页码"下拉列表，单击"页面底端"，在弹出的子菜单中单击"普通数字 2"，如图 3-5-14 所示。

（3）更新目录页码。

将鼠标定位在目录任意处，单击"引用"选项卡，单击"目录"组中的"更新目录"命令，在弹出的"更新目录"对话框中单击"只更新目录"，单击"确定"按钮，如图 3-5-15 所示。

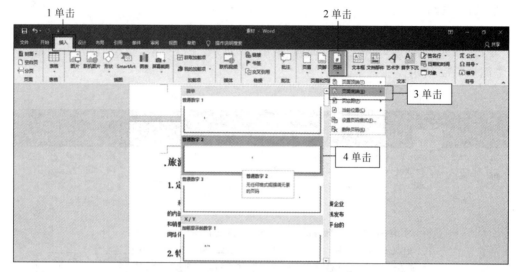

图 3-5-14　插入"页码"

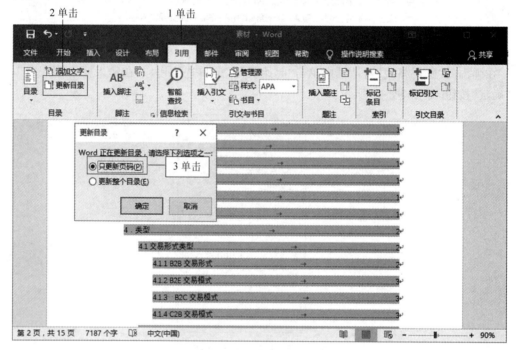

图 3-5-15　更新目录

5. 插入脚注

在文字"运营模式"后单击鼠标,单击"引用"选项卡,单击"脚注"组中的"插入脚注"命令,如图 3-5-16 所示。

输入脚注内容,如图 3-5-17 所示。

5 插入脚注

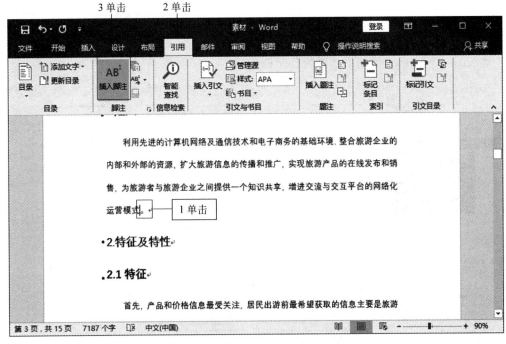

图 3-5-16　插入脚注

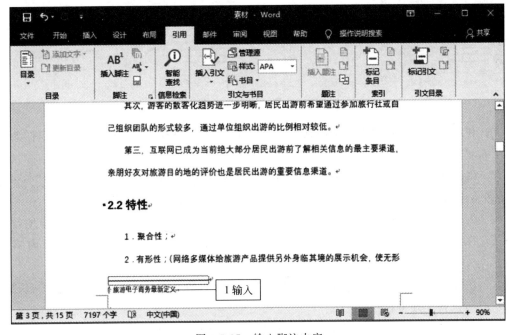

图 3-5-17　输入脚注内容

课后练习

一、上机操作题

请按图 3-5-18 所示样例格式进行长文档排版。

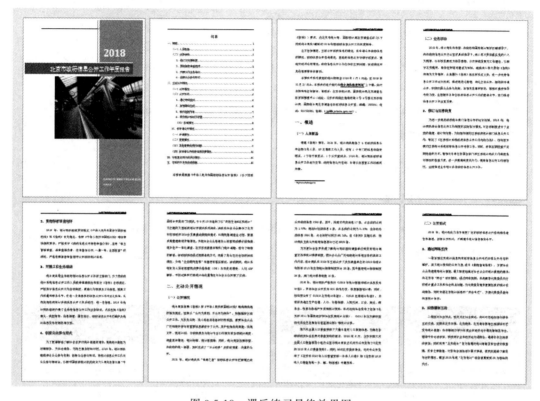

图 3-5-18　课后练习最终效果图

1. 利用素材前 3 行内容为文档制作一个封面页,令其独占一页(参考样例见文件"封面样例.png")。

2. 将文档中以"一、""二、"……开头的段落设为"标题 1"样式;以"(一)""(二)"……开头的段落设为"标题 2"样式;以"1、""2、"……开头的段落设为"标题 3"样式。

3. 为正文第 3 段中用红色标出的文字"统计局政府网站"添加超链接,链接地址为"http://www.bjstats.gov.cn/"。同时在"北京市统计局网站"后添加脚注,内容为"http://www.bjstats.gov.cn"。

4. 在封面页与正文之间插入目录,目录要求包含标题第 1—3 级及对应页号。目录单独占用一页,且无须分栏。

5. 除封面页和目录页外,在正文页上添加页眉,内容为文档标题"北京市政府信息公开工作年度报告"和页码,要求正文页码从第 1 页开始,其中奇数页眉居右显示,页码在标题右侧,偶数页眉居左显示,页码在标题左侧。

二、单项选择题

1. Word 2016 文档默认的扩展名是(　　)。

    A．.txt B．.doc C．.docx D．.rtf

2. 在 Word 中查找和替换正文时,若操作错误则(　　)。

    A．可用"撤销"来恢复 B．有时可恢复,有时就无可挽回

    C．无可挽回 D．必须手工恢复

3. 如果已有页眉或页脚,则再次进入页眉页脚区只需双击(　　)。

    A．文本区 B．菜单区 C．工具区 D．页眉页脚区

4. 在 Word 文档中插入图片后,不可以进行的操作是(　　)。

    A．删除 B．编辑 C．剪裁 D．缩放

5. 在 Word 中,按 backspace 键,将删除(　　)。

    A．插入点前面的一个字符 B．插入点前面的所有字符

    C．插入点后面的一个字符 D．插入点后面的所有字符

项目四

电子表格软件Excel 2016

项目分析：如何制作并格式化学生成绩分析表，并进行计算和分析呢？Excel 2016 具有表格编辑、公式计算、数据处理和图表分析功能，广泛应用于管理、金融、财务等领域。本项目从认识 Excel 2016 开始，深入浅出阐述 Excel 录入、单元格格式设置、公式与函数计算、数据处理与数据分析、图表化等。Excel 2016 较之前版本提供了更加丰富的 Office 主题，增加 Tell Me 功能、预测工作表功能等，使办公效率有较大提高。

任务 1　编辑与格式化工作表

任务展示

本任务要求学生制作一个期末学生成绩表，效果如图 4-1-1 所示。

序号	学号	姓名	语文	计算机	管理学	英语	体育	总分	平均分	最高分	最低分	等级
1	201704010001	张予	89	84	85	78	85					
2	201704010002	瑟瑟	82	78	75	69	86					
3	201704010003	欣欣	48	53	72	70	50					
4	201704010004	刘飞	76	81	86	68	91					
5	201704010005	伍浪	84	84	89	73	87					
6	201704010006	王一友	90	90	87	84	94					
7	201704010007	李清连	85	87	86	87	84					
8	201704010008	程小蓝	85	89	84	74	83					
9	201704010009	马大军	75	38	55	76	51					
10	201704010010	王阳	82	81	81	79	75					
11	201704010011	张兰	89	90	79	84	87					
12	201704010012	吴维成	78	92	78	78	79					
13	201704010013	陈云来	81	95	83	77	90					
14	201704010014	荀晓光	95	96	87	85	92					
15	201704010015	李明淑	97	86	79	73	89					
16	201704010016	廖剑锋	93	82	77	80	86					
17	201704010017	蓝志福	91	71	86	81	88					

学生成绩表　制表日期：二〇一九年四月十六日

图 4-1-1　"学生成绩表"最终效果图

支撑知识

1. Excel 2016 窗口组成

启动 Excel 2016，即可进入其工作窗口，如图 4-1-2 所示，包括标题栏、快速访问栏、"文件"菜单、功能区、编辑栏、工作区等。

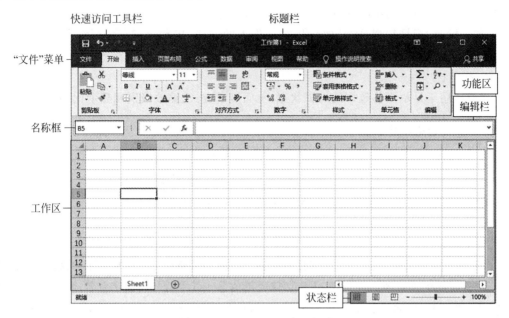

图 4-1-2 Excel 2016 窗口组成

1）标题栏

标题栏位于工作簿文档窗口顶部，工作簿的名字默认为"工作簿 1"。

2）快速访问工具栏

快速访问工具栏位于标题栏的左侧。默认的快速访问工具栏包括"保存""撤销"和"恢复"命令按钮。单击快速访问工具栏右侧的下拉按钮，可以自定义快速访问工具栏中的命令。

3）"文件"菜单

"文件"菜单包含一些基本命令，如"新建""打开""另存为""打印"和"关闭"等。

4）选项卡

选项卡包括开始、插入、页面布局、公式、数据、审阅、视图和加载项，不同选项卡中所包含的操作命令组都显示在功能区中。命令组中的每个按钮的作用一目了然，按钮表面有说明其功能的图形，鼠标移动至该按钮时会出现该按钮的名称和功能描述提示框。

5）功能区

功能区由各种选项卡和包含在选项卡中的各种命令按钮组成，功能区基本包含了Excel 2016 中的各种操作所需要用到的命令。

6）名称框

用于显示所选单元格或单元格区域的名称。如果单元格尚未命名，则名称框会显示该单元格的地址名称。

7）编辑栏

当用户在编辑框中输入数据或公式时，工具框会出现三个按钮 ✘ 、✔ 和 ƒ✗ 。单击 ✘ 按钮可取消输入内容，单击 ✔ 按钮可确认编辑内容，单击 ƒ✗ 按钮即可输入函数。

8）工作区

工作区位于窗口的中间部分，是编辑和存放数据的工作区域，包括全选框、拆分框、滚动条、工作表标签、行号和列号，其中行号在工作表的左侧，以数字显示；列标在工作表的上方，以大写英文字母显示，起到坐标作用。

9）状态栏

状态栏用于显示当前数据的编辑状态、页面显示方式、缩放级别和显示比例等信息。

2. Excel 基本概念

1）工作簿

一个工作簿就是一个 Excel 文件，扩展名是. xlsx，由工作表组成。工作簿就像一个文件夹，把相关的表格或图表存放在一起以便处理。一个工作簿最多可包含 255 张工作表，最少 1 张，Sheet1 默认为当前活动工作表。

2）工作表

工作表是由单元格、行号、列标、工作表标签等组成的表格形式的文件。工作区由 1 048 576 行和 16 384 列构成一个二维表格，用于存储大量信息。其中行号用数字命名，纵向排列，范围从 1～1 048 576。列标用字母来命名，列的编号自左至右依次为 A，B，…，Y，Z，AB，…，IV。

3）单元格

工作表中行与列交叉处的小方格称为单元格，每个单元格都有唯一的地址，地址由单元格的列标和行号决定。如第 D 列和 9 行的交叉处是 D9 单元格，"D9"既是它的地址，也是它的名称。

单元格是 Excel 工作表中的最基本元素，是存储和编辑数据的最小单元，可输入字符串、数字、日期时间、声音等信息。

4）单元格区域

单元格区域是指多个单元格的集合，它是由许多单元格组合而成的一个范围。单元格区域可分为连续单元格区域和不连续单元格区域。要表示一个连续的单元格区域，可以用该区域左上角和右下角单元格表示，中间用冒号（:）分隔，如 A1:B4 表示从 A1 单元格到 F4 单元格共计 8 个单元格。表示不连续单元格区域用","分隔，如 A1，B4 表示 A1 单元格和 B4 单元格共计 2 个单元格。

5）活动单元格

通常将当前正在操作的单元格称为活动单元格，其外边框显示为深黑色。若该单元格中有内容，则会将该单元格中的内容显示在编辑栏中。

3. 工作表基本操作

1）选定一个工作表

单击工作表对应的标签，使之成为活动的工作表即可选定一个工作表。被选定的工作表标签以白底显示，而没有被激活的工作表标签以灰色显示。

2）选定多个工作表

如果要在当前工作簿的多个工作表中同时输入相同的数据或执行相同的操作，可以先同时选定这些工作表。这样用户随后的操作将应用于所有已选定的工作表。

在选定多个工作表时,可以根据需要选定多个相邻的工作表,也可以选定多个不相邻的工作表或者所有的工作表。

(1) 选定多个相邻的工作表。

单击要选定的多个相邻工作表中的第一个工作表标签,按住 Shift 键不放,单击最后一个工作表的标签,即选中多个相邻的工作表。

(2) 选定多个不相邻的工作表。

单击其中的一个工作表标签,按住 Ctrl 键不放,分别单击要选定的工作表的标签,即可选定多个不相邻的工作表。

(3) 选定工作簿中所有的工作表。

右击工作表标签,在弹出快捷菜单中单击"选定全部工作表"命令。

3) 重命名工作表

在 Excel 2016 中,默认的工作表以 Sheet1、Sheet2、Sheet3……方式命名。为了直观地表示每个工作表中所包含的内容,则需要重命名工作表,使每个工作表的名称都能形象地反映其中的内容。

(1) 双击需要重命名的工作表标签,输入新的工作表名称,按下 Enter 键确认。

(2) 选中需要重命名的工作表标签,右击,在弹出的快捷菜单中单击"重命名"命令。

4) 插入和删除工作表

(1) 插入工作表。

当工作簿中默认的工作表不够用时,可以插入新的工作表。单击工作表右侧的"新工作表"按钮 ⊕,即可创建一个新的工作表 Sheet2;另一种方法是选定工作表,右击,在弹出的快捷菜单中单击"插入"命令,在弹出的"插入"对话框中单击"工作表",单击"确定"按钮,一个名为"Sheet2"的新工作表将被插入到 Sheet1 之前,同时该工作表成为当前活动工作表。

(2) 删除工作表。

选定要删除的工作表,单击"开始"选项卡,单击"单元格"组中的"删除"下拉按钮,单击"删除工作表"。或单击需要删除的工作表,右击,在弹出的快捷菜单中单击"删除"命令,也可删除工作表。

4. 单元格基本操作

1) 选择单元格或单元格区域

(1) 选择一个单元格。

与 Word 一样,在设置文本格式前需要选中文本,在 Excel 中需要选定单元格才能设置格式。单元格选定后其框与普通单元格不一样,如图 4-1-1 所示选定后的单元格为黑色边框。选定单元格主要有以下 3 种方法:

① 鼠标选择:用鼠标单击某个单元格即可选中该单元格。

② 键盘选择:使用↑、↓、←和→方向键也可以选择单元格。

③ 名称框选择:在名称框中输入单元格地址,如"D9",按回车键即可选定 D9 单元格。

(2) 选择连续的单元格区域。

选择连续的单元格区域主要有以下 3 种方法:

　　① 鼠标拖动：用鼠标单击该区域左上角的单元格，按住鼠标左键并拖动鼠标，到区域的右下角后释放鼠标左键。

　　② 快捷键：鼠标单击选取区域左上角的单元格，按住 Shift 键不放，鼠标单击要选取区域右下角的单元格。

　　③ 名称框：在名称框中输入单元格区域名称，如"B2:D5"，按回车键即可选择单元格区域 B2:D5。

　　(3) 选择不连续的单元格区域。

　　鼠标单击第一个单元格，按住 Ctrl 键不放，单击其他单元格区域。

　　(4) 选择一行。

　　单击工作表中的行号即可选中该行。

　　(5) 选择一列。

　　单击工作表中的列标即可选中该列。

　　(6) 选择整个工作表。

　　单击工作表左上角行号和列标交叉处的"选定全部"按钮 ■，或者使用 Ctrl＋A 组合键，也可选定整个工作表。

　　2) 在单元格中输入数据

　　当建立工作簿和工作表之后，需要向单元格中输入待处理的数据。Excel 2016 中可以输入的内容有文本、数字、标点、特殊符号、公式、日期和时间、运算符、公式和函数等。使用鼠标或键盘选定单元格后便可输入数据。

　　(1) 输入文本。

　　Excel 2016 中的文本包括汉字、英文字母、数字、空格及其他键盘能输入的符号，文本在单元格中默认向左对齐。当输入的文本超过了单元格宽度时，如果右边相邻的单元格中没有内容，则超出的文本会延伸到右边单元格位置。若右边单元格中有内容，则超出的文本不显示出来。

　　要在一个单元格中输入多行数据，按下 Alt＋Enter 组合键，可以实现换行。

　　要输入纯数字的文本，则需在第一个数字前加上一个单引号"'"，如"'510432199502155941"。

　　(2) 输入数值。

　　数值型数据是最常见、最重要的数据类型，在 Excel 2016 中常用的数值有数值、货币、会计专用、百分比、分数、科学记数，系统默认的对齐方式是单元格内靠右对齐。

　　当输入数值整数部分长度较长时，Excel 会用科学计数法表示，如 1.2345E＋15。小数部分超过格式设置时，Excel 会自动对超过部分四舍五入。Excel 在计算时，是用输入的数值参与计算，而不是显示的数值。

　　在输入分数时，应先输入整数部分及一个空格，然后再输入分数。

　　(3) 输入日期和时间。

　　输入日期时，用"\"或"-"分隔日期的年、月、日。如"2014/1/1"或"2014-1-1"。输入当天的日期，按下"Ctrl＋;"组合键。

　　输入时间时、小时、分钟和秒之间用":"隔开。若用 12 小时制表示时间，需要在数字后面输入一个空格，后跟一个字母 a 或 p 表示上午或下午。如"18:30"，"10:15 p"。输入当前的时间，按下"Ctrl＋Shift＋;"。

3) 编辑、修改与清除单元格数据

在单元格输入数据后，可以对其进行编辑、修改和清除。

（1）编辑单元格数据。

在编辑前需要选定编辑范围，输入新的数据，此时新数据覆盖原有数据，按下 Enter 键或编辑栏的 ✔ 图标。

（2）修改单元格数据。

修改某个单元格数据的方法是双击该单元格，或单击该单元格按 F2 键，将光标插入点置入该单元格中，此时在状态栏的最左端显示"编辑"字样，可以修改数据。

（3）清除单元格数据。

在 Excel 2016 中，清除单元格数据仅删除该单元格中的内容，如数据和数据格式，单元格本身不会删除，所以不会影响工作表中其他单元格的布局。

单击需要删除的单元格，按下 Backspace 键或 Delete 键删除单元格内容。

（4）移动和复制单元格数据。

移动单元格内容是将单元格中的内容转移到其他单元格中。复制单元格是将单元格中的内容复制到其他位置，而原位置内容仍然存在。

如果目标单元格和源位置距离较近，用鼠标和键盘配合使用的方法比较方便，选取要操作的单元格区域，将鼠标移动至此区域的黑边框上，鼠标指针变为四向箭头，拖动鼠标指针到新位置，完成移动。如要复制，则需在拖动时按住 Ctrl 键不放。也可以使用组合键，如移动为 Ctrl＋X 和 Ctrl＋V，复制为 Ctrl＋C 和 Ctrl＋V。

若有选择性地复制单元格，如只复制公式，则需使用 Excel 的选择性粘贴功能。

（5）合并与拆分单元格。

① 合并单元格。

在 Excel 2016 中，可以将连续几行或几列的多个单元格合并成一个大的单元格，合并之后的单元格中仅保留选定区域左上角的数据；为了不覆盖其他单元格的数据，可以将区域中的所有数据复制到区域内的左上角单元格中，合并后的单元格中包括所有数据；可以合并一行中的单元格，还可以合并选定的几个连续的单元格，但并不更改其中数据的对齐方式。

② 拆分单元格。

在 Excel 工作标中，拆分单元格就是将一个单元格拆分成多个单元格。选择合并后的单元格，单击"开始"功能标签，单击"对齐方式"组中的"合并"下拉按钮，单击"取消单元格合并"命令。

任务实施

1. 新建 Excel 工作簿

单击"开始"→"所有应用"→Excel 命令，在弹出的对话框中单击"空白工作簿"，如图 4-1-3 所示。

1 新建 Excel
工作簿

2. 保存工作簿

单击"文件"→"另存为"→"这台电脑"→"桌面"命令，在弹出的"另存为"对话框文件名栏输入"学生成绩表"，单击"保存"按钮，如图 4-1-4 所示。

2 保存工作簿

图 4-1-3　新建 Excel 工作簿

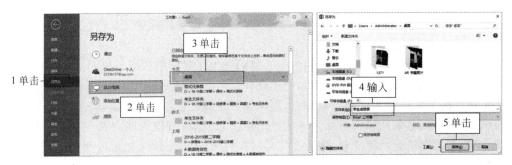

图 4-1-4　保存工作簿

3. 更改工作表标签颜色和工作表名称

右击工作表"Sheet1"标签,在弹出的快捷菜单中单击"工作表标签颜色"命令,单击"深红色"即可更改工作表标签颜色,单击"重命名"命令,更改工作表名称为"学生成绩表",如图 4-1-5 所示。

3 更改工作表标签颜色和工作表名称

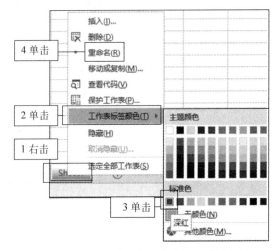

图 4-1-5　更改工作表标签颜色和工作表名称

4．工作表保护

右击"学生成绩表"工作表，在弹出的快捷菜单中单击"保护工作表"命令，在弹出的"保护工作表"对话框"取消工作表保护时使用的密码"输入框中输入密码，单击"确定"按钮，在弹出的"确认密码"对话框"重新输入密码"输入框中再一次输入密码，单击"确定"按钮，如图 4-1-6 所示。

4 工作表保护

图 4-1-6　设置取消保护工作表密码

设置密码后，该工作表中锁定的单元格无法进行编辑和修改，要编辑或修改单元格则需取消工作表保护。

5．单元格输入

1）输入单元格内容

按照样例在单元格中输入如图 4-1-7 所示的内容。

5.1 输入内容

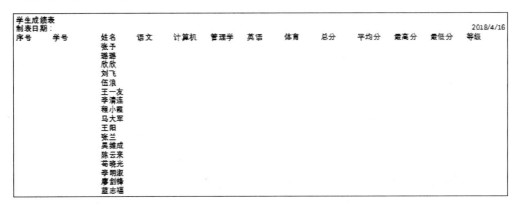

图 4-1-7　常规输入

2）自动填充序号

在 A4 单元格输入数字"1"，将鼠标置于该单元格右下角，呈"＋"填充柄形状时，按住鼠标不放拖动至 A20 单元格，释放鼠标左键，单击下拉列表，单击"填

5.2 自动填充序号

充序列",如图 4-1-8 所示。

注意填充选项含义:

复制单元格:所有单元格内容是相同的。

填充序列:以 1 为步长值等差产生的序列。

仅填充格式:只填充格式,不填充数值。

不带格式填充:只填充数值,不填充格式。

快速填充:快速填充要求预先在连续两单元格输入有规律填充的前两项,如公差为 3 的等差数列,应先分别在单元格中输入 1 和 4,然后选中这两个单元格进行填充。

3) 设置长数字串为文本格式

Excel 2016 中输入数字默认为数值类型,当该数字超过 11 位时采用科学计数法表示,如学号、身份证号等由数字构成但并不代表大小的数字,则需更改其为文本格式。

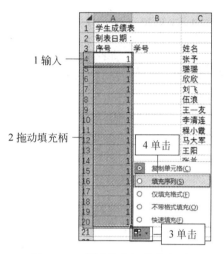

图 4-1-8　利用填充柄填充序列

选中 B4 到 B20 单元格,单击"开始"功能标签,单击"设置单元格格式"按钮 ,打开"设置单元格格式"对话框,单击"数字"选项卡,单击"文本"选项,单击"确定"按钮,如图 4-1-9 所示,将学生学号录入 B4 到 B20 单元格。

5.3 设置长数字串为文本格式

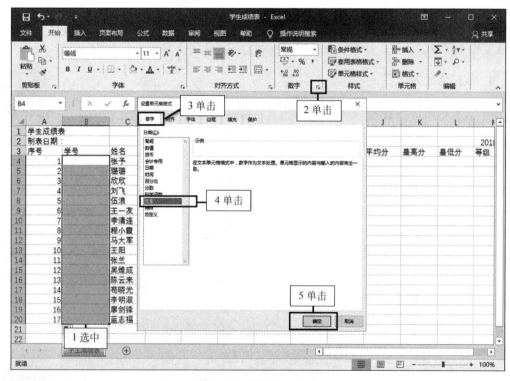

图 4-1-9　设置文本格式

4）数据有效性设置

数据有效性是对单元格或单元格区域输入的数据从内容到数量上的限制。对于符合条件的数据，允许输入；对于不符合条件的数据，则禁止输入。这样就可以依靠系统检查数据的正确有效性，避免错误的数据录入。

5.4 数据有效性

设置各科成绩录入时只能录入 0～100 的整数操作步骤如下：

选中 D4 到 H20 单元格，单击"数据"选项卡，在数据工具组中单击"数据验证"下拉列表，单击"数据验证"命令，在弹出的"数据验证"对话框"允许"下拉列表中选择"整数"，在"数据"下拉列表中选择"介于"，在"最小值"输入框中输入"0"，在"最大值"输入框中输入"100"，单击"出错警告"选项卡，在"样式"下拉列表中选择"警告"，在"错误信息"输入框中输入"请输入 0～100 之间的整数"，单击"确定"按钮，如图 4-1-10 所示。

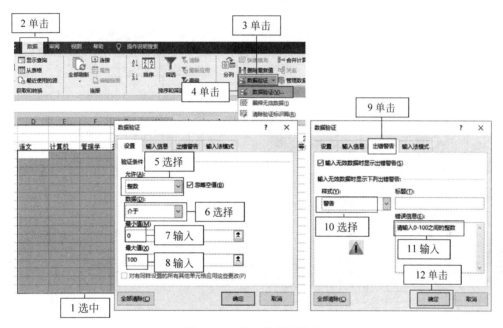

图 4-1-10　设置数据有效性

设置好之后，将各同学各科成绩输入单元格。

6. 单元格格式设置

1）合并单元格

6.1 合并单元格

选中 A1 到 N1 单元格，单击"开始"选项卡，单击"对齐方式"组中的"合并后居中"按钮，如图 4-1-11 所示。

使用相同的方法合并 B2 到 J2 单元格，K2 到 N2 单元格。

2）边框和填充设置

设置外边框为深红色双实线内边框为紫色单实线的步骤如下：

6.2 边框和
填充设置

选中 A1 到 M20 单元格，单击"开始"选项卡，单击"字体"扩展按钮，打开"设置单元格格式"对话框，单击"边框"选项卡，单击"样式"中的单实线，在"颜色"下拉列表中选择"紫色"，单击"预置"中的"内部"，单击"样式"中的双实线，在"颜色"下拉列表中选择"深红"，单击"预置"中的"外边框"，单击"确定"按钮，如图 4-1-12 所示。

图 4-1-11　合并单元格

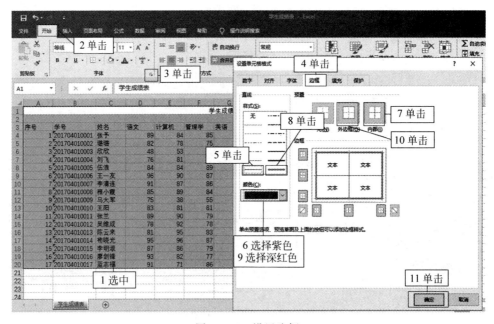

图 4-1-12　设置边框

选中 A3 到 M3 单元格,单击"开始"选项卡,单击"字体"扩展按钮,打开"设置单元格格式"对话框,单击"填充"选项卡,单击"背景色"中的"浅绿色",单击"确定"按钮,如图 4-1-13 所示。

3)设置日期格式

将日期更改为中文日期格式的操作步骤如下:

选中 K2 单元格,单击"开始"选项卡"数字"工具中的扩展按钮,在打开的"设置单元格格式"对话框中单击"数字"选项卡,单击"分类"栏的"日期",在右侧"类型"中选择中文日期格式,单击"确定"按钮,如图 4-1-14 所示。

6.3 设置日期格式

4)设置字体和对齐格式

按照样例格式设置字体大小和对齐方式。

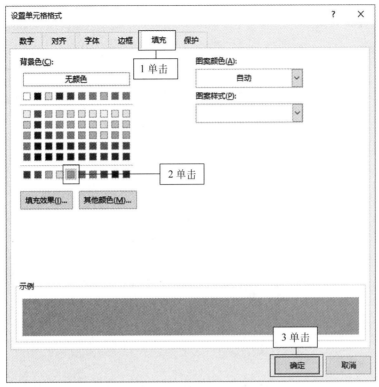

图 4-1-13 设置填充颜色

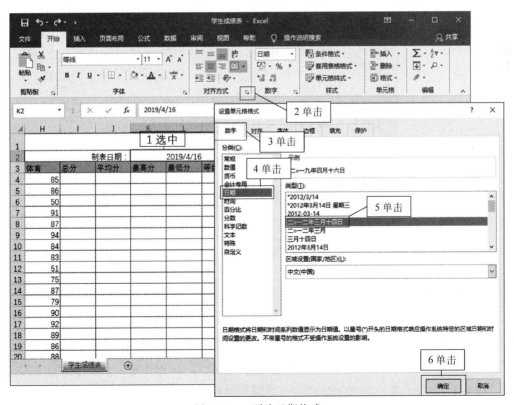

图 4-1-14 更改日期格式

7. 设置行高和列宽

1）设置行高

右击行标题"1",单击"行高",在弹出的"行高"对话框中输入"25",单击
"确定"按钮,如图 4-1-15 所示。使用相同方法设置第 2 行到 20 行行高为 16。

7 设置行高和列宽

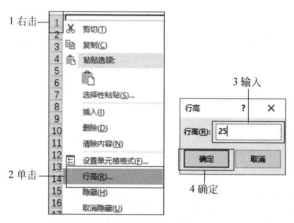

图 4-1-15　设置行高

2）设置列宽

右击 B 列,单击"列宽",在弹出的"列宽"对话框中输入列宽为 13,单击"确定"按钮,如
图 4-1-16 所示。使用相同方法设置第 C 列到 N 列列宽为 8。

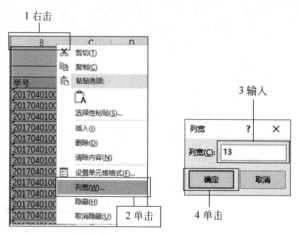

图 4-1-16　设置列宽

8. 设置条件格式

（1）利用条件格式"数据条"下"实心填充"中的"蓝色数据条"修饰 D4:
D20 单元格区域的步骤如下:

8 设置条件格式

选中 D4 到 D20 单元格,单击"开始"选项卡,单击"样式"组中的"条件格式"下拉列表,
单击"数据条",单击"实心填充"中的"蓝色数据条",如图 4-1-17 所示。

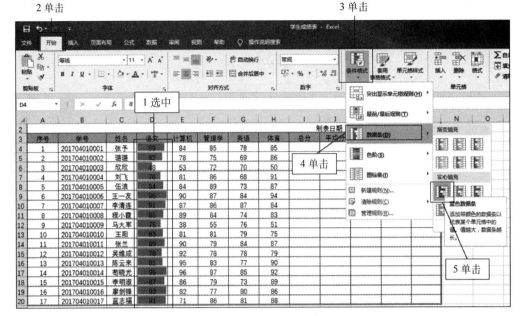

图 4-1-17　数据条设置

（2）利用条件格式设置其余各科不及格成绩用黄色底纹突出显示的步骤。

选中 E4 到 H20，单击"开始"选项卡，单击"样式"组中的"条件格式"，单击"突出显示单元格规则"，单击"小于"，在弹出的"小于"对话框输入框中输入"60"，设置为下拉列表中选择"自定义格式"，如图 4-1-18 所示。

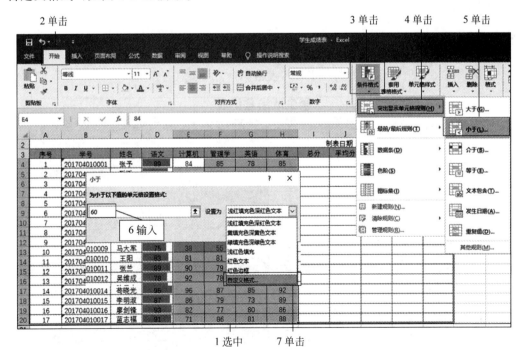

图 4-1-18　突出显示单元格规则（1）

在弹出的"设置单元格格式"对话框中单击"填充"选项卡,在背景色中单击"黄色",单击"确定"按钮,如图 4-1-19 所示。

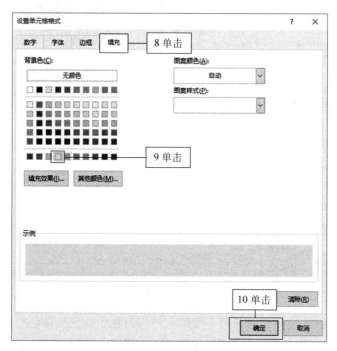

图 4-1-19 突出显示单元格规则(2)

课后练习

上机操作题

1. 请按图 4-1-20 所示样例制作 Excel 表格。

学生成绩登记表						
专业	姓名	学号	性别	计算机应用基础	大学语文	体育与健康
软件技术	王明	2018401001	女	89	84	87
软件技术	刘正	2018302049	女	82	78	65
市场营销	张三丰	2018205118	女	78	53	94
旅游管理	刘飞	2018501006	男	76	81	47
旅游管理	伍浪	2018501007	男	56	84	89
旅游管理	王一友	2018501008	男	98	91	67
软件技术	李清连	2018302013	男	91	87	87
软件技术	程小霞	2018302008	女	85	89	69
软件技术	马大军	2018302105	男	80	80	73
酒店管理	王阳	2018401002	男	83	81	75
市场营销	张兰	2018205025	女	89	90	81
市场营销	吴维成	2018205041	男	92	92	94
旅游管理	陈云来	2018205041	男	81	53	73
酒店管理	苟晓光	2018401015	男	95	86	79
软件技术	李明淑	2018205067	女	87	86	78
市场营销	廖剑锋	2018205070	男	93	82	81
软件开发	蓝志福	2018302036	男	57	71	64
软件开发	夏小冰	2018302079	女	78	69	95
旅游管理	赵能	2018501035	男	84	92	87

图 4-1-20 学生成绩登记表

（1）专业要求使用数据有效性，采用下拉列表形式选取专业。

（2）设置学号数据有效性，要求输入的学号为 10 位阿拉伯数字，否则出错。

（3）设置各科成绩在 0～100 分之间。

（4）利用条件格式对各科成绩所在单元格区域设置"蓝—白—红色阶"。

2．请按图 4-1-21 样例格式制作 Excel 表格。

员工工资表							
编号	姓名	基本工资	生活补贴	交通补贴	养老金扣款	每月实发工资	一季度实发工资
36001	艾小群	¥1,450	¥580	¥66	¥120		
36002	陈美华	¥1,330	¥620	¥71	¥160		
36003	张阳	¥670	¥540	¥75	¥289		
36004	关汉瑜	¥880	¥620	¥83	¥70		
36005	梅颂军	¥1,700	¥1,020	¥67	¥300		
36006	蔡雪敏	¥1,280	¥740	¥90	¥180		
36007	林淑仪	¥1,490	¥840	¥73	¥200		
36008	区俊杰	¥600	¥420	¥58	¥184		
36009	邓陶	¥1,250	¥650	¥60	¥69		
36010	王武成	¥759	¥820	¥75	¥73		
36011	赵刚	¥1,020	¥900	¥86	¥145		
36012	李小梅	¥1,120	¥710	¥70	¥120		
36013	王小路	¥1,240	¥610	¥62	¥38		

图 4-1-21　员工工资表

（1）要求套用表格格式。

（2）工资和扣款采用人民币格式，有千分位，不保留小数位数。

3．请按图 4-1-22 样例格式制作 Excel 表格。

某产品销量情况表 (单位:个)						
月份	2017年销量	所占百分比	2018年销量	所占百分比2	同比增长率	备注
1月	1332	6.13%	1568	6.58%	17.72%	
2月	1156	5.32%	1089	4.57%	-5.80%	
3月	2180	10.03%	3189	13.39%	46.28%	
4月	1421	6.54%	2192	9.20%	54.26%	
5月	2679	12.32%	2451	10.29%	-8.51%	
6月	1934	8.90%	1892	7.94%	-2.17%	
7月	1631	7.50%	1789	7.51%	9.69%	
8月	1388	6.39%	1658	6.96%	19.45%	
9月	1464	6.73%	1789	7.51%	22.20%	
10月	2290	10.53%	2199	9.23%	-3.97%	
11月	2288	10.53%	1989	8.35%	-13.07%	
12月	1975	9.09%	2019	8.47%	2.23%	
17年全年总量	21738	18年全年总量	23824			

图 4-1-22　某产品销量情况表

所占百分比和同比增长率要求采用百分比格式，并保留 2 位小数。

任务 2　公式与函数

任务展示

公式与函数一共有 2 个子任务，第 1 个子任务要求用公式计算 2017 年和 2018 年全年总量，分别计算 2017 年和 2018 年每月所占比例，分别计算同比增长率，最终效果如图 4-2-1 所示。

某产品销量情况表 (单位:个)

月份	2017年销量	所占百分比	2018年销量	所占百分比2	同比增长率	备注
1月	1332	6.13%	1568	6.58%	17.72%	
2月	1156	5.32%	1089	4.57%	-5.80%	
3月	2180	10.03%	3189	13.39%	46.28%	
4月	1421	6.54%	2192	9.20%	54.26%	
5月	2679	12.32%	2451	10.29%	-8.51%	
6月	1934	8.90%	1892	7.94%	-2.17%	
7月	1631	7.50%	1789	7.51%	9.69%	
8月	1388	6.39%	1658	6.96%	19.45%	
9月	1464	6.73%	1789	7.51%	22.20%	
10月	2290	10.53%	2199	9.23%	-3.97%	
11月	2288	10.53%	1989	8.35%	-13.07%	
12月	1975	9.09%	2019	8.47%	2.23%	
17年全年总量	21738	18年全年总量	23824			

图 4-2-1　公式最终效果图

第 2 个子任务要求用函数或自动求和计算学生成绩表中的总分、平均分、最高分、最低分，用函数计算等级和名次，用函数计算各科不及格人数、各科 70～80 分的人数、各科不及格成绩总和、各科 80～90 分的平均分、各科成绩在 80～90 分的总和和各科及格成绩的平均分，最终效果如图 4-2-2 所示。

学生成绩表

序号	学号	姓名	语文	计算机	管理学	英语	体育	总分	平均分	最高分	最低分	等级	名次
						制表日期			二〇一九年四月二十三日				
1	201704010001	张予	89	84	85	78	85	421	84.2	89	78	合格	6
2	201704010002	璐璐	82	78	75	69	86	390	78.0	86	69	合格	15
3	201704010003	欣欣	48	53	72	70	50	293	58.6	72	48	合格	17
4	201704010004	刘飞	76	81	86	68	91	402	80.4	91	68	合格	13
5	201704010005	伍浪	84	84	89	73	87	417	83.4	89	73	合格	8
6	201704010006	王一友	96	90	87	84	94	451	90.2	96	84	优秀	2
7	201704010007	李清连	91	87	86	87	84	435	87.0	91	84	优秀	3
8	201704010008	程小夏	85	89	84	74	83	415	83.0	89	74	合格	10
9	201704010009	马大军	75	38	55	76	51	295	59.0	76	38	合格	16
10	201704010010	王阳	83	81	81	79	75	399	79.8	83	75	合格	14
11	201704010011	张兰	89	90	79	84	87	429	85.8	90	79	优秀	4
12	201704010012	吴维成	78	92	78	78	79	405	81.0	92	78	合格	12
13	201704010013	陈云来	81	95	83	77	90	426	85.2	95	77	优秀	5
14	201704010014	苟晓光	95	96	87	85	92	455	91.0	96	85	优秀	1
15	201704010015	李明淑	87	86	79	73	89	414	82.8	89	73	合格	11
16	201704010016	廖剑锋	93	82	77	80	86	418	83.6	93	77	合格	7
17	201704010017	蓝志福	91	71	86	81	88	417	83.4	91	71	合格	8
各科不及格人数:			1	2	1	0	2						
各科70-80分之间人数:			3	1	6	9	2						
求各科不及格成绩总和:			48	91	55	0	101						
求各科80-90分之间的平均分:			85.0	84.3	85.4	83.5	86.1						
求各科成绩在80-90之间总和:			680	674	854	501	775						
求各科及格成绩的平均分:			85.9	85.7	82.1	77.4	86.4						

图 4-2-2　函数最终效果图

支撑知识

Excel 2016 具有强大的计算功能，这些计算功能主要通过公式和函数来实现。公式是为了减少输入或计算某一个运算结果的式子，由运算符、常量、单元格引用、函数等组成的一个表达式。每当输入或者修改公式中的数据后，公式便会自动重新计算，并将最新结果显示在单元格中。

函数是 Excel 将一些频繁使用的或较复杂的计算过程，预先定义并保存的内置公式。在使用时，只需直接调用或通过输入简单参数就能得到计算结果。

1. 公式

公式是单元格内以等号(＝)开始的值、单元格引用或运算符的组合。其输入比较简单，可在放置结果的单元格中直接输入公式内容，公式输入完毕计算也随之完成，计算结果显示在单元格中。这一结果会随着它所引用单元格内数据的变化而自动变化。公式中的标点符号要求使用英文标点符号。

Excel 2016 中公式的构成包括 3 部分：

(1) "＝"符号：表示输入的内容是公式而不是数据。输入公式必须以"＝"开头。

(2) 运算符：用以连接公式中参加运算的元素并指明其类型。

(3) 操作数：操作数可以是常量、单元格或单元格区域引用、标志、名称及函数等。

1) 公式中的操作数

公式中的操作数可以是常量、单元格或单元格区域引用、标志、名称及函数等。

(1) 公式中的数字可直接输入。

(2) 公式中的文本要用双引号括起来，否则该文本会被认为是一个名字。

(3) 当数字中含有货币符号、千位分位符、百分号及表示负数的括号时，该数字也要用双引号括起来。

(4) 公式中可直接使用单元格地址。

2) 公式中的运算符

Excel 2016 中运算符有以下几类：

(1) 算术运算符：加(＋)、减(－)、乘(×)、除(/)、乘方(^)、百分比(%)，其优先级与数学运算一致。

(2) 比较运算符：等于(＝)、大于(>)、小于(<)、大于等于(≥)、小于等于(≤)、不等于(≠)。用比较运算符比较两个值时，结果为一个逻辑值，只有两种情况，即 True(结果成立)或 False(结果不成立)。

(3) 文本运算符：连接符(&)，用来连接一个或多个字符串，以产生一串新文本。

(4) 引用运算符：区域运算符(:)，可引用两个操作数内所有单元格，用来引用一个连续区域。

(5) 联合运算符(,)，可同时引用多个不连续的区域。

(6) 交叉运算符(空格)，可对两个区域共有单元格引用。

各种运算符的优先级如表 4-2-1 所示。

表 4-2-1　运算符优先级

优先级	运　算　符
1	冒号(:)逗号(,)空格(空格)引用运算符
2	负号(－)
3	百分号(%)
4	乘方(^)
5	乘(×)除(/)
6	加(＋)减(－)
7	连接符(&)
8	等号(＝)　大于号(>)　小于号(>)　大于等于号(≥)　小于等于号(≤)　不等号(≠) 比较运算符

3）输入公式

公式的输入可直接在单元格中输入，也可在公式编辑栏中输入，以等号（＝）开始，其后才是表达式。输入公式其步骤如下：

单击需要输入公式的单元格→输入形如"＝A1＊B1"的公式→按 Enter 键。

4）自动求和

求和计算是一种常用的公式计算，Excel 提供了快捷的自动求和方法，使用工具栏按钮来进行，它将自动对活动单元格上方或左侧的数据进行求和计算。

选中需要求和的单元格→"开始"选项卡→"编辑"组中单击"自动求和"，则选中单元格的和在右侧或下侧单元格中自动填充好。

单击"自动求和"下拉列表，可计算选中单元格的平均值、计数、最大值和最小值。

5）公式自动填充

在一个单元格输入公式后，如果相邻的单元格中需要进行同类型的计算，可利用公式的自动填充功能。其方法是：

选择公式所在的单元格，移动鼠标到单元格的右下角变成黑"＋"字形，即"填充柄"，拖动"填充柄"到目标区域最后一个单元格，松开鼠标左键，公式自动填充完毕。

6）编辑公式

单击含有公式的单元格，将插入点定位在编辑栏或单元格中需要修改的位置，按 Delete 键删除多余或错误内容，再输入正确的内容。完成之后按 Enter 键即可完成公式的编辑，Excel 自动对公式进行计算。

2．函数

函数（Function）表示每个输入值对应唯一输出值的一种对应关系。Excel 2016 提供用于计算和处理数据的预定义的内置公式，使用参数并按照特定顺序进行计算。

1）函数基本知识

函数由三部分组成，包括函数名、参数和括号。一般形式为：

函数名(参数 1,参数 2……)

括号表示函数中参数的起止位置，括号前后不能有空格。参数可以有一个或多个，各个参数之间用逗号分开。参数可以是数字、文本、逻辑值或引用，也可以是常量、公式或其他函数，当函数的参数为其他函数时称为嵌套。

2）常用函数

Excel 2016 提供了功能强大的函数，如数学函数、统计函数、数据库函数、日期函数、会计函数等，利用这些函数可提高数据处理能力，同时减少错误的发生。

（1）求和函数。

格式：Sum(Number1,Number2……)

功能：返回参数所对应的数值之和。Number i 可以为常量、单元格引用或区域。

（2）求平均函数。

格式：Average(Number1,Number2……)

功能：返回参数所对应数值的算术平均数。

（3）最大值和最小值函数。

格式：Max(Number1,Number2……),Min(Number1,Number2……)

功能：返回参数所对应数值的最大值和最小值。

（4）计数函数。

格式：Count(Value1,Value2……),Counta(Value1,Value2……)

功能：返回参数所对应区域数值的个数。Value i 可以为常量、单元格引用或区域。

注意：Count 只统计数值型数据，文本、逻辑值、错误信息、空单元格不统计。Counta 统计非空单元格，只要单元格有内容，就会被统计，包括有些看不见的字符。

（5）条件判断函数。

格式：If(logical_test,value_if_true,value_if_false)

功能：根据测试条件 logical_test 的真假值，返回不同的结果。若 logical_test 值为真，则返回 value_if_true,否则返回 value_if_false。

（6）有条件求和函数。

格式：Sumif(range,criteria,sum_range)

功能：返回满足某一条件的单元格区域求和。range 为用于条件判断的单元格区域；criteria 为确定哪些单元格将被相加求和的条件，其形式可以为数字、表达式或文本；sum_range 是需要求和的实际单元格。

（7）条件计数函数。

格式：Countif(range,criteria)

功能：Range 为需要计算其中满足条件的单元格数目的单元格区域，即（范围）；Criteria 为确定哪些单元格将被计算在内的条件，其形式可以为数字、表达式或文本，即（条件）。用于计算区域中满足给定条件的单元格的个数。

（8）数据库函数：有条件求和、平均、最大值和最小值。

格式：DSum(database,field,criteria)

　　　　DAverage(database,field,criteria)

　　　　DMax(database,field,criteria)

　　　　DMin(database,field,criteria)

功能：Database 构成列表或数据库的单元格区域；Field 指定函数所使用的数据列；Criteria 为一组包含给定条件的单元格区域；DSum 用于返回数据库或数据清单中满足指定条件的列中的数值的和；DAverage 返回数据库或数据清单中满足指定条件的列中数值的平均值；DMax 返回数据库或数据清单中满足指定条件的列中数值的最大值；DMin 返回数据库或数据清单中满足指定条件的列中数值的最小值。

（9）排名次函数。

格式：Rank(Number,Ref,Order)

功能：返回指定数字在一列数字中的排位。Number 为需要排位数据，通常使用单元格的相对引用；Ref 为 Number 所在的一组数据，通常使用单元格区域的绝对引用；Order 为指定排位的方式，0 或省略为降序，大于 0 为升序。

（10）取整函数。

格式：Int(Number)

功能：返回一个小于 Number 的最大整数。

(11) 绝对值函数。

格式：ABS(Number)

功能：求绝对值,如 ABS(−1)的返回值为 1。

(12) 查询函数。

格式：VLOOKUP(Lookup_value,Table_array,Col_index_num,Rang_lookup)

功能：按列查找,最终返回该列所需查询列序所对应的值。Lookup_value 为需要在数据表第一列中进行查找的数值,Table_array 为需要在其中查找数据的数据表,Col_index_num 为 table_array 中查找数据的数据列序号,Range_lookup 为一逻辑值,指明函数 VLOOKUP 查找时是精确匹配,还是近似匹配。

(13) 返回日期函数。

格式：Today()

功能：返回系统的当前日期,该函数不需要参数。

3．单元格引用

引用单元格,就是在公式和函数中使用"引用"来表示单元格中的数据。使用单元格引用,可以在公式中使用不同单元格中的数据,或在多个公式中使用同一个单元格数据。在 Excel 2016 中,根据处理的需要可以采用"相对引用""绝对引用""混合引用"和"工作表和工作簿的引用"等方法。

1) 相对引用

相对引用就是指公式中的单元格地址将随着公式单元格位置的改变而改变。Excel 2016 默认的单元格引用就是相对引用,如"A2""B1"等。相对引用中的公式在复制或移动时会根据移动的位置自动调节公式中引用单元格的地址。当生成公式时,对单元格或单元格区域的引用通常基于它们与公式单元格的相对位置,并且当复制或移动相对引用的公式时,被粘贴公式中的引用将被更新,并指向与当前公式位置相对应的单元格,因此,使用相对引用会使公式的引用更加灵活方便。

2) 绝对引用

绝对引用是指公式中的单元格地址不随着公式位置的改变而发生改变。不论公式复制到的单元格位置如何,公式中所引用的单元格位置都是其在工作表中的确切位置。表示时,在行号和列标前分别加上美元符号"＄",如＄B＄7 表示对 B7 单元格的绝对引用,＄B＄7：＄F＄8 表示对单元格区域 B7:F8 的绝对引用。

3) 混合引用

混合引用指在同一个单元格中,既有相对引用又有绝对引用。即混合引用具有绝对列和相对行,或是相对列和绝对行。如＄B7、F＄8,混合引用主要用于公式复制时,行变列不变或列变行不变的情况。

4) 创建三维公式

在实际工作中,经常需要把不同工作表甚至不同工作簿中的数据应用于同一个公式中进行计算处理,这类公式被形象地称为三维公式。三维公式的构成如下：

不同工作表中数据所在单元格地址表示为：

工作表名称、单元格引用地址。

不同工作簿中的数据所在单元格地址的表示为：

工作簿名称、工作表名称、单元格引用地址。

三维公式的创建与一般公式一样，可直接在编辑栏中进行输入。如要把 Sheet1 中 G5 单元格的数据和 Sheet2 中的 A3 单元格的数据相加，结果放在 Sheet3 的 B2 单元格，则在 Sheet3 的 B2 单元格中输入公式"＝Sheet1！G5＋Sheet2！A3"。

任务实施

1. 公式计算

1.1 计算 2017 年和 2018 年销售总量

1) 计算 2017 年和 2018 年总量

单击 B15 单元格，输入"＝"，单击 2017 年 1 月销量所在单元格 B3，输入"＋"，依次单击 2017 年其他月销量，中间用"＋"链接，按回车键，如图 4-2-3 所示。

图 4-2-3 公式计算 2017 年总销量

使用相同的方法计算 18 年全年总销量。

2) 计算所占百分比和同比增长率

单击 C3 单元格，输入"＝"，单击 B3 单元格，输入"/"，单击 B15 单元格，在单元格 B15 行标题和列标题前输入"＄"符号以绝对引用该单元格（＄B＄15），按回车键，将鼠标置于 C3 单元格右下角，呈"＋"填充柄形状时按住鼠标往下填充，如图 4-2-4 所示。

1.2 计算所占百分比和同比增长率

使用相同的方法计算 2018 年所占百分比，同比增长率的计算方法为（2018 年销量－2017 年销量）/2017 年销量。

图 4-2-4　计算所占百分比

2. 函数计算

1) SUM、AVERAGE、MAX 和 MIN 函数

2.1sum,average, max 和 min 函数

单击 I4 单元格,单击"公式"选项卡,单击插入函数图标 f_x,打开"插入函数"对话框,单击"选择函数"列表框中的"SUM",单击"确定"按钮,如图 4-2-5 所示。

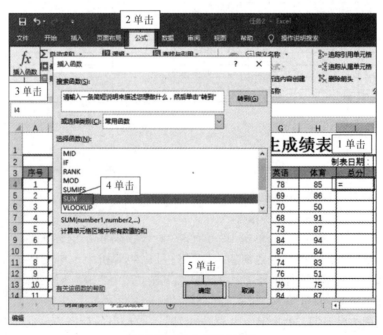

图 4-2-5　插入 SUM 函数

在弹出的"函数参数"对话框中单击"Number1"输入框，鼠标框选 D4 到 H4 单元格，单击"确定"按钮，如图 4-2-6 所示。使用填充柄将总分自动填充。

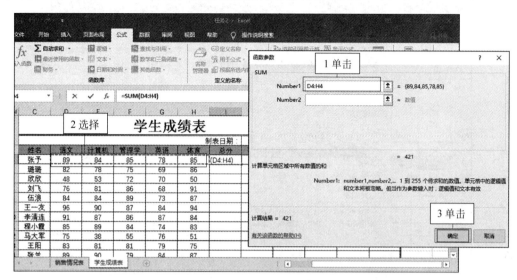

图 4-2-6　函数参数设置

求平均、求最大值和最小值方法与求和相同，只是函数不同而已。

Excel 2016 公式中提供"自动求和"可快速进行函数应用，利用函数计算的总分、平均分等均可以利用"自动求和"快速完成。

选中 D4 到 H4 单元格，单击"公式"选项卡，单击"自动求和"下拉列表，可根据需求选择求和、平均值、计数、最大值和最小值，如图 4-2-7 所示。

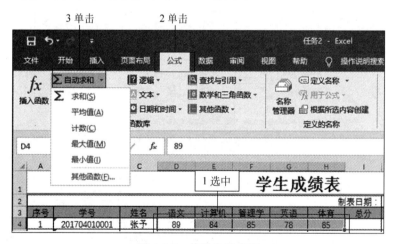

图 4-2-7　使用自动求和

2）IF 函数

单击 M4 单元格，单击"公式"选项卡，单击插入函数图标 f_x，打开"插入函数"对话框，单击"选择函数"列表框中的"IF"，单击"确定"按钮，如图 4-2-8 所示。

2.2if 函数

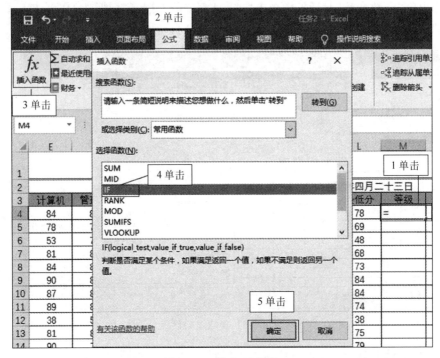

图 4-2-8　插入 IF 函数

　　弹出"函数参数"对话框，在 Logical_test 文本框中输入"J4>=85"，在 Value_if_true 文本框中输入"优秀"，在 Value_if_false 文本框中输入"合格"，单击"确定"按钮，如图 4-2-9 所示，使用填充柄将等级自动填充。

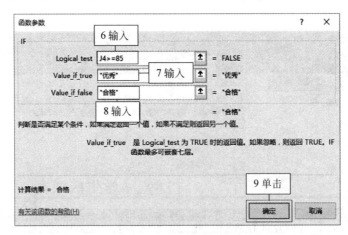

图 4-2-9　设置 IF 函数参数

3）RANK 排名函数

　　单击 N4 单元格，单击"公式"选项卡，单击插入函数图标 f_x，打开"插入函数"对话框，在"搜索函数"输入框中输入"RANK"，单击右侧"转到"按钮，单击"选择函数"列表中的"RANK"，单击"确定"按钮，如图 4-2-10 所示。

2.3 排名函数 rank

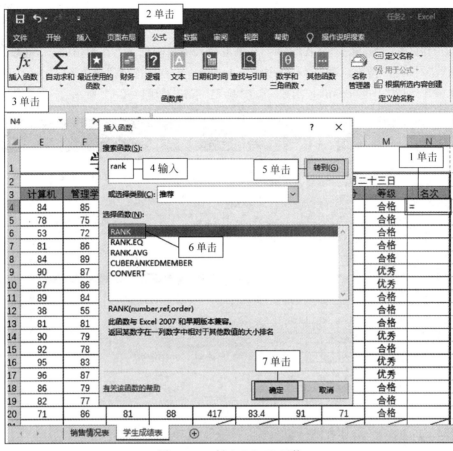

图 4-2-10　插入 RANK 函数

弹出"函数参数"对话框中，在"Number"文本框中输入"J4"，单击 Ref 文本输入框，选中 J4 到 J20 单元格，将光标定位到 J4 按下 F4 键（绝对引用该单元格），将光标定位到 J20 单元格按下 F4 键（绝对引用该单元格），单击"确定"按钮，如图 4-2-11 所示。使用填充柄将排名自动填充。

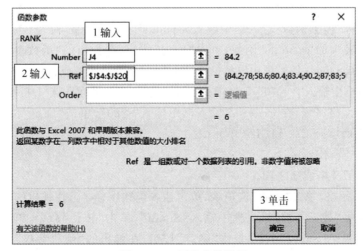

图 4-2-11　函数参数设置

4) Countif 和 Countifs

(1) 计算各科不及格人数。

单击 D21 单元格,单击"公式"选项卡,单击插入函数图标 f_x,在弹出的"插入函数"对话框"搜索函数"输入框中输入"countif",单击"转到"命令,单击"选择函数"列表中的"countif"函数,单击"确定"按钮,如图 4-2-12 所示。

2.4.1 计算各科
不及格人数

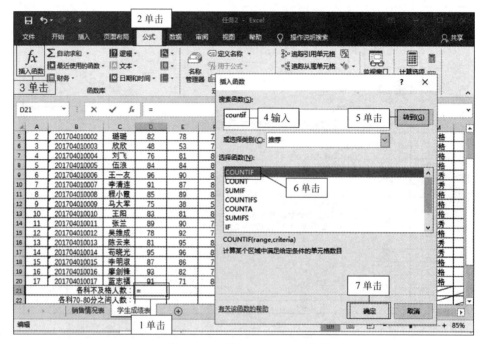

图 4-2-12　插入"countif"函数

在弹出的"函数参数"对话框 Range 输入框中鼠标框选"D4：D20"单元格区域或直接输入该单元格区域,在 Criteria 输入框中输入"＜60",单击"确定"按钮,如图 4-2-13 所示。使用填充柄填充 E21 到 H21 单元格。

(2) 计算各科 70～80 分之间人数。

单击 D22 单元格,单击"公式"选项卡,单击插入函数图标 f_x,在弹出的"插入函数"对话框"搜索函数"输入框中输入"countifs",单击"转到"命令,单击"选择函数"列表中的"countifs"函数,单击"确定"按钮,在弹出的"函数参数"对话框 Criteria_range1 输入框中鼠标框选"D4：D20"单元格区域或直接输入该单元格区域,在 Criteria1 输入框中输入"＞=70",Criteria_range2 输入框中鼠标框选"D4：D20"单元格区域或直接输入该单元格区域,在 Criteria2 输入框中输入"＜80",单击"确定"按钮,如图 4-2-14 所示。使用填充柄填充 E22 到 H22 单元格。

2.4.2 计算各科
70～80 分之间人数

5) Sumif 和 Sumifs

(1) 求各科不及格成绩之和。

单击 D23 单元格,单击"公式"选项卡,单击插入函数图标 f_x,在弹出的"插入函数"对话框"搜索函数"输入框中输入"Sumif",单击"转到"命令,单击"选择函数"列表中"Sumif"函数,单击"确定"按钮,在弹出的"函数参数"对话框 range 输

2.5.1.求各科不
及格成绩之和

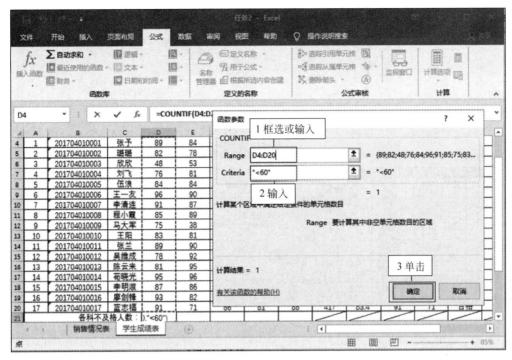

图 4-2-13　countif 函数参数对话框

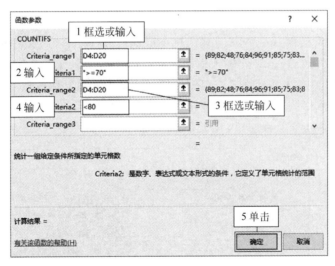

图 4-2-14　countifs 函数参数对话框

入框中鼠标框选"D4:D20"单元格区域或直接输入该单元格区域,在 Criteria 输入框中输入">60",在 Sum_range 输入框中框选"D4:D20"单元格区域或直接输入该单元格区域,单击"确定"按钮,如图 4-2-15 所示。使用填充柄填充 E23 到 H23 单元格。

　　(2) 计算各科成绩在 80~90 分之间总和。

　　单击 D25 单元格,单击"公式"选项卡,单击插入函数图标 f_x,在弹出的"插入函数"对话框"搜索函数"输入框中输入"sumifs",单击"转到"命令,单击"选择函数"列表中的"Sumifs"函数,单击"确定"按钮,在

2.5.2 计算各科成绩
在 80~90 分之间总和

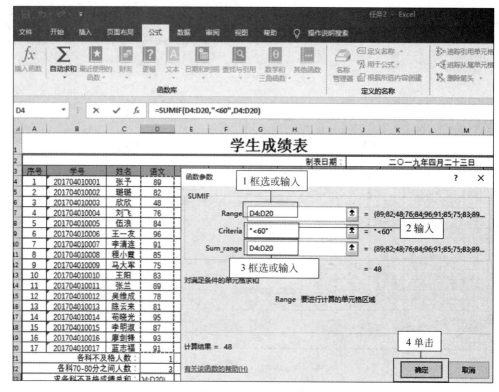

图 4-2-15　Sumif 函数

弹出的"函数参数"对话框 Sum_range 输入框中鼠标框选"D4:D20"单元格区域或直接输入该单元格区域,在 Criteria_range1 输入框中鼠标框选"D4:D20"单元格区域或直接输入该单元格区域,Criteria1 中输入">=80",Criteria_range2 输入框中鼠标框选"D4:D20"单元格区域或直接输入该单元格区域,在 Criteria2 输入框中输入"<90",单击"确定"按钮,如图 4-2-16 所示。使用填充柄填充 E25 到 H25 单元格。

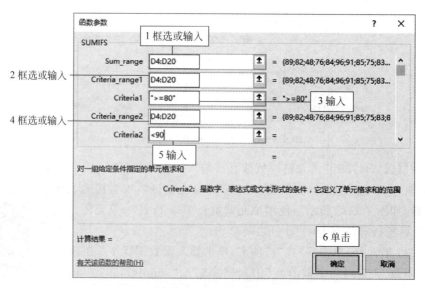

图 4-2-16　Sumifs 函数

6）Averageif 和 Averageifs

（1）求各科及格成绩平均值。

单击 D26 单元格，单击"公式"选项卡，单击插入函数图标 f_x，在弹出的"插入函数"对话框"搜索函数"输入框中输入"Averageif"，单击"转到"命令，单击"选择函数"列表中"Averageif"函数，单击"确定"按钮，在弹出的"函数

2.6.1 求各科及格成绩平均值

参数"对话框 range 输入框中鼠标框选"D4:D20"单元格区域或直接输入该单元格区域，在 Criteria 输入框中输入"＜60"，在 Average_range 输入框中框选"D4:D20"单元格区域或直接输入该单元格区域，单击"确定"按钮，如图 4-2-17 所示。使用填充柄填充 E26 到 H26 单元格。

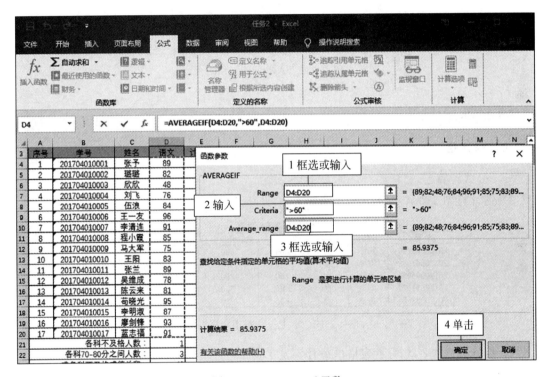

图 4-2-17　Averageif 函数

（2）计算各科成绩 80～90 分的平均值。

单击 D24 单元格，单击"公式"选项卡，单击插入函数图标 f_x，在弹出的"插入函数"对话框"搜索函数"输入框中输入"Averageifs"，单击"转到"命令，单击"选择函数"列表中的"Averageifs"函数，单击"确定"按钮，在弹出的"函数参数"对话框 Average_range 输入框中鼠标框选

2.6.2 计算各科成绩在 80～90 分的平均值

"D4:D20"单元格区域或直接输入该单元格区域，在 Criteria_range1 输入框中鼠标框选"D4:D20"单元格区域或直接输入该单元格区域，Criteria1 中输入"＞＝80"，Criteria_range2 输入框中鼠标框选"D4:D20"单元格区域或直接输入该单元格区域，在 Criteria2 输入框中输入"＜90"，单击"确定"按钮，如图 4-2-18 所示。使用填充柄填充 E24 到 H24 单元格。

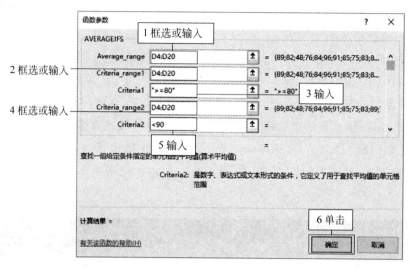

图 4-2-18　Averageifs 函数

课后练习

上机操作题

一、公式计算

1. 请计算图 4-2-19 所示表格中余额。

学生每月费用数据表

学号	姓名	性别	收入(元)	生活开支(元)	其它开支(元)	余额(元)
20120801100	张予	男	800	500	388	
20120801088	璐璐	女	900	400	360	
20120905033	欣欣	女	750	350	360	
20120811077	刘飞	男	1000	580	500	
20120608066	伍浪	女	600	380	250	

图 4-2-19　学生每月费用数据表

2. 请计算图 4-2-20 所示表格中每月实发工资。

 员工工资表

编号	姓名	基本工资	生活补贴	交通补贴	养老金扣款	每月实发工资
36001	艾小群	1450	580	66	120	
36002	陈美华	1330	620	71	160	
36003	张阳	670	540	75	289	
36004	关汉瑜	880	620	83	70	
36005	梅颂军	1700	1020	67	300	
36006	蔡雪敏	1280	740	90	180	
36007	林淑仪	1490	840	73	200	
36008	区俊杰	600	420	58	184	
36009	邓陶	1250	650	60	69	
36010	王武成	759	820	75	73	
36011	赵刚	1020	900	86	145	
36012	李小梅	1120	710	70	120	
36013	刘小路	1240	610	62	38	

图 4-2-20　员工工资表

3. 请计算图 4-2-21 所示表格中员工总人数，以及各年龄段所占比例（保留 2 位小数用百分比表示）。

企业员工年龄情况表

年龄	人数	所占比例
30以下	25	
30至40	43	
40至50	21	
50以上	12	
总计		

图 4-2-21　企业员工工龄情况表

4. 请计算图 4-2-22 所示表格中总评成绩，其中面试成绩占 40%，笔试成绩占 60%。

面试、笔试成绩统计表

序号	姓名	性别	应征部门	面试成绩	笔试成绩	总评
1	李娜	女	市场部	85	76	
2	王敏	女	市场部	75	84	
3	代水耘	男	研发部	86	81	
4	包鑫	男	销售部	90	69	
5	白海全	男	研发部	88	67	
6	李赟	男	市场部	79	80	
7	漆泉	男	研发部	80	79	
8	冯明伟	男	销售部	88	75	
9	高昊	男	研发部	91	68	
10	康成	男	市场部	74	77	
11	张娟	女	销售部	76	68	
12	谢李	男	销售部	87	83	

图 4-2-22　面试、笔试成绩统计表

二、函数

1. 请计算图 4-2-23 所示表格中歌手总分、最高分、最低分、最后得分以及排名（最后得分＝总分－最高分－最低分）。

校园歌手大赛歌手得分统计表

歌手编号	1号评委	2号评委	3号评委	4号评委	5号评委	6号评委	总分	最高分	最低分	最后得分	排名
1	8.5	8.8	8.9	8.4	8.2	8.9					
2	5.8	6.8	5.9	6	6.9	6.4					
3	8	7.5	7.3	7.4	7.9	8					
4	8.6	8.2	8.9	9	7.9	8.5					
5	8.2	8.1	8.8	8.9	8.4	8.5					
6	8	7.6	7.8	7.5	7.9	8					
7	8.8	7.7	8.5	8.7	8.9	7.9					
8	9.6	9.5	9.4	9.3	9	8.8					
9	8.8	8.7	8.5	8	9	9.1					
10	8.8	8.6	7.5	8.8	7.8	8.4					

图 4-2-23　校园歌手大赛歌手得分统计表

2. 请在图 4-2-24 所示表格中分别计算收入大于 3 万元的人的累计收入和、收入大于 3 万元的人数、收入大于 3 万元的平均收入。

3. 请在图 4-2-25 所示表格中分别求 1 班语文总分、语文平均分、数学平均分和化学总分。

4. 请在图 4-2-26 所示表格汇总中分别求电脑总数量、正在使用电脑总数量，复印机数量、已报废复印机的数量。

序列号	姓名	收入
10101	陈忠义	25,461
10102	王慧如	36,982
10103	王凤凰	27,845
10104	朱元德	34,257
10201	江宏厚	65,874
10202	佘晓凡	59,423
10203	佘晓如	19,875
10204	吴凤如	24,785
10205	吴弘道	33,254
10206	吴金花	36,785
10207	吕惠华	26,741

1.计算收入大于3万元的人的累计收入总和

结果

2.计算收入大于3万元的人数

结果

3.计算收入大于3万元的平均收入

结果

图 4-2-24   收入情况表

班级	语文	数学	化学
1	87	69	65
2	45	75	23
1	96	84	45
1	58	69	78
2	74	87	65
1	93	47	47
2	85	95	85
1	96	68	96
2	54	78	95
1	75	96	87
2	89	54	48
1	65	74	78
2	47	85	65
1	85	96	47

1.求1班语文总分

结果

2.求1班语文平均分

结果

3.求1班数学平均分

结果

4.求1班化学总分

结果

图 4-2-25   各班级成绩情况表

名称	单位	数量	状态
清华电脑	台	5	正在使用
打印机	台	6	报废
方正电脑	台	2	正在使用
传真机	台	1	正在使用
华硕电脑	台	3	报废
复印机	台	4	报废
同方电脑	台	7	正在使用
华硕电脑	台	8	报废
复印机	台	1	正在使用
同方电脑	台	2	正在使用

求电脑总数量	求正在使用电脑总数量
结果	结果

求复印机的数量	求已报废复印机的数量
结果	结果

图 4-2-26   设备使用情况一览表

任务 3   数据管理与分析

任务展示

本任务要求学生能够根据要求,对数据进行排序、分类汇总、筛选及利用数据透视表进行快速汇总和建立交叉列表等,最终效果如图 4-3-1 至图 4-3-3 所示。

编号	姓名	性别	籍贯	出生年月	职称	系名	课程名称	课时
25	祁红	女	辽宁省海城	1974/6/16	教授	计算机系	英语	34
30	刘珍	女	四川云阳县	1968/6/17	教授	数学系	体育	71
66	建军	男	江西十都	1974/9/6	教授	民政系	哲学	54
					教授 平均值			53
27	江华	男	山东省蓬莱县	1980/8/19	副教授	数学系	线性代数	30
39	艾挺	女	浙江上虞	1968/11/14	副教授	民政系	离散数学	53
74	成智	男	黑龙江省呼兰县	1964/3/21	副教授	管理系	微积分	46
					副教授 平均值			43
28	成燕	女	江苏省苏州	1964/2/19	讲师	民政系	微积分	21
44	康众喜	男	江西南昌	1973/4/27	讲师	计算机系	大学语文	63
75	尼工孜	男	辽宁锦西	1976/12/20	讲师	管理系	德育	28
					讲师 平均值			37
26	杨明	男	广东省顺德	1982/1/2	助教	民政系	哲学	25
31	风玲	女	浙江绍兴	1981/3/27	助教	财经系	政经	71
73	玉甫	男	河北省栾县	1981/11/26	助教	外语系	线性代数	36
					助教 平均值			44
29	达晶华	男	上海	1975/7/19	未定	财经系	德育	26
49	张志	男	江西高安	1970/4/5	未定	外语系	英语	45
					未定 平均值			36
					总计平均值			43

图 4-3-1 排序和分类汇总效果图

学生成绩表												
				制表日期：				二〇一八年一月二十三日			语文	等级
											>=90	优秀
序号	学号	姓名	语文	计算机	管理学	英语	体育	总分	平均分	最高分	最低分	等级	名次
1	201704010001	张予	89	84	85	78	85	421	84.2	89	78	良好	5
2	201704010002	璐璐	82	78	75	69	86	390	78	86	69	良好	14
3	201704010003	欣欣	48	53	72	70	50	293	58.6	72	48	不合格	17
4	201704010004	刘飞	76	81	86	68	91	402	80.4	91	68	良好	11
5	201704010005	伍浪	84	84	89	49	87	393	78.6	89	49	良好	13
6	201704010006	王一友	96	90	87	84	94	451	90.2	96	84	优秀	2
7	201704010007	李清连	91	87	86	87	84	435	87	91	84	优秀	3
8	201704010008	程小震	85	89	84	74	83	415	83	89	74	良好	8
9	201704010009	马大军	75	80	55	76	51	337	67.4	80	51	合格	16
10	201704010010	王阳	83	81	81	79	75	399	79.8	83	75	良好	12
11	201704010011	张兰	89	90	79	84	87	429	85.8	90	79	优秀	4
12	201704010012	吴维成	78	92	78	78	79	405	81	92	78	良好	10
13	201704010013	陈云来	81	53	83	77	90	384	76.8	90	53	良好	15
14	201704010014	苟晓光	95	96	87	85	92	455	91	96	85	优秀	1
15	201704010015	李明淑	87	86	79	73	89	414	82.8	89	73	良好	9
16	201704010016	廖剑锋	93	82	77	80	86	418	83.6	93	77	良好	7
17	201704010017	蓝志福	91	71	86	81	88	417	83.4	91	71	良好	6

序号	学号	姓名	语文	计算机	管理学	英语	体育	总分	平均分	最高分	最低分	等级	名次
6	201704010006	王一友	96	90	87	84	94	451	90.2	96	84	优秀	2
7	201704010007	李清连	91	87	86	87	84	435	87	91	84	优秀	3
14	201704010014	苟晓光	95	96	87	85	92	455	91	96	85	优秀	1

图 4-3-2 高级筛选最终效果图

支撑知识

Excel 2016 具有强大的数据处理、数据统计和分析能力,可以满足许多领域的数据处理与分析的要求。它不仅可以通过增加、删除和移动等操作来管理数据,还能对数据进行排序、筛选、汇总和分级显示等。

1. 排序

排序是数据组织的一种手段,通过排序管理操作可将表格中的数据按字母顺序、数值大小以及时间顺序进行排序。排序就是根据数据清单中的一列或多列的大小重新排列记录顺序。排序所依据的列称为排序的关键字段。

1)简单排序

简单排序是指在工作表中以一列单元格中的数据为依据,对工作表中的所有数据进行排序。

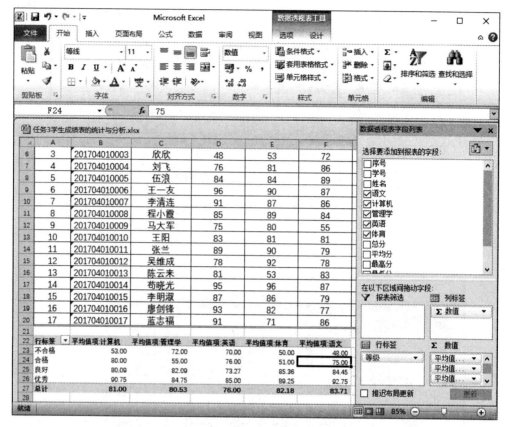

图 4-3-3　"数据透视表"最终效果图

2)复杂排序

复杂排序是指依据多列的数据规则对数据进行排序,在排序时首先需要选择多列数据对应的单元格区域,然后选择关键字,排序时就会以该关键字进行排序,未选择的单元格区域将不参与排序。

3)自定义排序

自定义排序是通过设置多个关键字对数据进行排序,并可以通过其他关键字对相同的数据进行排序。

2.数据筛选

筛选用于在众多数据中查找数据,它根据给定的条件显示符合条件的记录,用来满足不同需求。Excel 2016 提供了两种筛选方法:自动筛选和高级筛选。

1)自动筛选

自动筛选是一种快速的筛选方法,自动筛选不重排顺序,只是将不符合条件的记录隐藏起来。

2)高级筛选

高级筛选一般用于条件复杂的筛选操作,其筛选的结果可显示在原数据表格中,不符合条件的记录被隐藏起来;也可以在新的位置显示筛选结果,这样就更加便于进行数据的比对。高级筛选的条件设置需要用户手工输入到工作表相应单元格中,高级筛选的条件设置区域可以在原数据的四周,但至少应与原数据保持一行或一列的间隔。常见的高级筛选条件区域设置形式有如下几种:

(1) 单列上具有多个条件(满足其中之一):可以在各列中从上到下依次输入各个条件。如显示职称为副教授和讲师的教师信息,如图 4-3-4 所示。

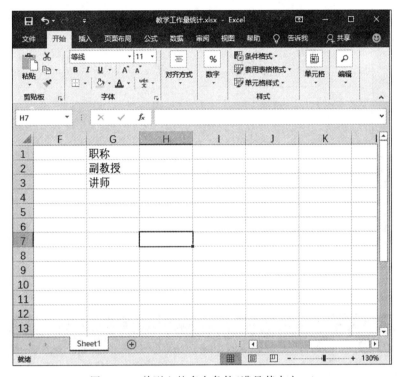

图 4-3-4　单列上的多个条件(满足其中之一)

(2) 多列上的单个条件(同时满足):在条件区域的同一行中输入所有条件。如显示职称为副教授且学历为研究生的教师信息,如图 4-3-5 所示。

(3) 多列上的单个条件(满足其中之一):在条件区域的不同行中输入所有条件。如显示职称为副教授或者学历为研究生的教师信息,如图 4-3-6 所示。

3. 分类汇总

分类汇总是指把数据清单按指定的字段分为不同的类别,然后再对分类后的数据按类别进行统计。Excel 2016 无需建立公式就可自动对各类别的数据进行求和、求平均等多种计算,并且把汇总的结果以"分类汇总"和"总计"的形式显示出来。

当插入自动分类汇总时,Excel 2016 将分级显示列表,以便显示和隐藏每个分类汇总的明细数据行。利用"分类汇总"分析数据表时,需要注意以下几点:

(1) 分类汇总前,需要先对汇总关键字进行排序,对排序的方式没有特殊要求,可以是升序,也可以是降序。

(2) 单击"数据"功能区的"分级显示"组中的"分类汇总"按钮,打开"分类汇总"对话框,"选定汇总项"列表框中的选择一定要合理。

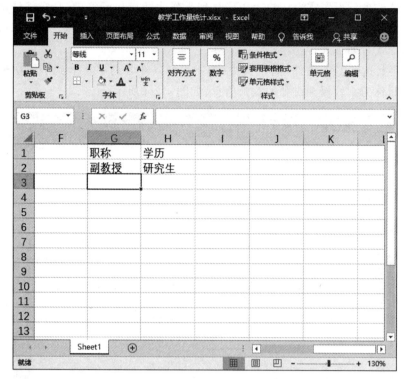

图 4-3-5　多列上的单个条件(同时满足)

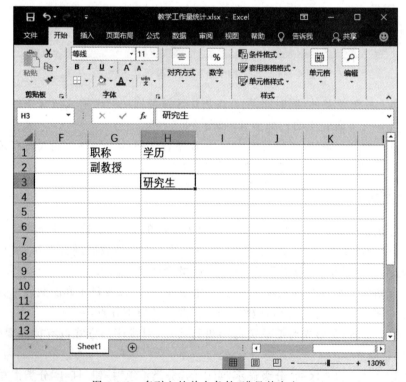

图 4-3-6　多列上的单个条件(满足其中之一)

（3）当进行分类汇总时，汇总项默认放在数据区域的下方。如果在"分类汇总"对话框中取消选择"汇总结果显示在数据下方"复选框，进行分类汇总后，汇总数据项将显示在数据区域上方。

（4）当进行一次分类汇总后，再进行分类汇总时，系统默认替代前一次的分类汇总。

4. 数据透视表

Excel 的行为可分为两大类：计算数据和整理（格式化）数据。虽然很多内置工具和公式可以使这些任务很容易完成，但是数据透视表通常是计算、整理数据最有效的方法。数据透视表能够比传统的函数和公式更快更好地完成许多任务，有助于提高完成大量任务的效率，并减少错误。

数据透视表是一种对大量数据进行快速汇总和建立交叉列表的交互式表格，它不仅可以转换行和列以显示源数据的不同汇总结果，也可以显示不同页面以筛选数据，还可根据用户的需要显示区域中的细节数据。

任务实施

1. 排序

1）简单排序

1.1 简单排序

请按出生年月降序排序。

选中 A1 到 I15 单元格，单击"数据"选项卡，单击"排序和筛选"组中的"排序"图标，在弹出的"排序"对话框"主要关键字"下拉列表中选择"出生年月"，在"次序"下拉列表中选择"降序"，单击"确定"按钮，如图 4-3-7 所示。

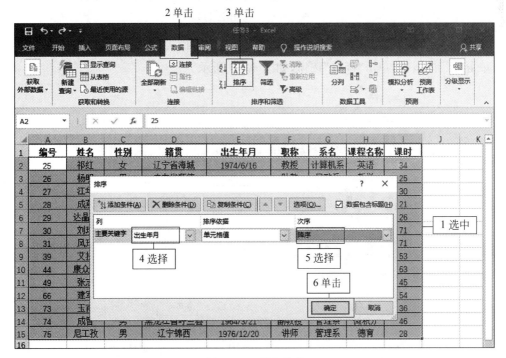

图 4-3-7 简单排序

2) 复杂排序和自定义排序

请按职称进行排序(教授,副教授,讲师,助教,未定),若职称相同,则按课时降序排序。

选中 A1 到 I15 单元格,单击"数据"选项卡,单击"排序和筛选"组中的"排序"图标,在弹出的"排序"对话框"主要关键字"下拉列表中选择"职称",在"次序"下拉列表中选择"自定义序列",如图 4-3-8 所示。

1.2 复杂排序和
自定义排序

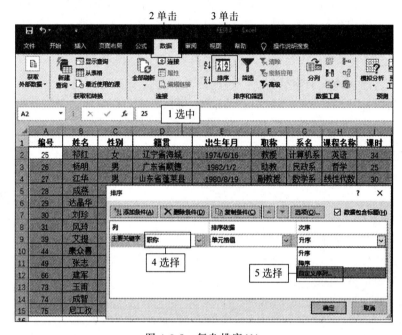

图 4-3-8　复杂排序(1)

在弹出的"自定义序列"对话框"输入序列"文本框中输入"教授,副教授,讲师,助教,未定",单击"添加"按钮,单击"确定"按钮,如图 4-3-9 所示。

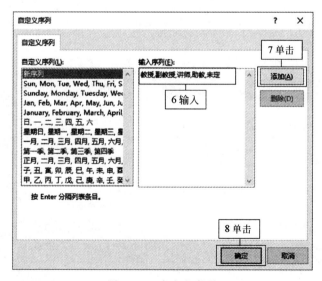

图 4-3-9　自定义序列

单击"添加条件"按钮,单击"次要关键字"下拉列表并选择"课时",单击"次序"下拉列表并选择"降序",单击"确定"按钮,如图 4-3-10 所示。

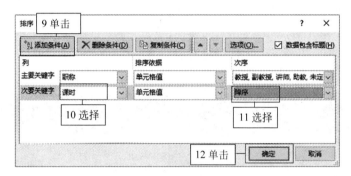

图 4-3-10 复杂排序(2)

2 分类汇总

2.分类汇总

请计算不同职称的平均课时。

对区域 A1 到 I15 按职称(教授,副教授,讲师,助教,未定)进行排序,单击"数据"选项卡,单击"分级显示"组中的"分类汇总"命令,在弹出的"分类汇总"对话框中单击"分类字段"下拉列表并选择"职称",单击"汇总方式"下拉列表并选择"平均值",勾选"选定汇总项"组中"课时"前复选框,单击"确定"按钮,如图 4-3-11 所示。

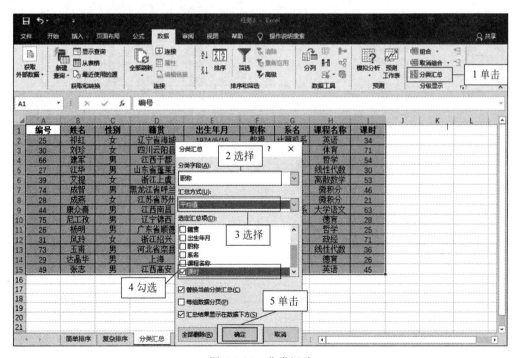

图 4-3-11 分类汇总

3．自动筛选

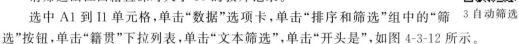

请筛选出江西籍且课时大于 50 的教师记录。

选中 A1 到 I1 单元格，单击"数据"选项卡，单击"排序和筛选"组中的"筛选"按钮，单击"籍贯"下拉列表，单击"文本筛选"，单击"开头是"，如图 4-3-12 所示。

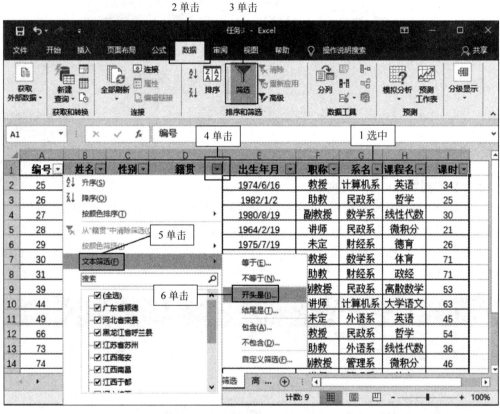

图 4-3-12　启动自动筛选并对第一个条件进行筛选

在弹出的"自定义自动筛选方式"对话框"籍贯"输入框中输入"江西"，单击"确定"按钮，如图 4-3-13 所示。

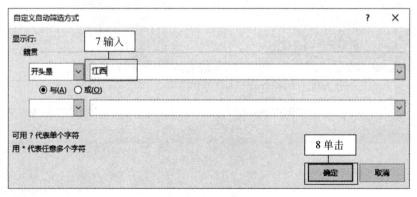

图 4-3-13　筛选江西籍记录

单击"课时"下拉列表,单击"数字筛选",单击"大于",如图 4-3-14 所示。

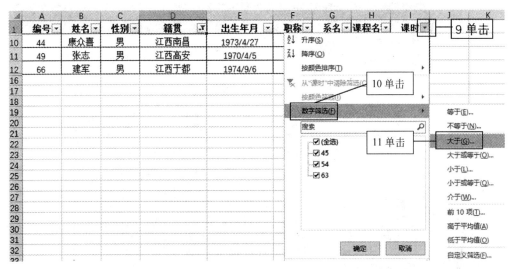

图 4-3-14 对第二个条件进行筛选

在弹出的"自定义自动筛选方式"对话框"大于"输入框中输入"50",单击"确定"按钮,如图 4-3-15 所示。

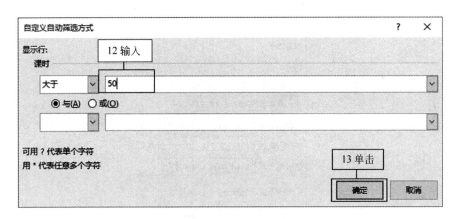

图 4-3-15 筛选课时大于 50 的记录

4. 高级筛选

请筛选出名字为两个字且是 70 年代出生的教师记录。

4 高级筛选

在 A17 到 C18 单元格输入条件,单击"数据"选项卡,单击"排序和筛选"组中的"高级筛选"按钮,如图 4-3-16 所示。

在弹出的"高级筛选"对话框"方式"组中单击"将筛选结果复制到其他位置"单选按钮,在"列表区域"输入框中框选 A15 到 I15 单元格区域,在"条件区域"输入框中框选 A17 到 C18 单元格区域,在"复制到"输入框中单击 A20 单元格,单击"确定"按钮,如图 4-3-17 所示。

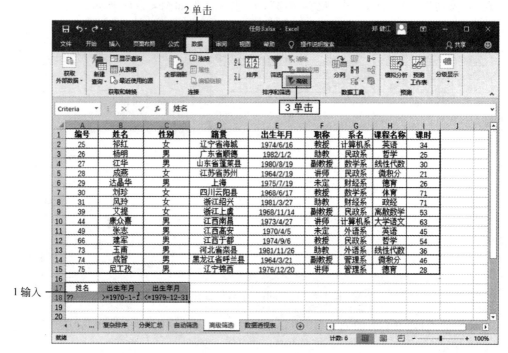

图 4-3-16　输入条件并打开高级筛选对话框

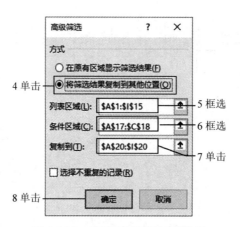

图 4-3-17　设置"高级筛选"对话框

5.数据透视表

请统计各系不同职称人数。

单击"插入"选项卡,单击"表格"组中的"数据透视表",如图 4-3-18 所示。

5 数据透视表

在弹出的"创建数据透视表"对话框"表/区域"输入框中框选 A1 到 I15 单元格区域,在"位置"输入框中单击 A17 单元格,单击"确定"按钮,如图 4-3-19 所示。

勾选"数据透视字段"窗格中"系名"的复选框,将"数据透视字段"中"职称"拖动到"在以下区域间拖动字段"中的"列"一栏,将"数据透视字段"中"职称"拖动到"在以下区域间拖动字段"中的"值"一栏,如图 4-3-20 所示。

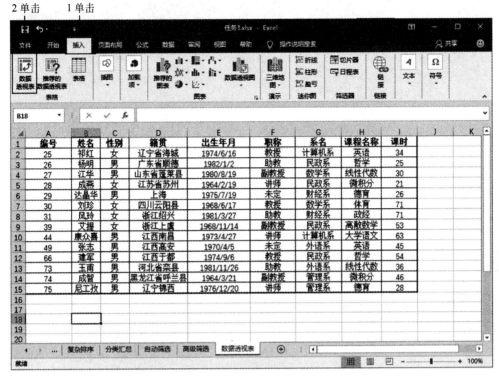

图 4-3-18 插入数据透视表

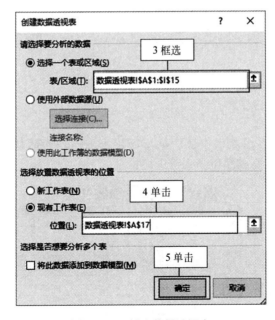

图 4-3-19 插入数据透视表

图 4-3-20　在数据透视表中拖动字段

课后练习

上机操作题

1. 排序

(1) 请在图 4-3-21 所示表格中按应征部门排序(按市场部、研发部、销售部的顺序排序),若部门相同,则按最终成绩由高到低进行排序。

面试、笔试成绩统计表

序号	姓名	性别	应征部门	面试成绩	笔试成绩	最终成绩
1	李娜	女	市场部	85	76	79.6
2	王敏	女	市场部	75	84	80.4
3	代水耘	男	研发部	86	81	83.0
4	包鑫	男	销售部	90	69	77.4
5	白海全	男	研发部	88	67	75.4
6	李赟	男	市场部	79	80	79.6
7	漆泉	男	研发部	80	79	79.4
8	冯明伟	男	销售部	88	75	80.2
9	高昊	男	研发部	93	67	77.4
10	康成	男	市场部	74	77	75.8
11	张娟	女	销售部	76	68	71.2
12	谢李	男	销售部	87	83	84.6

图 4-3-21　面试、笔试成绩统计表

（2）请在图 4-3-22 所示表格中按平均成绩降序排序，若平均成绩相同，则按语文成绩降序排序，若语文成绩相同，则按计算机成绩降序排序。

学生成绩表												
							制表日期：		二〇一九年四月二十三日			
序号	学号	姓名	语文	计算机	管理学	英语	体育	总分	平均分	最高分	最低分	等级	名次
1	201704010001	张予	89	84	85	78	85	421	84.2	89	78	合格	6
2	201704010002	瑶瑶	82	78	75	69	86	390	78	86	69	合格	15
3	201704010003	欣欣	48	53	72	70	50	293	58.6	72	48	合格	17
4	201704010004	刘飞	76	81	86	68	91	402	80.4	91	68	合格	13
5	201704010005	伍浪	84	84	89	73	87	417	83.4	89	73	合格	8
6	201704010006	王一友	96	90	87	84	94	451	90.2	96	84	优秀	2
7	201704010007	李清连	91	87	86	87	84	435	87	91	84	优秀	3
8	201704010008	程小夏	85	89	84	74	83	415	83	89	74	合格	10
9	201704010009	马大军	75	38	55	76	51	295	59	76	38	合格	16
10	201704010010	王阳	83	81	81	79	75	399	79.8	83	75	合格	14
11	201704010011	张兰	89	90	79	84	87	429	85.8	90	79	优秀	4
12	201704010012	吴维成	78	92	78	78	79	405	81	92	78	合格	12
13	201704010013	陈云来	81	95	83	77	90	426	85.2	95	77	优秀	5
14	201704010014	苟晓光	95	96	87	85	92	455	91	96	85	优秀	1
15	201704010015	李明淑	87	86	79	73	89	414	82.8	89	73	合格	11
16	201704010016	廖剑锋	93	82	77	80	86	418	83.6	93	77	合格	7
17	201704010017	蓝志福	91	71	86	81	88	417	83.4	91	71	合格	8

图 4-3-22 学生成绩表

（3）请在图 4-3-23 所示表格中按专业进行排序（旅行社，旅游管理，酒店管理，景区开发），若专业相同则按性别进行排序。

期末成绩登记表							
姓名	性别	专业	出生日期	班级	语文	计算机	英语
陈昌兴	男	旅行社	1996/7/23	B	100	84	90
姚斌	男	旅游管理	1994/4/4	B	100	93	91
林国凯	女	酒店管理	1993/7/4	B	100	82	68
洪敏	女	景区开发	1995/2/9	B	99	92	76
蓝静	女	酒店管理	1994/1/4	B	98	92	65
刘国敏	女	酒店管理	1990/11/3	B	98	92	81
李柱	男	酒店管理	1993/12/4	B	97	82	86
陈洁珊	女	旅游管理	1990/7/3	B	96	96	80
杨克刚	女	景区开发	1994/9/4	A	96	92	83
李旭彬	男	旅游管理	1991/11/3	A	95	84	79
刘振宇	女	旅游管理	1992/8/2	B	95	84	84
廖剑锋	男	景区开发	1993/9/4	A	93	84	76
郑浩	男	旅行社	1992/6/2	B	93	91	87

图 4-3-23 期末成绩登记表

2. 分类汇总

（1）请在图 4-3-24 所示表格中使用分类汇总统计不同性别的平均课时。

编号	姓名	性别	籍贯	出生年月	职称	系名	课程名称	课时
25	祁红	女	辽宁省海城	1974/6/16	教授	计算机系	英语	34
26	杨明	男	广东省顺德	1982/1/2	助教	民政系	哲学	25
27	江华	男	山东省莱县	1980/8/19	副教授	数学系	线性代数	30
28	成燕	女	江苏省苏州	1964/2/19	讲师	民政系	微积分	21
29	达晶华	男	上海	1975/7/19	未定	财经系	德育	26
30	刘珍	女	四川云阳县	1968/6/17	教授	数学系	体育	71
31	风玲	女	浙江绍兴	1981/3/27	助教	财经系	政经	71
39	艾提	女	浙江上虞	1968/11/14	副教授	民政系	离散数学	53
44	康众喜	男	江西南昌	1973/4/27	讲师	计算机系	大学语文	63
49	张志	男	江西高安	1970/4/5	未定	外语系	英语	45
66	建军	男	江西于都	1974/9/6	教授	民政系	哲学	54
73	玉甫	男	河北省栾县	1981/11/26	助教	外语系	线性代数	36
74	成智	男	黑龙江省呼兰县	1964/3/21	副教授	管理系	微积分	46
75	尼工孜	男	辽宁锦西	1976/12/20	讲师	管理系	德育	28

图 4-3-24 课时统计表

（2）请在图 4-3-25 所示表格中分别计算各专业各科平均成绩。

期末成绩登记表

姓名	性别	专业	出生日期	班级	语文	计算机	英语
陈昌兴	男	旅行社	1996/7/23	B	100	84	90
姚斌	男	旅游管理	1994/4/4	B	100	93	91
林国凯	女	酒店管理	1993/7/4	B	100	82	68
洪敏	女	景区开发	1995/2/9	B	99	92	76
蓝静	女	酒店管理	1994/1/4	B	98	92	65
刘国敏	女	酒店管理	1990/11/3	B	98	92	81
李柱	男	酒店管理	1993/12/4	B	97	82	86
陈洁珊	女	旅游管理	1990/7/3	B	96	96	80
杨克刚	女	景区开发	1994/9/4	A	96	92	83
李旭彬	男	旅游管理	1991/11/3	A	95	84	79
刘振宇	女	旅游管理	1992/8/2	B	95	84	84
廖剑锋	男	景区开发	1993/9/4	A	93	84	76
郑浩	男	旅行社	1992/6/2	B	93	91	87

图 4-3-25　期末成绩登记表

3. 自动筛选

（1）请在图 4-3-26 所示表格中筛选出总分在 350 分到 400 分之间的学生记录。

学生成绩表

制表日期：　　二〇一九年四月二十三日

序号	学号	姓名	语文	计算机	管理学	英语	体育	总分	平均分	最高分	最低分	等级	名次
1	201704010001	张予	89	84	85	78	85	421	84.2	89	78	合格	6
2	201704010002	璐璐	82	78	75	69	86	390	78	86	69	合格	15
3	201704010003	欣欣	48	53	72	70	50	293	58.6	72	48	合格	17
4	201704010004	刘飞	76	81	86	68	91	402	80.4	91	68	合格	13
5	201704010005	伍浪	84	84	89	73	87	417	83.4	89	73	合格	8
6	201704010006	王一友	96	90	87	84	94	451	90.2	96	84	优秀	1
7	201704010007	李清连	91	87	86	87	84	435	87	91	84	优秀	3
8	201704010008	程小霞	85	89	84	74	83	415	83	89	74	合格	10
9	201704010009	马大军	75	38	55	76	51	295	59	76	38	合格	16
10	201704010010	王阳	83	81	81	79	75	399	79.8	83	75	合格	14
11	201704010011	张兰	89	90	79	84	87	429	85.8	90	79	优秀	4
12	201704010012	吴维成	78	92	78	78	79	405	81	92	78	合格	12
13	201704010013	陈云来	81	95	83	77	90	426	85.2	95	77	优秀	5
14	201704010014	苟晓光	95	96	87	85	92	455	91	96	85	优秀	2
15	201704010015	李明淑	87	86	79	73	89	414	82.8	89	73	合格	11
16	201704010016	廖剑锋	93	82	77	80	86	418	83.6	93	77	合格	7
17	201704010017	蓝志福	91	71	86	81	88	417	83.4	91	71	合格	8

图 4-3-26　学生成绩表

（2）请在图 4-3-27 所示表格中筛选出计算机系的男教师。

编号	姓名	性别	籍贯	出生年月	职称	系名	课程名称	课时
25	祁红	女	辽宁省海城	1974/6/16	教授	计算机系	英语	34
26	杨明	男	广东省顺德	1982/1/2	助教	民政系	哲学	25
27	江华	男	山东省蓬莱县	1980/8/19	副教授	数学系	线性代数	30
28	成燕	女	江苏省苏州	1964/2/19	讲师	民政系	微积分	21
29	达晶华	男	上海	1975/7/19	未定	财经系	德育	26
30	刘珍	女	四川云阳县	1968/6/17	教授	数学系	体育	71
31	风玲	女	浙江绍兴	1981/3/27	助教	财经系	政经	71
39	艾提	女	浙江上虞	1968/11/14	副教授	民政系	离散数学	53
44	康众喜	男	江西南昌	1973/4/27	讲师	计算机系	大学语文	63
49	张志	男	江西高安	1970/4/5	未定	外语系	英语	45
66	建军	男	江西于都	1974/9/6	教授	民政系	哲学	54
73	玉甫	男	河北省栾县	1981/11/26	助教	外语系	线性代数	36
74	成智	男	黑龙江省呼兰县	1964/3/21	副教授	管理系	微积分	46
75	尼工孜	男	辽宁锦西	1976/12/20	讲师	管理系	德育	28

图 4-3-27　课时统计表

4. 高级筛选

（1）请在图 4-3-28 所示表格中筛选出语文 90 分及以上且是优秀的学生记录,条件放在 P2 开始的单元格中,筛选记录放在 A25 开始的单元格中。

图 4-3-28　学生成绩表

（2）请在图 4-3-29 所示表格中筛选出男副教授和女讲师的记录,条件放在 K2 开始的单元格,将筛选结果置于 A19 开始的单元格。

编号	姓名	性别	籍贯	出生年月	职称	系名	课程名称	课时
25	祁红	女	辽宁省海城	1974/6/16	教授	计算机系	英语	34
26	杨明	男	广东省顺德	1982/1/2	助教	民政系	哲学	25
27	江华	男	山东省蓬莱县	1980/8/19	副教授	数学系	线性代数	30
28	成燕	女	江苏省苏州	1964/2/19	讲师	民政系	微积分	21
29	达晶华	男	上海	1975/7/19	未定	财经系	德育	26
30	刘珍	女	四川云阳县	1968/6/17	教授	数学系	体育	71
31	风玲	女	浙江绍兴	1981/3/27	助教	财经系	政经	71
39	艾提	女	浙江上虞	1968/11/14	副教授	民政系	离散数学	53
44	康众喜	男	江西南昌	1973/4/27	讲师	计算机系	大学语文	63
49	张志	男	江西高安	1970/4/5	未定	外语系	英语	45
66	建军	男	江西于都	1974/9/6	教授	民政系	哲学	54
73	玉甫	男	河北省栾县	1981/11/26	助教	外语系	线性代数	36
74	成智	男	黑龙江省呼兰县	1964/3/21	副教授	管理系	微积分	46
75	尼工孜	男	辽宁锦西	1976/12/20	讲师	管理系	德育	28

图 4-3-29　课时统计表

（3）请在图 4-3-30 所示表格中筛选出两门课成绩 90 分以上的记录,条件放在 J2 开始的单元格中,筛选记录放在 A66 开始的单元格中。

5. 数据透视表（以下 3 个小题都是基于图 4-3-31 进行的数据统计）

（1）请统计各部门人数在公司总人数中所占的比例。

期末成绩登记表							
姓名	性别	专业	出生日期	班级	语文	计算机	英语
陈昌兴	男	旅行社	1996/7/23	B	100	84	90
姚斌	男	旅游管理	1994/4/4	B	100	93	91
林国凯	女	酒店管理	1993/7/4	B	100	82	68
洪敏	女	景区开发	1995/2/9	B	99	92	76
蓝静	女	酒店管理	1994/1/4	B	98	93	65
刘国敏	女	酒店管理	1990/11/3	B	98	92	81
李柱	男	酒店管理	1993/12/4	B	97	86	86
陈洁珊	女	旅游管理	1990/7/3	B	97	96	80
杨克刚	女	景区开发	1994/9/4	A	96	92	83
李旭彬	男	旅游管理	1991/11/3	A	95	84	79
刘振宇	女	旅游管理	1992/8/2	B	94	84	84
廖剑锋	男	景区开发	1993/9/4	A	93	84	76
郑浩	男	旅行社	1992/6/2	B	93	91	87

图 4-3-30　期末成绩登记表

部门	入职日期	年龄	学历
财务部	2015/6/18	32	硕士
财务部	2014/7/1	35	博士
财务部	2015/12/22	49	本科
人事部	2017/8/1	26	本科
人事部	2012/3/4	28	本科
人事部	2015/10/10	25	专科
人事部	2012/7/1	41	硕士
人事部	2016/3/1	32	本科
销售部	2013/12/3	25	专科
销售部	2013/5/19	25	专科
销售部	2018/3/1	28	专科
销售部	2017/6/23	24	本科
销售部	2016/4/9	31	本科
销售部	2016/11/15	36	专科
销售部	2013/9/1	29	本科
技术部	2016/10/9	49	博士
技术部	2015/1/1	36	本科
技术部	2018/1/6	39	本科
技术部	2012/1/6	29	专科

图 4-3-31　入职情况一览表

（2）请计算各部门各年龄段占比。

（3）各部门学历统计。

任务4 图表

任务展示

本任务要求学生能够将表格图表化为迷你图、柱形图、饼图等,效果如图 4-4-1 所示。

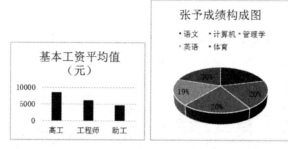

图 4-4-1 迷你图、柱形图和饼图最终效果

支撑知识

数据图表是数据表格的图形化表示形式。表格表示的数据详尽,而图形表示的数据直观、易于阅读和评价,可方便查看数据的差异和预测趋势,能帮助分析和比较数据。如果在数据报表中适当地插入一些与数据相关的统计图形或图表,可使所制作的数据直观、生动地展现出来,增强数据的表现力。

1. Excel 图表类型

Excel 2016 中的图表分为两类:

1）嵌入式图表

图表对象置于工作表之中,可将图表看作是一个图形对象,与工作表一同保存。当与工作表数据一起显示或打印时,可以使用嵌入式图表。

2）独立式图表

图表就是工作簿中一张独立的工作表,即数据和图表分别位于不同的工作表中。当要独立于工作表数据查看或编辑大而复杂的图表,或希望节省工作表上的屏幕空间时,可以使用独立式图表。

无论是嵌入式图表还是独立式图表,Excel 都提供了面积图、条形图、柱形图、折线图、股价图、饼形图、雷达图和 XY 散点图等图表类型,每一种都具有多种组合和变换。在实际应用中,可以根据数据的不同和使用要求的不同,选择不同类型的图表。

2．迷你图

迷你图是一种可直接在 Excel 工作表单元格中插入的微型图表,可以对单元格中的数据进行最直观的表示。迷你图常用于显示一系列数值的变化趋势,或突出显示最大值和最小值。当工作表单元格行或列中呈现的数据很难被一目了然地发现其规律时,用户可以通过在数据旁插入迷你图来对这些数据进行分析。

与 Excel 工作表中的图表不同,迷你图并非对象,故不能像图表一样在工作表中移动。但迷你图具有以下优点:

(1)可以直观清晰地看出数据的分布形态。

(2)可减小工作表的空间占用大小。

(3)待数据变化时,可快速查看迷你图的相应变化。

(4)可使用填充输入快速创建迷你图。

迷你图分为折线图、柱形图和盈亏 3 种,用户可根据自身的实际需求来选择适合的迷你图类型。

3．图表中的数据编辑

当创建好图表后,图表和创建图表的工作表中的数据区域之间便建立了联系,如果工作表中的数据发生了变化,则图表中对应的数据也会自动更新。

1）删除数据系列

当要删除图表中的数据系列时,只要在图表中选定所需删除的数据系列,按 Delete 键,便可将整个数据系列从图表中删除,且不影响工作表中的数据。

若删除工作表中的数据,则图表中对应的数据系列也随之删除。

2）设置图表区域格式

图表区是放置图表及其他元素的大背景,可更改图表区域填充和边框、图表效果、大小和属性。

任务实施

1．簇状柱形图

1 簇状柱形图

(1)选中 A2:A5 和 C2:C5 单元格,单击"插入"选项卡,单击"图表"组中的"插入柱形图或条形图"下拉列表,单击"二维簇状柱形图",如图 4-4-2 所示。

(2)右击该簇状柱形图,在弹出的快捷菜单中单击"设置图表区域格式"命令,单击"填充与线条"按钮,单击"填充"→"图案填充",在"图案"列表中单击"点线 5%",如图 4-4-3 所示。

2．饼图

2 饼图

(1)选中 D4:H5 单元格,单击"插入"选项卡,单击"图表"组中的"插入饼图或圆环图"下拉列表,单击"三维饼图",如图 4-4-4 所示。

(2)单击"快速布局(图表布局)"下拉列表,单击"布局 2",更改图表标题为"张予成绩构成图",如图 4-4-5 所示。

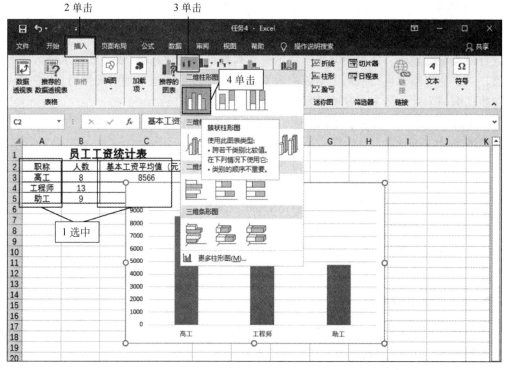

图 4-4-2 插入簇状柱形图

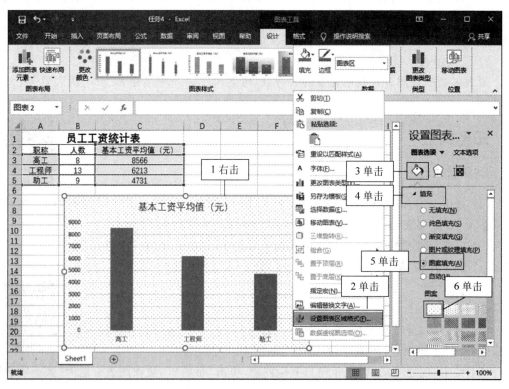

图 4-4-3 设置图表格式

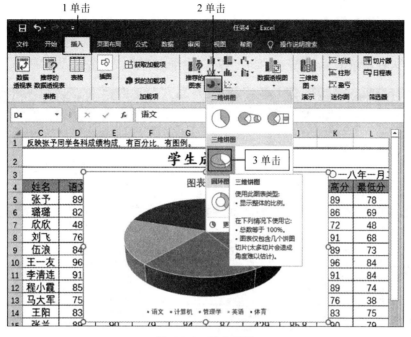

图 4-4-4 插入饼图

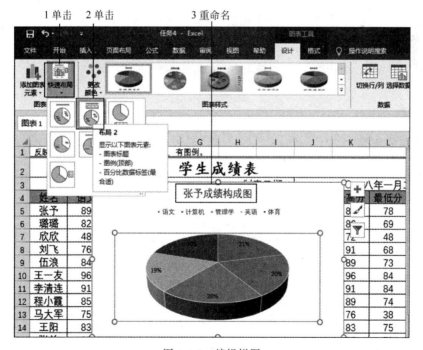

图 4-4-5 编辑饼图

3. 迷你图

在 P3 单元格输入"迷你图",单击"插入"选项卡,单击"迷你图"组中的"折线"图标,在弹出的"创建迷你图"数据范围输入框中框选 J4 到 J20 单元格,在位置范围输入框中单击 P4 单元格,单击"确定"按钮,如图 4-4-6 所示。

3 迷你图

图 4-4-6　创建迷你图

课后练习

一、上机操作题

1. 在如图 4-4-7 所示表格中选择"地区"和"总产量(吨)"两列数据区域的内容建立"簇状棱锥图",图表标题为"粮食产量统计图",图例位于底部。

粮食产量情况表				
地区	小麦产量(吨)	大豆产量(吨)	总产量(吨)	总产量排名
A	340	232	572	6
B	430	185	615	5
C	328	174	502	7
D	456	212	668	3
E	534	189	723	2
F	754	209	963	1
G	389	243	632	4

图 4-4-7　粮食产量情况表

2. 在如图 4-4-8 所示表格中选择"实测值""预测值"两列数据建立"带数据标记的折线图",图表标题为"测试数据对比图",位于图的上方。

某种放射性元素衰变的测试结果				
时间（小时）	实测值	预测值	误差（绝对值）	预测准确度
0	16.5	20.5	4	低
3	19.4	21.9	2.5	低
7	25.5	25.1	0.4	高
10	27.2	25.8	1.4	高
12	38.3	40.0	1.7	高
15	42.4	46.8	4.4	低
18	55.8	56.3	0.5	高
21	67.2	67.0	0.2	高
24	71.8	71.0	0.8	高
26	76.0	76.5	0.5	高
28	80.0	79.7	0.3	高
30	83.4	80.0	3.4	高

图 4-4-8　某放射性元素衰变的测试结果

3. 在如图 4-4-9 所示表格中制作包括各科成绩和平均分的三维簇状柱形图，图表中有图例。

学生成绩表

制表日期：2019-03-15

姓名	高等数学	大学英语	计算机基础	总分	平均分
王一友	78	80	90	248	82.67
李清连	98	86	85	269	89.67
程小霞	79	75	86	240	80.00
马大军	90	92	88	270	90.00
优秀率	50%				

图 4-4-9　学生成绩表

4. 在如图 4-4-10 所示表格中根据最后得分制作柱形迷你图，要求最高点用红色表示，最低点用绿色表示。

校园歌手大赛歌手得分统计表

歌手编号	1号评委	2号评委	3号评委	4号评委	5号评委	6号评委	总分	最高分	最低分	最后得分
1	8.5	8.8	8.9	8.4	8.2	8.9	51.70	8.90	8.20	34.60
2	5.8	6.8	5.9	6	6.9	6.4	37.80	6.90	5.80	25.10
3	8	7.5	7.3	7.4	7.9	8	46.10	8.00	7.30	30.80
4	8.6	8.2	8.9	9	7.9	8.5	51.10	9.00	7.90	34.20
5	8.2	8.1	8.9	8.9	8.4	8.5	50.90	8.90	8.10	33.90
6	8	7.6	7.8	7.5	7.9	8	46.80	8.00	7.50	31.30
7	8.8	7.7	8.5	8.7	8.9	7.9	50.50	8.90	7.70	33.90
8	9.6	9.5	9.4	9.3	9	8.8	55.60	9.60	8.80	37.20
9	8.8	8.7	8.5	8.3	9	9.1	52.40	9.10	8.30	35.00
10	8.8	8.6	7.5	8.8	7.8	8.4	49.90	8.80	7.50	33.60

图 4-4-10　学生成绩表

二、单项选择题

1. 在 Excel 2016 中，保存工作簿默认的文件扩展名是（　　）。

    A．.docx　　　　　　B．.xlt　　　　　　C．.pptx　　　　　　D．.xlsx

2. 在 Excel 中，单元格地址是指（　　）。

    A．每个单元格的内容　　　　　　B．每个单元格的大小

    C．单元格所在的工作表　　　　　　D．单元格在工作表中的位置

3. Excel 函数中各参数间的分隔符号一般用（　　）。

    A．空格　　　　　　B．句号　　　　　　C．分号　　　　　　D．逗号

4. 在单元格中输入公式时,输入的第一个符号是(　　)。

　　A. －　　　　　　　　B. ＝　　　　　　　　C. ＋　　　　　　　　D. ＄

5. 在 Excel 系统中,单元格 B3 的绝对地址表达形式是(　　)。

　　A. ＄B＄3　　　　　B. ＃B＃3　　　　　C. ＆B＆3　　　　　D. @B@3

三、填空题

1. Excel 的单元格中如果是公式,一定是以_____开头。

2. 在 Excel 的公式"＝SUM(D5:E8)"计算中,该公式所求单元格平均值的单元格个数是_____个。

3. 在 Excel 系统中,在 B3 单元格中输入"＝5＜－2",则显示结果为_____。

项目五

演示文稿软件PowerPoint 2016

项目分析：如何制作格式整齐、文案精彩和配图的 PPT，且让动画效果为整个 PPT 添加灵动的色彩？PowerPoint 2016 可以制作出集文字、图形、图像、表格、声音、视频和动画等元素于一体的演示文稿。本项目从认识 PowerPoint 2016 开始，然后学习美化演示文稿，制作各种动画让幻灯片动起来，并能设置不同场合的放映方式等，最后能将演示文稿输出为PDF、视频等格式。

任务 1　初识 PowerPoint 2016

任务展示

本任务要求制作介绍某旅游景点的演示文稿，要求能新建并保存演示文稿、插入新幻灯片和超链接等，最终效果如图 5-1-1 所示。

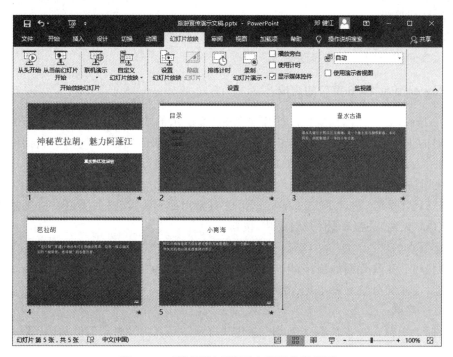

图 5-1-1　"清新黔江"演示文稿最终效果图

支撑知识

1. 幻灯片相关术语

在 PowerPoint 中有一些专业术语,掌握这些术语可以更好地理解和学习 PowerPoint。

1) 演示文稿

一个演示文稿就是一个文档,其默认的扩展名为. pptx。一个演示文稿由若干张"幻灯片"组成。

2) 幻灯片

幻灯片是演示文稿的组成部分,每张幻灯片就是一个单独的屏幕显示。制作一张幻灯片的过程就是在幻灯片中添加和排列每一个被指定对象的过程。

3) 占位符

带有虚线或影线标记边框的区域,是绝大多数幻灯片版式的组成部分。这些边框容纳标题、正文、图表、表格和图片等。

4) 版式

版式是不同占位符在幻灯片中的"布局"。版式包含了要在幻灯片上显示的全部内容的格式、位置和占位符。

5) 对象

对象是可以在幻灯片中出现的各种元素,如文字、图形、表格、图表、声音和影像等。

6) 模板

模板指一个演示文稿整体上的外观设计方案,它包含了每一张幻灯片预定义的文字格式、颜色以及幻灯片的背景图案等。

7) 幻灯片母版

幻灯片母版指一个演示文稿整体上的外观设计方案,它包含了每一张幻灯片预定义的文字格式、颜色以及幻灯片背景图案等。

2. PowerPoint 2016 窗口的组成

PowerPoint 2016 启动成功后,打开如图 5-1-2 所示的 Microsoft PowerPoint 应用程序窗口,此时的工作状态是普通视图方式。PowerPoint 2016 应用程序窗口由标题栏、功能区、状态栏、大纲/幻灯片视图窗格、幻灯片窗格和备注窗格等部分组成。

1) 快速访问工具栏

快速访问工具栏,包含了 PowerPoint2016 最常用的工具按钮,如 ■(保存)按钮、◘(撤销)按钮、◘(恢复)按钮和 ■(开始放映)按钮。

2) 标题栏

标题栏位于工作界面的顶端,用于显示当前正在编辑的文档名称、应用程序名称。标题栏右侧的 3 个按钮分别是最小化、最大化和关闭按钮。

3) 文件菜单

"文件"菜单包含一些基本命令,如"新建""打开""另存为""打印"和"关闭"等。

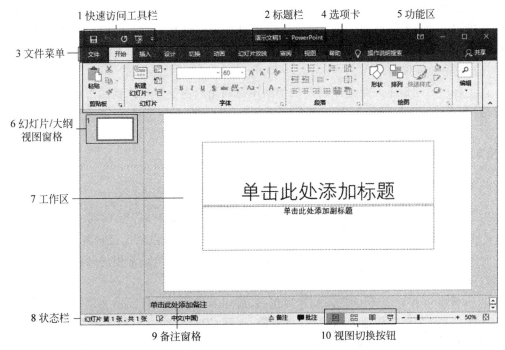

图 5-1-2　PowerPoint 2016 窗口组成

4）选项卡

PowerPoint 2016 共有 9 个选项卡，分别是开始、插入、设计、切换、动画、幻灯片放映、审阅、视图和帮助，这些都是针对文档内容的操作，单击不同的选项卡，可以得到不同的操作设置选项。

5）功能区

单击某个选项卡可以打开相应的功能区，并将显示不同选项卡中包含的操作命令组。如"开始"选项卡中主要包括剪贴板、字体、段落、绘图等功能。

6）大纲/幻灯片窗格

该窗格包括幻灯片窗格和用于显示幻灯片文本的大纲窗格。在"幻灯片"窗格可查看幻灯片的缩略图，也可通过拖动缩略图来调整幻灯片的位置。而"大纲"窗格仅窗格显示幻灯片的主题和主要文本信息，用户可以在"大纲"窗格中直接创建、编排和组织幻灯片。例如，直接输入或修改幻灯片的文本内容、调整各张幻灯片在演示文稿中的位置、改变标题和文本的级别、展开或扩展正文。

7）工作区

幻灯片窗格是 PowerPoint 2016 中最大也是最重要的部分，幻灯片的所有操作都在该窗格中完成，如输入文本、编辑文本、插入各种媒体及添加各种效果等。它所显示的主要文本内容和大纲/幻灯片试图窗格中的文本内容是相同的。

8）状态栏

状态栏位于窗口底部，左侧显示正在编辑的演示文稿所包含幻灯片的总张数、当前处于第几张幻灯片。

9）备注窗格

每张幻灯片都有备注页，用于显示或添加对当前幻灯片的注释信息，供演讲者演示时使用。

10）视图切换按钮

在状态栏中间显示 4 个主要视图的切换按钮和用以调整显示比例的滑块。视图切换按钮包括"普通视图"按钮 ▦、"幻灯片浏览"按钮 ▦ 、"阅读视图"按钮 ▦ 和"幻灯片放映"按钮 ☞ 。通过单击这些按钮，可在不同的视图模式下浏览演示文稿。右侧显示"显示比例"滚动条，用来调整幻灯片的显示比例。

3．视图方式

为了在不同情况下建立、编辑、浏览和放映幻灯片，PowerPoint 2016 提供了 4 种视图模式：普通模式、幻灯片浏览视图、幻灯片阅读视图、幻灯片放映视图。每种视图各有所长，不同的视图方式适用于不同场合。普通视图和幻灯片浏览视图是最常用的两种视图模式。

1）普通视图

PowerPoint 2016 的默认视图是普通视图，可用于撰写或设计演示文稿。该视图有 3 个工作区域：演示文稿左侧是大纲/幻灯片窗格，大纲/幻灯片窗格包括大纲和幻灯片两个选项卡，用户可通过单击本窗格上方的"大纲"选项卡和"幻灯片"选项卡实现它们之间的切换。右侧上部为幻灯片窗格，右侧下部是备注窗格。

2）幻灯片浏览视图

在该视图下，可以直观地查看所有幻灯片，如各幻灯片之间颜色、结构搭配是否协调等。也可在该视图模式下复制、删除、移动幻灯片，更改幻灯片的放映时间、选择幻灯片的切换效果和进行动画预览等操作，但不能直接对幻灯片内容进行编辑或修改。如果要对幻灯片进行编辑，可双击某一张幻灯片，系统会自动切换到幻灯片编辑窗格。

3）幻灯片阅读视图

幻灯片阅读视图隐藏了用于幻灯片编辑的各种工具，仅保留标题栏、状态栏和幻灯片窗格，通常用于演示文稿制作完成后对其进行简单的预览。

4）幻灯片放映视图

PowerPoint 将从当前幻灯片开始，以全面方式逐张动态显示演示文稿中的幻灯片。在放映过程中，可以按 Esc 键终止放映。

4．幻灯片主题

在 PowerPoint 2016 中，控制演示文稿外观最快捷的方法是应用设计主题。通常创建一个新的演示文稿时，应先为演示文稿选择一种主题，以便幻灯片有一个完整、专业的外观。也可在演示文稿建立后为该演示文稿重新更换设计主题。

1）使用主题

PowerPoint 2016 提供了几十种设计主题，以便用户可以轻松快捷地更改演示文稿的整体外观。主题中含有演示文稿的文件，包含配色方案、背景、字体样式和占位符位置等。在演示文稿中选择使用某种主题后，该演示文稿中使用此主题的每张幻灯片都会具有统一的颜色配置和布局风格。

2）设置主题颜色、主题字体和主题效果

主题是颜色、字体和效果三者的组合，用户可根据需要单独设置主题颜色、字体和效果。

主题颜色指一组可以预设背景、文本、线条、阴影、标题文本、填充、强调和超链接的色彩组合。PowerPoint 2016 可以为指定的幻灯片选取一个主题颜色方案，也可以为整个演示文稿的所有幻灯片应用同一种主题颜色方案。

5. 编辑演示文稿

演示文稿是由幻灯片构成的，只有一张幻灯片的演示文稿不能表达演讲者的意图，通常演示文稿由很多张幻灯片构成，需要对幻灯片的布局进行调整，如插入或删除幻灯片、调整幻灯片的顺序等。

1）选择幻灯片

在普通视图下，选择某一张幻灯片，单击大纲区对应的幻灯片编号或图标，即可选中幻灯片。

2）插入幻灯片

选择要插入新幻灯片位置的前一张幻灯片，单击"开始"选项卡，单击"幻灯片"组中的"新建幻灯片"图标，单击所需主题，即可插入一张幻灯片。

3）幻灯片的移动、复制

可以在幻灯片浏览视图中移动幻灯片以调整幻灯片顺序，也可以在普通视图中调整幻灯片的顺序。

（1）移动幻灯片。

拖动需要移动的幻灯片，拖动时出现一个水平的插入点来表示选中的幻灯片将要放置的位置，选定好位置后松开鼠标完成移动。

（2）复制幻灯片。

复制幻灯片只需右击指定幻灯片，在弹出的快捷菜单中单击"复制幻灯片"命令，将光标定位到要粘贴的位置，进行粘贴。

（3）删除幻灯片。

删除幻灯片只需选定需要删除的幻灯片，按下 Delete 键。或者右击指定幻灯片，在弹出的快捷菜单中单击"删除幻灯片"命令。

6. 超链接

默认情况下，演示文稿放映时是按幻灯片的先后顺序，从第一张幻灯片放映到最后一张幻灯片。用户可以通过建立超链接来改变其放映顺序，幻灯片的超级链接是为了实现在幻灯片中不按照默认的幻灯片播放顺序切换，而是按照用户自己的想法，在不破坏原有幻灯片顺序的情况下，设置幻灯片浏览顺序的一种动作方式。在 PowerPoint 2016 中，链接包括超链接和动作。

任务实现

1. 新建并保存 PowerPoint 2016

（1）单击"开始"→"所有程序"→PowerPoint 命令，在弹出的对话框中单

1 新建并保
存演示文稿

击"空白演示文稿",如图 5-1-3 所示。

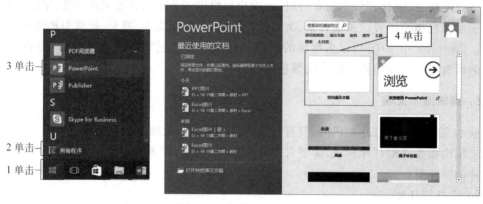

图 5-1-3　新建 PowerPoint

(2)单击"文件"→"另存为"→"浏览"命令,在弹出的"另存为"对话框中导航栏单击"桌面",在"文件名"输入框中输入"旅游宣传演示文稿",单击"保存"按钮,如图 5-1-4所示。

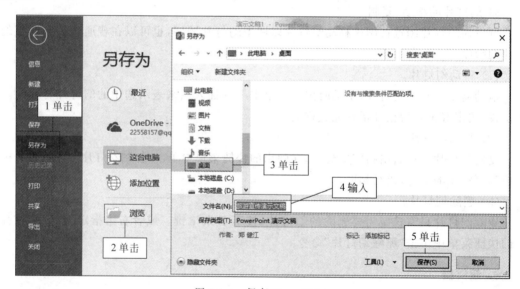

图 5-1-4　保存 PowerPoint

2. 设置主题

单击"设计"选项卡,单击"主题"下拉列表,单击"镶边",如图 5-1-5 所示。

3. 设置幻灯片大小

单击"设计"选项卡,单击"自定义"组中的"幻灯片大小"图标,单击"标准",如图 5-1-6 所示。

2 更改主题

3 设置幻
灯片大小

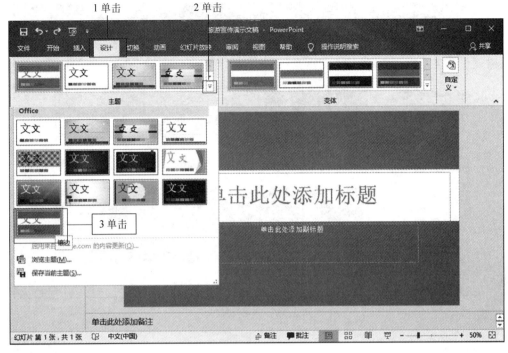

图 5-1-5 设置幻灯片主题

图 5-1-6 设置幻灯片大小

4.新建幻灯片并录入文字

（1）在第一张幻灯片中单击"单击此处添加标题"占位符，其中的文字将自动消失，输入"神秘芭拉胡，魅力阿蓬江"；单击副标题占位符，输入"重庆黔江欢迎您"。

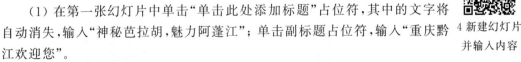

4 新建幻灯片
并输入内容

（2）在幻灯片浏览窗格右击第一张幻灯片，单击"新建幻灯片"命令，添加第二张幻灯片，如图 5-1-7 所示。

（3）在标题占位符中输入"目录"，在添加文本占位符中依次输入"濯水古镇、芭拉胡、小南海"。

（4）复制第 2 张幻灯片并粘贴 3 次，依次将 3 张幻灯片的标题更改为濯水古镇、芭拉胡和小南海，并在这 3 张幻灯片中添加介绍景点的文字。

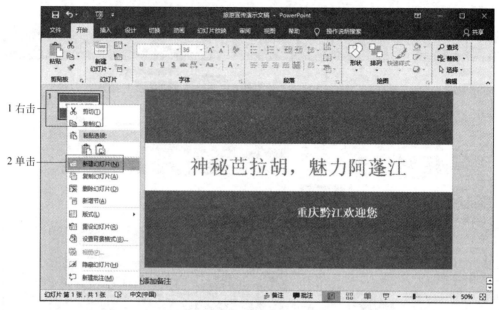

图 5-1-7　新建幻灯片

5.设置超链接

（1）选中文字"濯水古镇"，单击"插入"选项卡，单击"链接"组中的"超链接"按钮，在弹出的"插入超链接"对话框中单击"链接到"栏中的"本文档中的位置"，单击"请选择文档中的位置"栏中的"3.濯水古镇"，单击"确定"按钮，如图 5-1-8所示。

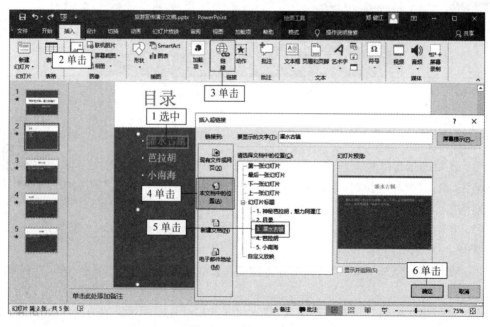

图 5-1-8　插入超链接

（2）设置"芭拉胡"链接到第 4 张幻灯片，"小南海"链接到第 5 张幻灯片。

（3）在第 3 张幻灯片插入文本框并输入"返回"。

（4）选中"返回"，单击"插入"选项卡，单击"链接"组中的"动作"图标，在弹出的"操作设置"对话框"单击鼠标时的动作"组中单击"超链接到"前单选按钮，单击"超链接到"下拉列表中的"幻灯片"，在弹出的"超链接到幻灯片"对话框"幻灯片标题"栏中单击"2.目录"，单击"确定"按钮，如图 5-1-9 所示。

图 5-1-9　插入动作

（5）在第 4 和第 5 张幻灯片插入返回动作。

课后练习

请制作一个以"我的大学生活"为主题的幻灯片，要求：

（1）至少 6 张幻灯片；

（2）有主题或背景；

（3）幻灯片中要有超链接。

任务 2　编辑演示文稿

任务展示

本任务要求编辑"旅游宣传演示文稿"，要求更改幻灯片版式、更改字体和段落格式，能插入艺术字、图片、SmartArt 等并更改其格式，最终效果如图 5-2-1 所示。

图 5-2-1 "旅游宣传演示文稿"最终效果图

支撑知识

1. 幻灯片文字设计原则

字体搭配效果的好坏与否,与演示文稿的阅读性和感染力息息相关,字体的设计原则如下:

(1) 选对字体。一个演示文稿选用两到三种字体,一种标题使用,另一种正文使用。因衬线字体(如楷体、宋体)演示时清晰度较低,故尽量使用非衬线字体(如黑体、微软雅黑)。

(2) 留足空间。不要在演示文稿页面上堆满文字,将文字行间距调为 1.2～1.5 倍、字符间距加宽 3～6 磅,拉开字间距会使演示文稿更大气,阅读更容易。

(3) 放大字号。演讲型演示文稿最小字号不能低于 28 磅,阅读型演示文稿最小字号不能低于 14 磅。

2. 幻灯片颜色配色原则

(1) 颜色配色不超过 3 种。在设计时尽可能用简单的元素呈现最重要的东西,在演示文稿中减少页面色彩的数量,让页面色彩简洁、精炼,所有页面颜色不超过 3 种。

(2) 颜色搭配主次分明。颜色搭配时要调整颜色使用面积,确保配色有主有次,层次分明。

(3) 颜色设计降低颜色的饱和度。人们比较容易接受中低饱和度的颜色,这样看起来更加舒服。

3. 幻灯片对象布局原则

幻灯片中除了文本之外,还包含图片、形状和表格等对象,在幻灯片中合理使用这些元素,将这些元素有效布局在各张幻灯片中,可以使演示文稿更加美观。

(1) 画面平衡。布局幻灯片时尽量保持幻灯片页面平衡,以避免左重右轻、右重左轻或头重脚轻的现象,使整个幻灯片画面更加协调。

(2) 布局简单。虽然说一张幻灯片是由多种对象组合在一起,但在一张幻灯片中对象的数量不宜过多,否则幻灯片就会显得很复杂,不利于信息的传递。

(3) 统一和谐。同一演示文稿中各张幻灯片的标题文本的位置、文字采用的字体、字号、颜色和页边距等应尽量统一,不能随意设置,以避免破坏幻灯片的整体效果。

(4) 内容简练。幻灯片只是辅助演讲者传递信息,而且人在短时间内可接收并记忆的信息量并不多,因此,在一张幻灯片中只需列出要点或核心内容。

4. 幻灯片母版

幻灯片母版是存储关于模板信息的一个元素,这些模板信息包括背景的内容,设置标题和主要文字的格式,包括文本的字体、字号、颜色和阴影等特殊效果。在 PowerPoint 2016 中有 3 种母版:幻灯片母版、讲义母版和备注母版。

1) 幻灯片母版

幻灯片母版是最常用的母版,幻灯片母版是幻灯片层次结构中的顶层幻灯片,用于存储有关演示文稿的主题和幻灯片版式的信息,如背景、颜色、字体、占位符、大小等,它控制着所有幻灯片的格式。

2) 讲义母版

若要在一张纸上打印多张幻灯片,可以使用打印讲义功能。讲义母版可以为讲义设置统一格式。

3) 备注母版

打印简报时如果想连同备注一同打印,可使用打印备注页功能。备注母版可为简报的备注页设置统一的格式。例如,若要在所有的备注页中放置公司徽标或其他图形对象,只需将其添加至备注母版中即可。

任务实现

1. 设置艺术字

1 设置艺术字

选中标题文字,单击"格式"选项卡,单击"艺术字样式"组中的"快速样式"下拉列表,单击"填充:蓝色,背景色 2;内部阴影",如图 5-2-2 所示。

2. SmartArt 图

(1) 选中"濯水古镇、芭拉胡、小南海",单击"开始"选项卡,单击"段落"组中的"转换为 SmartArt"下拉列表,单击"其他 SmartArt 图形",在弹出的"选择 SmartArt 图形"对话框左边窗格单击"图片",在中间窗格单击"垂直图片列表",单击"确定"按钮,如图 5-2-3 所示。

2 SmartArt 图

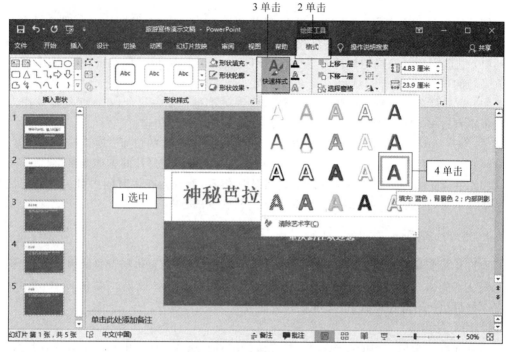

图 5-2-2 设置艺术字

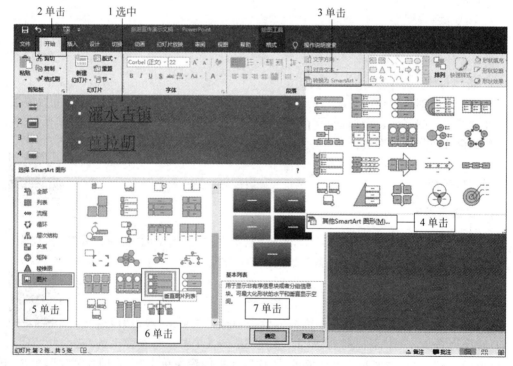

图 5-2-3 SmartArt 转换

（2）选中 SmartArt 图，单击"设计"选项卡，单击"主题颜色"组中的"深色 2 轮廓"，如图 5-2-4 所示。

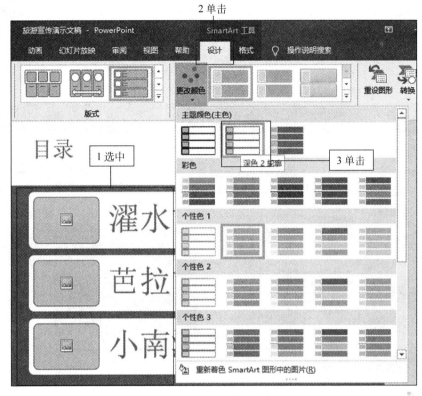

图 5-2-4 更改主题颜色

（3）单击濯水古镇前插入图片图标，在弹出的"插入图片"对话框中单击"浏览"，在弹出的"插入图片"对话框中找到目标图片所在文件夹，并单击"濯水古镇-目录"，单击"插入"按钮，如图 5-2-5 所示。

图 5-2-5 插入 SmartArt 图

依次在芭拉胡和小南海前插入相应图片,将标题 SmartArt 图中文字字号更改为 36 磅。

3. 设置版式

单击第 3 张幻灯片,单击"开始"选项卡,单击"幻灯片"组中的"版式"下拉列表,单击"竖排标题与文本",如图 5-2-6 所示。

3 设置版式

图 5-2-6　设置版式

4. 插入图片并设置格式

（1）单击"插入"选项卡,单击"图像"组中的"图片"图标,在弹出的"插入图片"对话框中找到目标图片文件夹并选中"濯水古镇-1"图片,单击"插入"按钮,如图 5-2-7 所示。

4 插入图片并设置格式

（2）选中图片,单击"格式"选项卡,单击"图片样式"组中的"其他"下拉列表,单击"旋转白色",如图 5-2-8 所示。

（3）单击"大小"组折叠按钮,在"设置图片格式"任务窗格中调整高度和宽度(可通过输入或右侧调整按钮),如图 5-2-9 所示。

（4）插入"濯水古镇-2"图片,右击该图片,在弹出的快捷菜单中单击"置于底层"命令,在子菜单中单击"置于底层",如图 5-2-10 所示。调整该图片大小,并注意不要遮挡标题并置于幻灯片左下角。

（5）选中正文文字,单击"开始"选项卡,在"字体"组中选择"华文行楷"字体,字号选择"28"磅,单击"段落"组折叠按钮,在弹出的"段落"对话框"行距"下拉列表中选择"固定值","设置值"输入框中输入"32 磅",单击"确定"按钮,如图 5-2-11 所示。

（6）请按照样例格式,在第 4 张幻灯片和第 5 张幻灯片中插入图片并更改格式,然后设置文字字体和段落格式。

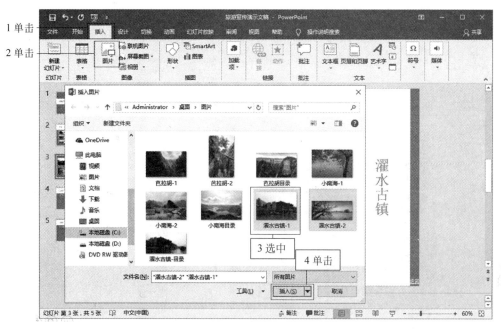

图 5-2-7 插入图片

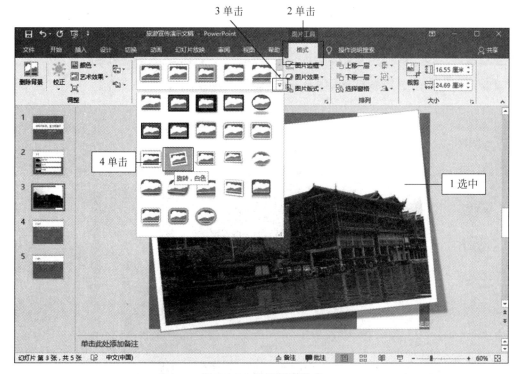

图 5-2-8 设置图片样式

图 5-2-9　更改图片大小

图 5-2-10　设置图片叠放层次

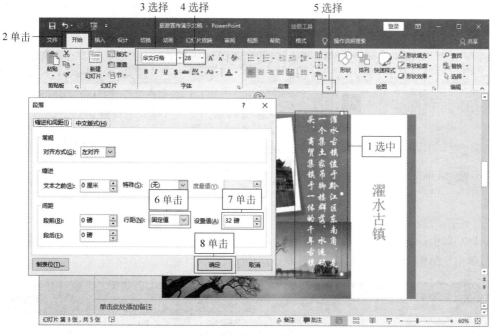

图 5-2-11　设置字体和段落格式

5. 幻灯片母版

（1）单击"视图"选项卡，单击"演示文稿视图"组中的"普通"，单击"母版视图"组中的"幻灯片母版"，如图 5-2-12 所示。

5 幻灯片母版

图 5-2-12　进入母版视图

（2）选中幻灯片中采用的版式，单击"插入"选项卡，单击"插入"组中的"形状"下拉列表，单击"矩形"，如图 5-2-13 所示。

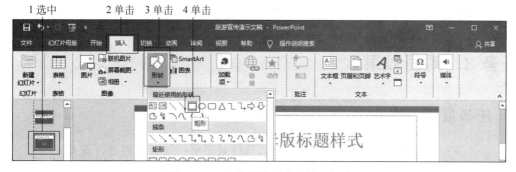

图 5-2-13　在使用的版式中插入矩形

（3）在幻灯片右上角绘制矩形，单击"形状样式"组中的"形状填充"下拉列表，单击"主题颜色"中的"蓝色 背景 2"，如图 5-2-14 所示。

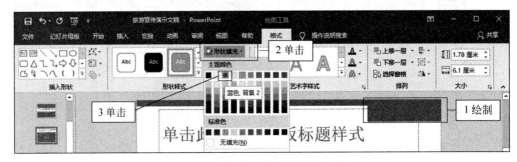

图 5-2-14　绘制矩形并设置填充颜色

（4）右击插入的矩形，在弹出的快捷菜单中单击"编辑文字"命令，输入"清新黔江欢迎您"，单击"关闭母版视图"图标，如图 5-2-15 所示。

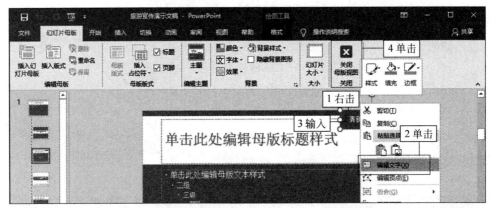

图 5-2-15　输入文字

课后练习

请将自己制作的"我的大学生活"演示文稿进行格式设置。要求：
（1）标题用艺术字；
（2）演示文稿中至少 3 种版式；
（3）插入图片并设置图片格式；
（4）应用幻灯片母版。

任务 3　动画效果

任务展示

本任务在精美排版基础上制作动画效果，最终效果请扫描二维码进行查看。

支撑知识

旅游宣传演示
文稿（任务展示）

1.动画分类

动画是幻灯片中的精华,演示文稿中有了动画,不仅美观便捷,还增加幻灯片的趣味性,吸引人们的眼球。在 PowerPoint 2016 中,动画可以分为两类:

1) 针对幻灯片切换的动画

幻灯片的切换效果是指演示文稿播放过程中幻灯片在屏幕上出现的形式,即前一张幻灯片的消失方式和下一张幻灯片出现的方式。给幻灯片添加切换效果可动态地提醒观众新的幻灯片开始播放了,同时也给单调的播放现场增添了趣味。在演示文稿制作过程中可以为指定的一张幻灯片设计切换效果,也可以为一组幻灯片设计相同的切换效果。

幻灯片的切换效果主要包括以下 3 个方面内容:

(1) 切换到此幻灯片。

在演示文稿放映中幻灯片进入和离开屏幕时的视觉效果。在切换效果的任务窗格中可任意选择一种切换效果,还可以对其进入屏幕的方向进行设置。

(2) 声音。

设置幻灯片进入屏幕时的声音效果,还可以设置其进入屏幕的时间。

(3) 换片方式。

换片方式分为两种:单击鼠标时和设置自动换片时间。

设置好幻灯片的切换方式后,可以全部应用到所有幻灯片,就能将设置好的效果应用到整个演示文稿中。

2) 针对幻灯片中各对象的动画

PowerPoint 2016 提供了"进入""强调""退出"和"动作路径"这几类动画效果的功能,还提供了通过制作动作路径来制作动画效果的功能。

(1) 进入:该动画效果是指幻灯片中的对象出现在屏幕上的动画形式。这样可以让要显示的对象逐渐显现出来,从而产生一种动态效果。

(2) 强调:该动画效果用于改变幻灯片中对象的形状。可以对幻灯片中要重点强调的对象应用这种效果,从而达到引人注意的目的。

(3) 退出:指幻灯片中的对象在显示之后,当用户介绍完这一对象,不需要在之后的时间中继续出现当前幻灯片中时,或者用于那些要在放映幻灯片时一闪而过的对象。

(4) 动作路径:用于设置各元素在幻灯片中的活动路线,让元素的运动路径更加多样化,以满足特殊的动画路径要求。

2.音频和视频

PowerPoint 2016 提供演示文稿在放映时能同时播放声音或视频。将音频或视频插入幻灯片后自动生成动画效果。

任务实现

1. 插入音乐并设置动画效果

（1）单击第1张幻灯片，单击"插入"选项卡，单击"媒体"组中的"音频"下拉列表，单击"PC上的音频"，在弹出"插入音频"对话框中单击左侧导航窗格"桌面"，单击"背景音乐.mp3"，单击"插入"命令，如图5-3-1所示。

1 插入音乐并设置动画效果

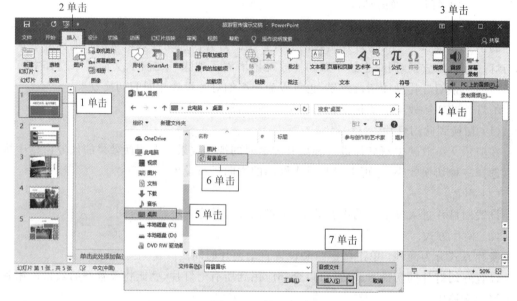

图 5-3-1　插入音乐

（2）将音频图标拖动至工作区右侧，单击"动画"选项卡，单击"高级动画"组中的"动画窗格"图标，在"计时"组中的"开始"下拉列表中选择"与上一动画同时"，单击动画窗格"背景音乐"右侧下拉列表，单击"效果选项"命令，在弹出的"播放音频"对话框中单击"停止播放"组第3个选项前单选按钮，在右侧输入框中输入"5"，单击"确定"按钮，如图5-3-2所示。

2. 设置幻灯片切换方式

单击第1张幻灯片，单击"切换"选项卡，单击"切换到此幻灯片"组右下角"其他"折叠按钮，在弹出的下拉列表中单击"页面卷轴"，单击"切换到此幻灯片"组中的"效果选项"下拉列表，在弹出的下拉列表中单击"双右"，在"计时"组中的"声音"下拉列表中选择"风铃"，单击"单击鼠标时"前的复选框以取消该选项，单击"设置幻片时间"前复选框按钮以选中该选项，在时间输入框中输入"4"，如图5-3-3所示。

2 设置幻灯片切换

3. 动画效果

1）一个对象一个动画效果

选中标题和 SmartArt 图，单击"动画"选项卡，单击"动画"组中的"擦

3.1 一个对象一个动画效果

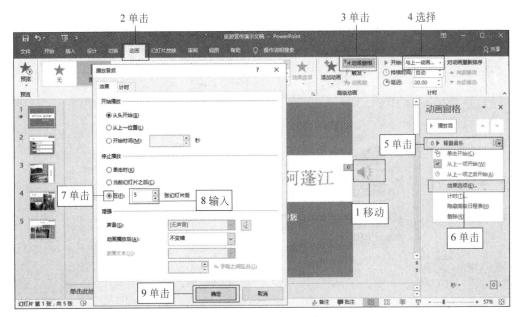

图 5-3-2　选择效果选项

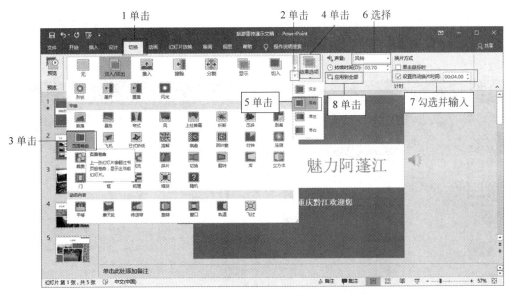

图 5-3-3　设置幻灯片切换方式

除",单击"效果选项"下拉列表,在弹出的下拉列表中单击"自左侧",单击"高级动画"组中的"动画窗格",再单击"动画效果"右侧的下拉列表,在弹出的快捷菜单中单击"计时"命令,在弹出的"擦除"对话框"开始"下拉列表中选择"上一动画之后",在"期间"下拉列表中选择"快速(1 秒)",单击"确定"按钮,如图 5-3-4 所示。

2)一个对象多个动画效果

单击第 3 张幻灯片,单击第 1 张图片,单击"动画"选项卡,单击"动画"组下拉列表,单击"进入"组中的"淡入","计时"组中的"开始"下拉列表中选

3.2 一个对象
多个动画效果

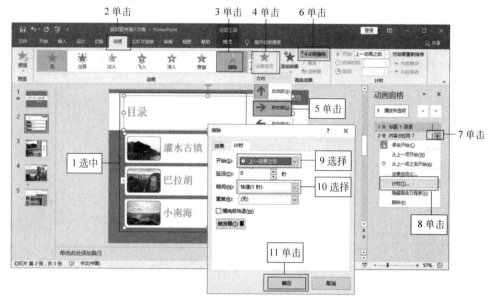

图 5-3-4　插入动画并设置效果

择"上一动画之后"。

　　单击"添加动画"下拉列表,单击"强调"组中的"脉冲",单击"计时"组中的"开始"下拉列表并选择"上一动画之后",在"持续时间"输入框中输入"1.5"秒,如图 5-3-5 所示。

图 5-3-5　同一对象增加强调效果

　　单击"添加动画"下拉列表,单击"退出"组中的"缩放",单击"计时"组中的"开始"下拉列表并选择"上一动画之后",在"持续时间"输入框中输入"1"秒,如图 5-3-6 所示。

　　通过"添加动画"命令可以为同一对象添加进入、强调、退出、路径动画,也可以添加多次进入效果。

图 5-3-6　同一对象增加退出效果

3）自定义路径（制作滚动图片视频）

（1）插入幻灯片并设置版式为空白。

在第2张幻灯片前插入一张新的幻灯片，版式更改为"空白"。

（2）插入图片。

3.3.1 新建幻灯片并设置版式　3.3.2 插入图片

单击"插入"选项卡，单击"图像"组中的"图片"图标，在弹出的对话框中找到图片目标位置，选中图片，单击"插入"命令。

（3）批量设置图片大小和位置。

单击"格式"选项卡，单击"大小"组折叠按钮，在"设置图片格式"窗格中单击"锁定纵横比"复选框按钮以取消该选项，在"高度"和"宽度"输入框中分别输入 13 厘米、12 厘米，如图 5-3-7 所示。

3.3.3 批量设置图片大小和位置

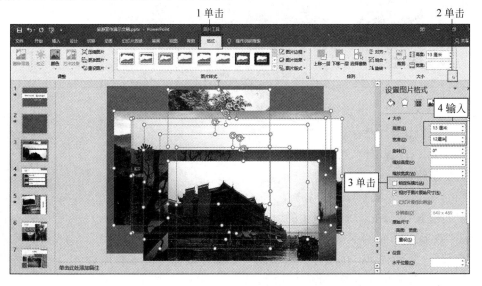

图 5-3-7　批量设置图片大小

单击"设置图片格式"任务窗格"位置",在"水平位置"输入框中输入"－12.5 厘米",在"垂直位置"输入框中输入"4 厘米",如图 5-3-8 所示。

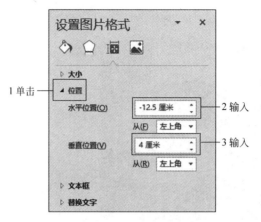

图 5-3-8　批量设置图片位置

(4) 批量设置图片格式。

按组合键 Ctrl＋A 将所有图片选中,单击"格式"选项卡,单击"图片样式"组中的"图片边框"下拉列表,单击"标准色"中的"橙色",单击"粗细",单击"2.25 磅",如图 5-3-9 所示。

3.3.4 批量设置图片格式

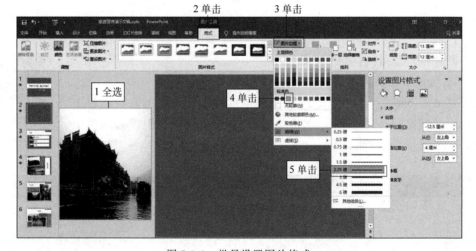

图 5-3-9　批量设置图片格式

(5) 缩放幻灯片工作区。

左手按住 Ctrl 键不放,右手滑动鼠标滚轮往下滚动,工作区比例缩小。

(6) 绘制路径。

按组合键 Ctrl＋A 将所有图片选中,单击"动画"选项卡,单击"动画"组中的"其他"折叠按钮,单击"动作"组中的"自定义路径",如图 5-3-10 所示。

单击"效果选项"下拉列表,单击"直线",如图 5-3-11 所示。

鼠标呈"＋"绘制形状,在图片右侧中间位置按住鼠标左键不放往右绘制,到目标位置释放鼠标左键,如图 5-3-12 所示。

3.3.5 缩放幻灯片工作区

3.3.6 绘制路径

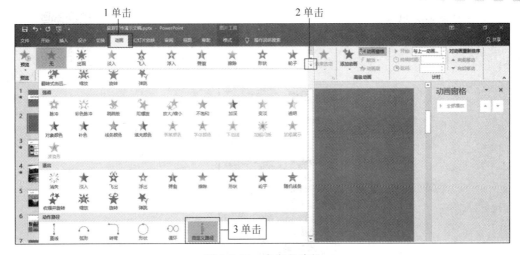

图 5-3-10 自定义路径

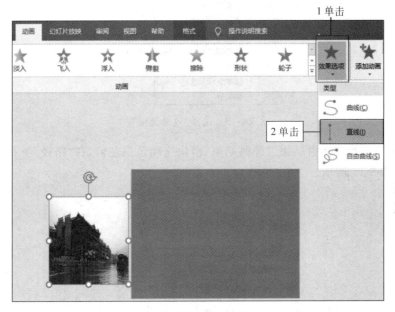

图 5-3-11 选择直线

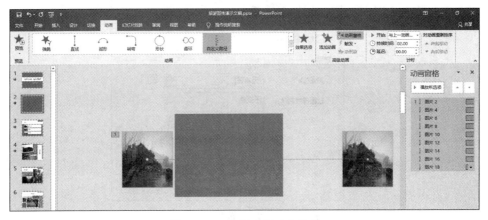

图 5-3-12 绘制直线动作路径

Never

（7）设置动画效果选项。

① 单击动画效果下拉列表，单击"效果选项"，如图 5-3-13 所示。

3.3.7 设置动画效果选项

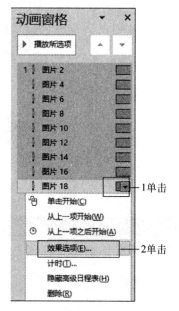

图 5-3-13　选择"效果选项"

② 将"平滑开始""平滑结束""弹跳结束"滑块拖动至最左侧，在"路径"下拉列表中选择"锁定"，如图 5-3-14 所示。

图 5-3-14　设置"效果"选项卡

③ 单击"计时"选项卡,在"开始"下拉列表中选择"与上一动画同时",在"期间"输入框中选择"10 秒",单击"确定"按钮,如图 5-3-15 所示。

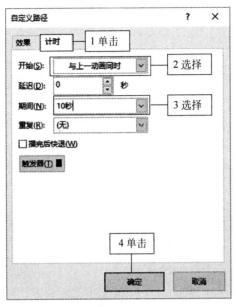

图 5-3-15　设置"计时"选项卡

④ 单击"动画窗格"第 2 个动画效果,在"计时"组"延迟"输入框中输入"2.4 秒",如图 5-3-16 所示。

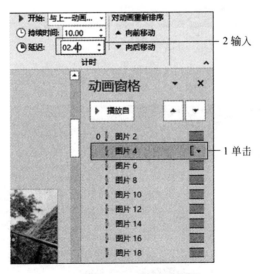

图 5-3-16　设置"延时"

每个动画效果延迟在上一个动画效果的基础上加上 2.4 秒。

课后练习

请在模板的基础上制作帆船 PPT 动画效果,最终效果请扫描二维码。

任务4　放映与输出演示文稿

任务展示

本任务将幻灯片输出为 PDF、视频、打包成 CD 等，效果如图 5-4-1 和图 5-4-2 所示。

图 5-4-1　幻灯片输出 PDF 最终效果

图 5-4-2　幻灯片输出视频最终效果

支撑知识

1. 幻灯片放映

幻灯片的广泛使用,在于幻灯片的主题内容、动画效果等可通过放映向观众展示出来。幻灯片的放映方式主要有从头开始、从当前幻灯片开始、联机演示和自定义幻灯片放映 4 种,如图 5-4-3 所示。

从头开始:单击该按钮,演示文稿从第 1 张幻灯片开始放映。该功能的快捷键是 F5。

从当前幻灯片开始:放映从当前幻灯片页面开始,也可使用组合键 Shift+F5。

图 5-4-3　幻灯片放映方式

联机演示:可以让观众在 Web 浏览器中观看并下载内容。

自定义幻灯片放映:当存在不同的观众群体,在同一个主题内容的幻灯片中需要选取合适的部分幻灯片播放,则可在"自定义幻灯片放映"中进行设置。

2. 设置放映方式

幻灯片制作完成后,可以将精心创建的演示文稿展示在观众面前,将自己想要说明的问题更好地表达出来。在放映幻灯片之前还需要对演示文稿的放映方式进行设置,如幻灯片的放映类型、换片方式、隐藏/显示幻灯片和自定义放映等,以便更好地将演示文稿展示给观看者或客户,如图 5-4-4 所示为设置放映方式。

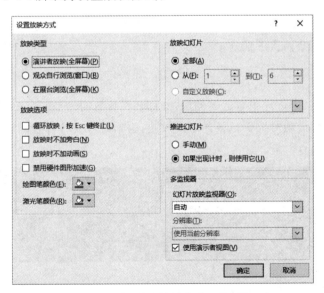

图 5-4-4　"设置放映方式"对话框

1) 放映类型

(1) 演讲者放映(全屏幕):是系统默认的放映类型,以全屏幕显示幻灯片。该放映类型由演讲者控制幻灯片的放映过程,演讲者可决定放映速度和切换幻灯片的时间,或将演示文稿暂停等。

(2) 观众自行浏览(窗口)：在屏幕的一个窗口内显示幻灯片，观众通过窗口菜单进行翻页、编辑、复制和打印等，但不能单击鼠标按键进行播放。

(3) 在展台浏览(全屏幕)：以全屏幕方式自动、循环播放幻灯片，在放映过程中除了能使用鼠标单击超链接和动作按钮外，大多数控制都失效，观众无法随意改动演示文稿。

2) 放映选项

(1) 循环放映，按 Esc 键终止：循环放映幻灯片，按下 Esc 键可终止幻灯片放映。如果选择"在展台浏览(全屏幕)"复选框，则只能放映当前幻灯片。

(2) 放映时不加旁白：观看放映时，不播放任何声音旁白。

(3) 放映时不加动画：显示幻灯片时不带动画。如项目符号不会变暗，飞入的对象直接出现在最后的位置。

3) 放映幻灯片

(1) 全部：播放所有幻灯片。当选定此单选按钮时，将从当前幻灯片开始放映。

(2) 从……到……：在幻灯片放映时，只播放"从"和"到"数值框中输入的幻灯片范围。而且是按数字从低到高播放该范围内的所有幻灯片。如从 3 到 9，则播放时从第 3 张幻灯片开始播放，一直到第 7 张，第 1、2 张和第 9 张以后的幻灯片不放映。

(3) 自定义放映：运行在列表中选定的自定义放映(演示文稿中的子演示文稿)。

4) 推进幻灯片

(1) 手动：放映时换片的条件是，单击鼠标或每隔数秒自动播放；或者单击鼠标右键，选择快捷菜单中的"前一张""下一张"或"定位至幻灯片"命令。此时，PowerPoint 会忽略默认的排练时间，但不会删除。

(2) 如果出现计时，则使用它：使用预设的排练时间自动放映。如果幻灯片没有预设的排练时间，则仍然必须人工换片。

2. 排练计时

通过排练为每张幻灯片确定适当的放映时间，在排练时，把在每张幻灯片上停留的时间记录下来，在幻灯片放映时按照记录的时间放映，为幻灯片安排合理的放映时间，如图 5-4-5 所示，左上角为排练计时器。

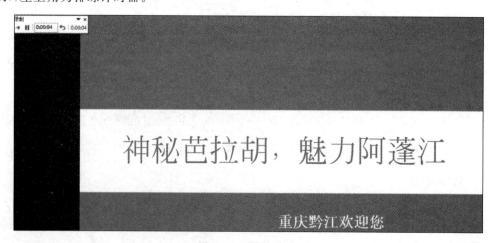

图 5-4-5　排练计时

3．演示文稿输出

1）导出

PowerPoint 2016 通过导出，可创建 PSF/XPS 文档、创建视频、将演示文稿打包成 CD、创建讲义、更改文件类型，如图 5-4-6 所示。

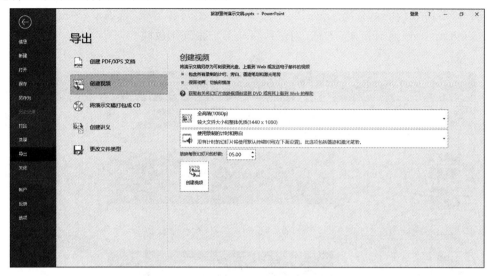

图 5-4-6　导出

PowerPoint 2016 中的"打包成 CD"功能可将一个或多个演示文稿随同支持文件复制到 CD 中，方便那些没有安装 PowerPoint 2016 的用户放映演示文稿。默认情况下 PowerPoint 使用播放器、链接文件、声音、视频和其他设置会打包在其中，这样就可在其他计算机上运行打包的演示文稿，不用担心影响幻灯片的放映效果或因没有安装 PowerPoint 2016 而无法放映的问题。

2）将演示文稿转换为视频格式

将演示文稿保存为视频格式主要也是为了在未安装 PowerPoint 的计算机中能够正常放映的一种操作，但要注意要将 PowerPoint 保存为视频格式只能使用 PowerPoint 2010 及以上版本。

3）演示文稿的打印

完成演示文稿的编辑后，可以将幻灯片打印出来，一方面发放给观众，另一方面也可以自己保存。在打印之前，需要对页面和打印参数进行设置。如图 5-4-7 所示为打印幻灯片选项设置，可设置打印全部幻灯片或部分，设置单面或双面打印等。

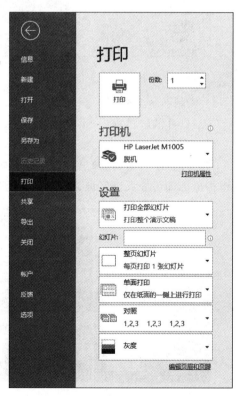

图 5-4-7　打印设置

任务实现

1. 放映和控制演示文稿

1.1 放映幻灯片

1) 放映演示文稿

打开"旅游宣传演示文稿.pptx"演示文稿,单击"幻灯片放映"选项卡,单击"从头开始",如图 5-4-8 所示,或者直接按 F5 键,幻灯片将从第 1 张开始放映。

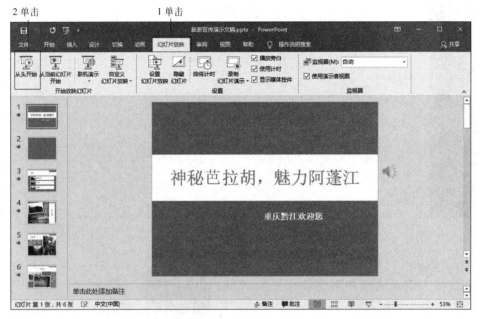

图 5-4-8　幻灯片放映

2) 控制演示文稿

在幻灯片放映过程中,可以切换、结束放映,以及为幻灯片添加标记等。

1.2 控制幻灯片

(1) 放大。

放映过程中右击,在弹出的快捷菜单中单击"放大"命令,在显亮矩形区域单击鼠标即可放大该区域,如图 5-4-9 所示。

图 5-4-9　放大矩形显亮区域

（2）切换到演讲者。

放映过程中右击，在弹出的快捷菜单中单击"显示演示者视图"命令，如图 5-4-10 所示。

图 5-4-10　切换到演讲者放映方式

2．排练计时

在正式放映前用手动的方式进行换片，PowerPoint 2016 自动把手动换片的时间记录下来，如果应用这个时间，以后就可以按照这个时间自动进行放映观看，无须人为控制。

2 排练计时

单击"幻灯片放映"选项卡，单击"设置"组中的"排练计时"按钮，如图 5-4-11 所示。

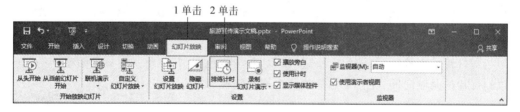

图 5-4-11　排练计时命令

演示文稿自动从第 1 张幻灯片开始放映，此时幻灯片左上角出现"录制"对话框，如图 5-4-12 所示。当放映结束后弹出信息提示对话框，如图 5-4-13 所示，询问"是否保留新的

图 5-4-12　"录制"对话框

图 5-4-13　排练计时

幻灯片排练时间",单击"是"按钮,演示文稿自动切换到幻灯片浏览视图,并在每张幻灯片缩略图下显示放映该幻灯片所需的时间。

3．录制旁白

为了便于观众理解,有时演示者会在演示文稿放映过程中进行讲解,某些特殊情况下演讲者不能参与演示文稿的放映,那么可以通过录制旁白功能来解决此问题。

3 录制幻
灯片演示

单击"幻灯片放映"选项卡,单击"录制幻灯片演示",在弹出的"录制幻灯片演示"对话框中单击"开始录制"按钮,如图 5-4-14 所示。

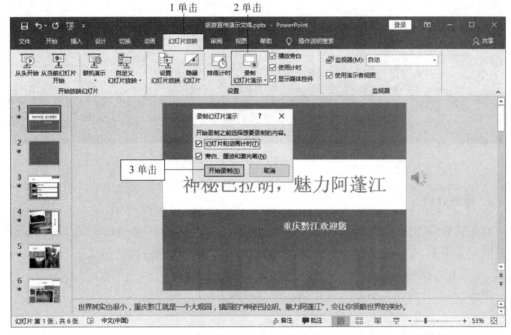

图 5-4-14　录制旁白

当幻灯片结束放映后,演示文稿进入幻灯片浏览视图,并在每张幻灯片缩略图的下面显示该幻灯片的录制时间,在右下角添加一个声音图标,如图 5-4-15 所示。

4．输出演示文稿

1）创建文档

4.1 导出为
PDFXPS 格式

单击"文件"菜单,单击"导出"→"创建 PDF/XPS 文档"→"创建 PDF/XPS"命令,如图 5-4-16 所示。最终效果如图 5-4-1 所示。

2）打包演示文稿

如果想让演示文稿中包含的超链接、特殊字体、视频或音频在其他计算机中放映演示文稿时能够正常打开或播放,则需要使用打包功能。

单击"文件"菜单,单击"导出"→"将演示文稿打包成 CD"→"打包成 CD"命令,如图 5-4-17 所示。

4.2 打包演
示文稿

图 5-4-15　录制旁白后的幻灯片

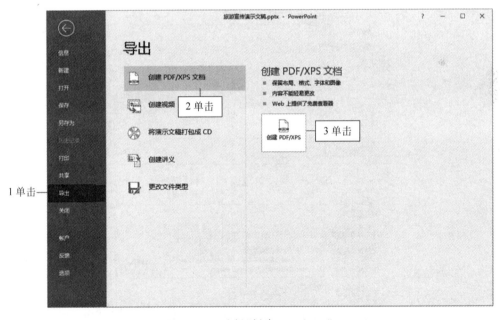

图 5-4-16　选择"创建 PDF/XPS"

　　在弹出的"打包成 CD"对话框"将 CD 命名为"输入框中输入"神秘芭拉胡 魅力阿蓬江"，单击"复制到文件夹"，如图 5-4-18 所示。在弹出的"复制到文件夹"对话框的"位置"文本框中选择路径，单击"确定"按钮，如图 5-4-19 所示。

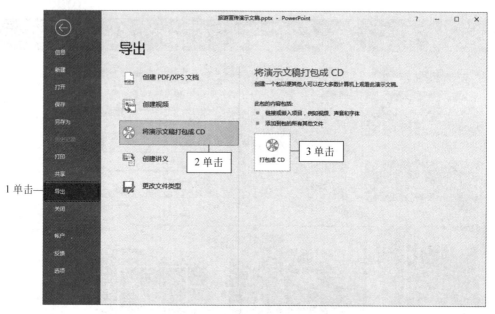

图 5-4-17　选择"打包成 CD"

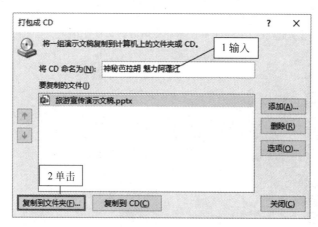

图 5-4-18　"打包成 CD"对话框

图 5-4-19　"复制到文件夹"对话框

3）将演示文稿导出为视频格式

单击"文件"菜单，单击"导出"→"创建视频"命令，选择"高清 720P"，选择"使用录制的计时和旁白"，在"放映每张幻灯片的秒数："中输入"6 秒"，单击"创建视频"，如图 5-4-20 所示。最终效果如图 5-4-2 所示。

4.3 保存为
视频格式

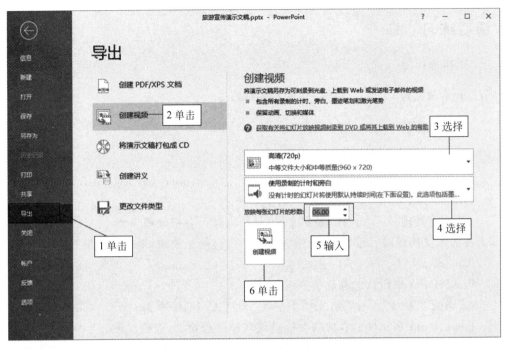

图 5-4-20　创建视频

5. 打印演示文稿

某些特殊的场合需要将演示文稿像 Word 一样打印在纸上，供与会人员
了解演讲内容。

5 打印幻灯片

单击"文件"选项卡，单击"打印"，单击"设置"组中的"整页幻灯片"下拉列表，单击"6 张
水平放置的幻灯片"，其余选项默认，单击"打印"按钮，如图 5-4-21 所示。

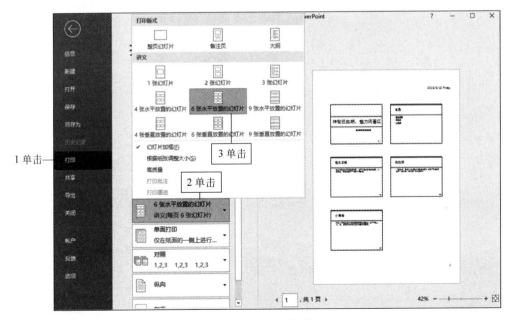

图 5-4-21　打印幻灯片

课后练习

一、上机操作题

请打开素材文件,完成扩展练习 1 和扩展练习 2。

二、单项选择题

1. PowerPoint 2016 中默认的扩展名是( )。
   A. .pptx　　　　　B. .docx　　　　　C. .potx　　　　　D. .doc
2. PowerPoint 系统是一个( )软件。
   A. 文字处理　　　B. 演示文稿　　　C. 表格处理　　　D. 图像处理
3. 在演示文稿放映过程中,可以随时按( )键终止放映,返回到原来的视图。
   A. Enter　　　　　B. Esc　　　　　C. Blank　　　　　D. Ctrl
4. PowerPoint 中默认的新建文件名是( )。
   A. 演示文稿 1　　B. 文档 1　　　　C. 工作簿 1　　　D. ppt1
5. PowerPoint 演示文稿在放映时能呈现多种动态效果,这些效果( )。
   A. 完全由放映时的具体操作决定　　B. 需要在编辑时设定相应的放映属性
   C. 与演示文稿本身无关　　　　　　D. 由系统决定,无法改变
6. 用 PowerPoint 系统制作的演示文稿的核心是( )。
   A. 标题　　　　　B. 讲义　　　　　C. 幻灯片　　　　D. 母版

项目六 计算机网络及安全

项目分析：生活在互联网时代，怎样将自己的计算机接入 Internet，怎样从网络中获取自己所需的信息，怎样发送与接收电子邮件，怎样让自己的计算机不中病毒？本项目从计算机网络的概念、功能出发，详细阐述计算机网络的体系结构、Internet 基础和应用以及计算机网络安全，让人们在办公自动化、网上订票、网上购物等方面能够运用自如。

任务 1 计算机网络基础知识

任务展示

本任务要求学生会配置计算机的 IP 地址，并使用 Ping 命令对网络进行诊断。图 6-1-1 为配置 IP 地址及相关信息最终效果图。

Internet 协议版本 4 (TCP/IPv4) 属性	×
常规	

如果网络支持此功能，则可以获取自动指派的 IP 设置。否则，你需要从网络系统管理员处获得适当的 IP 设置。

○ 自动获得 IP 地址(O)
● 使用下面的 IP 地址(S)：

IP 地址(I)：	192 . 168 . 35 . 249
子网掩码(U)：	255 . 255 . 255 . 0
默认网关(D)：	192 . 168 . 35 . 254

○ 自动获得 DNS 服务器地址(B)
● 使用下面的 DNS 服务器地址(E)：

首选 DNS 服务器(P)：	114 . 114 . 114 . 114
备用 DNS 服务器(A)：	. . .

□ 退出时验证设置(L)   高级(V)...

确定   取消

图 6-1-1　配置 IP 地址

支撑知识

1. 计算机网络概述

1) 计算机网络的概念

计算机网络是指将地理位置不同的具有独立功能的多台计算机及其外部设备,通过通信线路连接起来,在网络操作系统、网络管理软件及网络通信协议管理和协调下,实现资源共享和数据通信的计算机系统。

2) 计算机网络的功能

(1) 数据通信。

数据通信是计算机网络最基本的功能,用来快速传送计算机与终端、计算机与计算机之间的各种信息,包括文本信息、图形图像、影音视频等。利用这一特点,可实现将分散在各个地区的单位或部门用计算机网络连接起来,进行统一的调配、控制和管理。

(2) 资源共享。

"资源"指的是网络中所有的软件、硬件和数据资源。"共享"指的是网络中的用户都能够部分或全部地享受这些资源。如某些地区或单位的数据库(如飞机票、酒店等)可供全网使用;某些单位设计的软件可供其他单位有偿调用或办理一定手续后调用;一个部门只需共享一台打印机便可供整个部门使用,从而使不具有这些设备的地方也能使用设备。如果不能实现资源共享,各单位地区都需要配备有完整的一套软、硬件及数据资源,这将极大增加全系统的投资费用。

(3) 分布式网络处理和负载均衡。

由于计算机价格下降速度较快,这使得在获得数据和需要进行数据处理的地方分别设置计算机变为可能。对于较复杂的综合性问题,可以通过一定的算法,把数据处理的功能交给不同的计算机,达到均衡使用网络资源及分布处理的目的。

3) 计算机网络的发展趋势

计算机网络的发展方向是 IP 技术＋光网络,光网络将会演进为全光网络。从网络的服务层面上看,将是一个 IP 的世界,通信网络、计算机网络和有线电视网络将通过 IP 三网合一;从传送层面上看,将是一个光的世界;从接入层面上看,将是一个有线和无线的多元化世界。

(1) 三网合一。

目前广泛使用的网络有通信网络、计算机网络和有线电视网络。随着技术的不断发展,新的业务不断出现,新旧业务不断融合,作为其载体的各类网络也不断融合,目前广泛使用的三类网络正逐渐向统一的 IP 网络发展,即所谓的"三网合一"。

实现"三网合一"并最终形成统一的 IP 网络后,传递数据、语音、视频只需建造并维护一个网络,简化了管理,也会大大地节约开支;同时,可提供集成服务,方便用户。

(2) 光通信技术。

光通信技术已有 40 多年的历史。随着光器件、各种光复用技术和光网络协议的发展,光传输系统的容量已从"Mbps"发展到"Tbps",提高了近万倍。

光通信技术的发展主要有两个大方向:一是主干传输向高速率、大容量的 OTN 光传送网络发展,最终实现全光网络;二是接入向低成本、综合接入、宽带化光纤接入网发展。全光网络是指光信息流在网络中的传输及交换始终以光的形式实现,不再需要经过光/电、电/光变换,即信息从源节点到目的节点的传输过程始终在光域内。

(3) 宽带接入技术。

计算机网络必须要有宽带接入技术的支持,各种宽带服务与应用才有可能开展。因为只有解决接入网的宽带瓶颈问题,骨干网和城域网的容量潜力才能真正发挥。尽管当前宽带接入技术已有很多种,但只要是不与光纤或光结合的技术,就很难在下一代网络中应用。目前光纤到户主要有两种新技术:一种是基于以太网的无源光网络(Ethernet Passive Optical Network,EPON)的光纤到户技术;另一种是自由空间光(Free Space Optical,FSO)系统。

(4) 移动通信系统技术。

4G 最大的数据传输速率超过 100Mb/s,这个速率是移动电话数据传输速率的 1 万倍,也是 3G 移动电话速率的 50 倍。4G 通信技术并没有脱离以前的通信技术,而是以传统通信技术为基础,并利用了一些新的通信技术,不断提高无线通信的网络效率和功能。如果说 3G 能为人们提供一个高速传输的无线通信环境的话,那么 4G 通信会是一种超高速无线网络,一种不需要电缆的信息超级高速公路,这种新网络可使电话用户以无线及三维空间虚拟实境连线。5G 网络作为下一代移动通信网络,其最高理论传输速度可达每秒数十吉位(Gb),这比现行 4G 网络的传输速度快数百倍,整部超高画质电影可在 1 秒之内下载完成。

2. 计算机网络的组成与逻辑结构

1) 计算机网络的组成

(1) 计算机系统。

计算机网络的第一个要素是具备两台或两台以上拥有独立功能的计算机系统。它主要负责数据信息的收集、处理、存储和传播,并提供资源共享和各种信息服务。计算机系统是计算机网络的一个重要组成部分,是计算机网络中不可缺少的元素。

(2) 通信链路和通信设备。

计算机网络的硬件部分包括连接计算机系统的通信链路和通信设备,即数据通信系统。通信链路指的是传输介质及其连接部件,包括光缆、同轴电缆、双绞线等。通信设备包括以下几个部分:

① 调制解调器(Modem):俗称"猫",是 Modulator(调制器)与 Demodulator(解调器)的简称。调制,就是把数字信号转换成电话线上传输的模拟信号;解调就是把模拟信号转换成数字信号。

② 网络接口卡:简称网卡,是插在计算机总线槽内或某个外部接口上的扩展卡,负责把要发送的数据转换为网络上其他设备能够识别的格式,通过网络介质传输,或从网络介质接收信息,并转换成网络能够识别的数据格式。计算机的物理地址是固化在网卡上的。

③ 各种网络互联设备:如集线器(HUB)、中继器(Repeater)、交换机(Switch)、网桥(Bridge)、路由器(Router)、网关(Gateway)等。

(3) 网络协议。

网络协议是指通信双方就通信如何进行所必须共同遵守的约定和通信规则的集合。在网络上通信的双方只有遵守相同的协议,才能正确地交流信息,就像人们交谈时要使用同一种语言一样,如果谈话里使用不同的语言,就会造成双方都不知所云,交流就被迫中断。典型的网络协议有 TCP/IP 协议、IPX/SPX 协议、IEEE 802 标准协议系列、X.25 协议等。

(4) 网络软件。

网络软件主要包括网络协议软件、网络操作系统和网络管理及网络应用软件。

2) 计算机网络的逻辑结构

随着计算机技术、通信技术和计算机网络技术的发展,网络结构不断完善,为了更好地理解计算机网络和充分利用主机资源,提高主计算机的运行速度与执行效率,计算机网络从逻辑上将资源共享与数据通信处理分开。根据计算机网络各组成部分的功能,可将计算机网络划分为两个功能子网,即资源子网和通信子网,如图 6-1-2 所示。

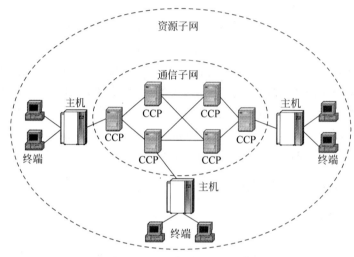

图 6-1-2　资源子网与通信子网

(1) 资源子网。

资源子网是指用户端系统,包括用户的应用资源,如服务器、故障收集计算机、外设、系统软件和应用软件。资源子网负责整个网络面向应用的数据处理工作,向用户提供数据处理能力、数据存储能力、数据输入输出能力以及其他数据资源。

资源子网的主体为网络资源设备,包括用户计算机、网络存储系统、网络打印机、独立运行的网络数据设备、网络终端、网络上运行的各种软件资源、数据资源。下面介绍服务器和工作站。

服务器:是网络环境中的高性能计算机,它侦听网络上的其他计算机(客户机)提交的服务请求,并提供相应的服务,为此,服务器必须具有承担服务及保障服务的能力。它的高性能主要体现在高速度的运算能力、长时间可靠运行、强大的外部数据吞吐能力等方面。常用的服务器有文件服务器、数据库服务器、邮件服务器、FTP 服务器等。

工作站:是一种高档的微型计算机,具有较强的信息处理功能、高性能的图形图像处理功能及联网功能。

(2) 通信子网。

通信子网提供网络的通信功能,专门负责计算机之间的通信控制与处理,为资源子网提供信息传输服务。通信子网的任务是在节点之间传送报文,主要由网络结点和通信链路组成。利用通信线路把分布在不同地理位置的通信控制机连接起来就构成通信子网,通信子网构成整个网络的内层。

3. 计算机网络的分类

目前世界上计算机网络的种类较多,依据不同的分类标准,可以有多种分类方法:

1) 按网络覆盖的范围分类

按网络覆盖的地理范围可将网络划分为局域网、城域网和广域网 3 种。

(1) 局域网。

局域网(Local Area Network,LAN)是指在某一区域内由多台计算机互联而成的计算机组,一般是方圆几米到几千米以内,可以是同一办公室、同一建筑物、同一公司或同一学校等。局域网可以实现文件管理、应用软件共享、打印机共享、工作组内的日程安排、电子邮件和传真通信服务等功能。

(2) 城域网。

城域网(Metropolitan Area Network,MAN)是在一个城市范围内所建立的计算机通信网。城域网和局域网的区别在于其服务范围不同,城域网服务于整个城市,而局域网则服务于某个部门。城域网能够满足政府机构、金融保险、大中小学校、公司企业等单位对高速率、高质量数据通信业务日益旺盛的需求,特别是快速发展起来的互联网用户群对宽带高速上网的需求。

(3) 广域网。

广域网(Wide Area Network,WAN)的覆盖范围比局域网(LAN)和城域网(MAN)都大,可以覆盖几百千米到几千千米,覆盖范围可以是一个地区、一个国家,甚至是全球。因为距离较远,广域网的数据传输速率比局域网低,通常为 9.6kb/s~45Mb/s,而信号的误码率却比局域网要大得多。

如图 6-1-3 所示为局域网、城域网和广域网之间的位置关系。

2) 按传输介质分类

根据网络使用的通信介质,可以把计算机网络分为有线网和无线网。

(1) 有线网络。

有线网络是指利用双绞线、同轴电缆、光缆、电话线等作为传输介质组建的网络。在局域网中使用的最多的是双绞线,如图 6-1-4 所示。在主干线上使用光缆作为传输介质,其速度是最快的,如图 6-1-5 所示,光缆是利用光可在玻璃或塑料制成的纤维中进行全反射的原理而制成的光传导工具。

(2) 无线网络。

无线局域网通常是作为有线局域网的补充而存在的,主要采用的传输介质是无线电、微波、红外线、激光、卫星等。

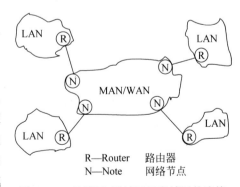

R—Router 路由器
N—Note 网络节点

图 6-1-3 局域网、城域网和广域网的连接

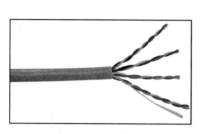

图 6-1-4　双绞线

图 6-1-5　光缆

3）按拓扑结构分类

计算机网络的拓扑结构就是网络的物理连接形式，这是计算机网络的重要特征。通过节点与通信线路之间的几何关系表示结构，描述网络中计算机与其他设备之间的连接关系。网络拓扑结构对整个网络的设计、功能、可靠性、费用等方面有着重要的影响。选用何种类型的网络拓扑结构，要依据实际需要而定。计算机网络系统的拓扑结构主要有总线型、环状、星状、扩展星状、树状、网状等几种，如图 6-1-6 所示。

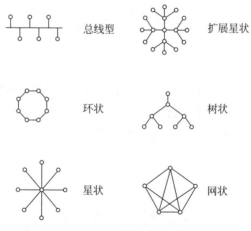

图 6-1-6　网络拓扑结构

（1）总线型。

总线结构的所有节点都连到一条主干线上，这条主干线缆就称为总线。总线结构网络所采用的传输介质是同轴电缆和光缆，如 ATM 网、Cable MODEM 所采用的就是总线型结构。

（2）环状。

环状结构各节点形成闭合的环，信息在环中单向流动，可实现任意两点间的通信。环状结构主要用于令牌环网。

（3）星状。

星状结构以一台设备作为中央节点，其他外围节点都单独连接在中央节点上。星状结构是目前局域网中使用最多的一种结构，主要采用的传输介质是双绞线。

（4）扩展星状。

如果星状网络扩展到包含与主网络设备相连的其他网络设备，这种拓扑就称为扩展星状拓扑。纯扩展星状拓扑的问题是，如果中心点出现故障，网络的大部分组件就会被断开。

（5）树状。

树状结构是星状结构的拓展，在局域网中使用得较多，其结构稳定，排除故障比较容易。树状结构易于扩展，但对根节点依赖性太大。

（6）网状。

网状拓扑结构可靠性高，比较容易扩展，但是结构复杂，每一节点都与多点进行连接，因此必须采用路由算法和流量控制方法。目前广域网基本上采用网状拓扑结构。

4．计算机网络体系结构

人与人之间交流需要使用同一种语言，计算机之间相互通信也需要共同遵守一定的规则，这些规则精确地规定了所有交换数据的格式和时序。这些为网络数据交换而制定的规则、约定和标准统称为网络协议（Protocol）。网络协议不是一套单独的软件，它通常融合在其他软件系统中，一个网络协议主要由以下3个要素组成：

（1）语法：用户数据和控制信息的结构及格式；

（2）语义：需要发出任何控制信息，以及完成的动作与做出的响应；

（3）时序：对操作执行顺序的详细说明。

为完成计算机间的通信，人们把计算机互联的功能层次化，并明确规定同层实体通信的协议及相邻层之间的接口服务。网络体系结构（Network Architecture，NA）就是计算机网络分层、各层协议、功能和层间接口的集合。不同的计算网络在层的数量、各层的名称、内容和功能以及各相邻层之间的接口都是不一样的。然而，它们的共性就是，每一层都是为它的邻接上层提供一定的服务而设置的，而且各层之间是相互独立的，高层不必知道低层的实现细节。这样，网络体系结构就能做到与具体的物理实现无关，只要它们遵守相同的协议就可以实现互联和操作。

常用的体系结构式主要有OSI参考模型和TCP/IP参考模型。

1）开放系统互联参考模型（OSI）

开放指的是只要遵循OSI标注，一个系统可以和位于世界上任何地方的、也遵循OSI标准的其他任何系统进行连接。

OSI参考模型从最底部的物理层到最顶部的应用层，共有7层，如图6-1-7所示。

参考模型的下三层主要负责通信功能，一般称为通信子网层，常以硬件和软件相结合的方式来实现。上三层属于资源子网的功能范畴，称为资源子网层，通常以软件的方式来实现。传输层起着衔接上、下三层的作用。

（1）物理层。

物理层（Physical layer）的任务就是为它的上一层提供一个物理连接，建立、维护和拆除物理链路所需的机械、电气、功能和规程的特性，负责在传输介质上传输非结构的位流，实现相邻计算机节点之间比特数据流的透明传送，尽可能屏蔽具体传输介质或物理设备的差异，并提供物理链路故障检测指示。这一层数据没有被组织，仅作为原始的位流或电器电压处理，单位是比特。

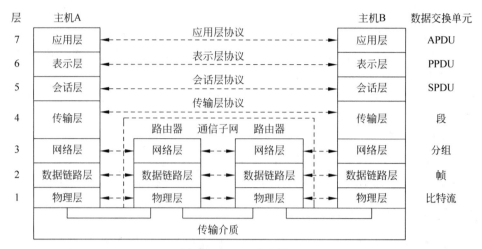

图 6-1-7　OSI 参考模型

物理层的主要设备有中继器、集线器和调制解调器。

① 中继器 RP(Repeater),常用于两个网络节点之间物理信号的双向转发工作,完成信号的复制、调制和放大功能,以此来延长网络的长度和改变网络拓扑结构。

② 集线器是特殊的中继器,是多端口的中继器,克服了传输介质单一通道的缺陷。

③ 调制解调器(Modem):调制解调器是 Modulator(调制器)与 Demodulator(解调器)的简称,俗称"猫"。所谓调制是将模拟信号转换为数字信号,解调是将数字信号转换为模拟信号。

(2) 数据链路层。

数据链路层(Data Link layer)负责在两个相邻节点间的线路上无差错地传送以帧为单位的数据。每一帧包括一定数量的数据和一些必要的控制信息。在传送数据时,如果接收点检测到所传数据中有差错,就要通知发送方重发此帧。

数据链路层的主要设备是网桥和交换机。

① 网桥(Bridge)是一个局域网与另外一个局域网之间建立连接的桥梁。它的作用是扩展网络和通信手段,在各种传输介质中转发数据信号,扩展网络的距离,同时又有选择地将有地址的信号从一个传输介质发送到另一个传输介质,并能有效地限制两个介质系统中无关紧要的通信。网桥主要通过软件实现数据交换,目前已被淘汰。

② 交换机(Switch)是一个具有流量控制能力的多端口网桥,因交换机是基于硬件实现交换,因此比网桥的转发速度快。

物理层和数据链路层设备都属于局域网设备。

(3) 网络层。

在计算机网络中进行通信的两个计算机之间可能会经过很多个数据链路,也可能还要经过很多通信子网。网络层(Network layer)的任务就是选择合适的网间路由和交换节点,确保数据送到正确的目的地。网络层将数据链路层提供的帧组成数据包,包中封装有网络层包头,其中含有逻辑地址信息——源站点和目的站点的网络地址。网络层的主要设备是路由器和三层交换机。

网络层的主要设备是路由器。路由器(Router)用于连接多个逻辑上分开的网络。逻辑网络是指一个单独的网络或一个子网。路由器通过路由表决定数据的转发,转发策略称为选择(Routing)。

(4) 传输层。

传输层(Transport layer)的任务是为两个端系统的会话之间提供建立、维护和取消传输连接的功能,负责可靠地传输数据。传输层传输数据的单位是报文。

(5) 会话层。

会话层(Transport layer)提供一个面向用户的连接服务,它为通信的会话用户之间的对话和活动提供组织和同步所必需的手段,以便对数据的传送提供控制和管理。该层主要用于会话的管理和数据传输的同步,允许不同主机上的各种进程之间进行会话,并参与管理。

(6) 表示层。

表示层(Presentation layer)为应用层提供能解释所交换信息含义的服务,通过对源节点内部的数据结构进行编码,形成适合于传输的比特流,到了目的节点后再进行解码,转换成用户所要求的格式,并保持数据的含义不变。该层主要用于数据格式转换,如代码转换、格式转换、文本压缩、文本加密与解密等。

(7) 应用层。

应用层(Application layer)提供进程之间的通信,以满足用户的需要及提供网络与用户应用软件之间的接口服务。

应用层的设备主要有网关(Gateway),在一个计算机网络中,当连接不同类型而协议差别又较大的网络时,就要选用网关设备。网关用来互联完全不同的网络,它的主要功能是把一种协议变成另一种协议,把一种数据格式变成另一种数据格式,把一种速率变成另外一种速率,以求两者的统一,并提供中转中间接口。

2) TCP/IP 参考模型

在实际应用中完全遵从 OSI 参考模型的协议几乎没有,尽管如此,但 OSI 模型为人们考查其他协议各部分间的工作方式提供了框架和评估基础。

TCP/IP(Transmission Control Protocol/Internet Protocol,传输控制协议/网际协议)是用于计算机和其他设备在网络上通信的一个协议簇,其名字是由这些协议中的两个重要协议组成的,即传输控制协议 TCP 和网际协议 IP。TCP/IP 协议是一个开放的协议标准,独立于特定的计算机硬件与操作系统,特别是它具有统一的网络地址分配方案,使得在网络中的地址都具有唯一性;同时,还提供了多种可靠的用户服务,使得 TCP/IP 广泛应用于各种网络,成为 Internet 的通信协议。

TCP/IP 协议使用多层体系结构,可以分为 4 个层次:应用层、传输层、网络互连层和网络接口层。如图 6-1-8 所示是 TCP/IP 参考模型和 OSI 参考模型的对比示意图。

TCP/IP 协议除了包括 TCP 和 IP 两个子议外,还包括一组底层核心和应用型网络协议、协议诊断工具和网络服务,如图 6-1-9 所示为 TCP/IP 协议簇。

应用层		应用层
表示层		
会话层		
传输层		传输层
网络层		网络互连层
数据链路层		网络接口层
物理层		

图 6-1-8　OSI 参考模型和 TCP/IP 参考模型对比示意图

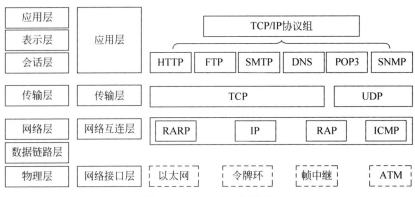

图 6-1-9   TCP/IP 协议簇

（1）网络接口层。

网络接口层是 TCP/IP 协议的最低一层，包括多种逻辑链路控制和媒体访问协议。网络接口层负责接收 IP 数据报，并通过特定的网络进行传输，主要有以太网、令牌环网、帧中继和 ATM 等。该层充分体现出 TCP/IP 协议的兼容性与适应性，为 TCP/IP 的成功奠定了坚实基础。

（2）网络互连层。

网络互连层主要针对网际环境设计，处理 IP 数据报的传输、路由选择、流量控制和拥塞控制。该层的主要协议有：

① 网际协议 IP(Internet Protocol)，使用 IP 地址确定收发端，提供端到端的数据报传递，也是 TCP/IP 协议簇中处于核心地位的一个协议。

② 网络控制报文协议 ICMP(Internet Control Message Protocol)，主要用于在主机与路由器之间传递控制信息，包括报告错误、交换受限控制和状态信息等。

③ 正向地址解析协议 ARP(Address Resolution Protocol)，将网络层地址转换为链路层地址。

④ 逆向地址解析协议 RARP(Reverse Address Resolution Protocol)，将链路层地址转换为网络层地址。

（3）传输层。

传输层为两台主机上的应用程序提供端到端的通信服务，该层主要协议有：

① 传输控制协议(Transmission Control Protocol，TCP)，为主机提供可靠的面向连接的数据传输服务。

② 用户数据报协议(User Datagram Protocol，UDP)，为应用层提供简单高效的无连接数据传输服务。

TCP 和 UDP 是建立在 IP 的基础之上，TCP 将某节点的数据以字节流形式无差错传送到互联网的任何一台机器上。UDP 协议是一个不可靠的、无连接的传输层协议，提供简单的无连接服务。

（4）应用层。

应用层将应用程序的数据传送给传输层，以便进行信息交换。它主要为各种应用程序提供使用的协议，标准的应用层协议有：

① 超文本传输协议（HyperText Transfer Protocol，HTTP），用于从 WWW 服务器传输超文本到本地浏览器上。

② 文件传输协议（File Transfer Protocol，FTP），为用户提供节点之间文件形式的传输。

③ 远程终端协议 Telnet，为用户提供在远程主机中完成本地主机的工作能力。

④ 域名系统协议（Domain Name Service，DNS），用于实现主机域名与 IP 地址之间的转换。

⑤ 简单邮件传输协议（Simple Message Transfer Protocol，SMTP），是一种提供可靠且有效的电子邮件传输协议。SMTP 是建立在 FTP 文件传输服务上的一种邮件服务，主要用于传输系统之间的邮件信息，并提供与来信有关的通知。SMTP 是一个相对简单的基于文本的协议，在其之上指定了一条消息的一个或多个接收者，然后消息文本即可传输。

⑥ 邮局协议版本（Post Office Protocol Version 3，POP3）是一个关于接收电子邮件的客户/服务器协议。电子邮件由服务器接收并保存，在一定时间之后，由客户电子邮件接收程序检查邮箱并下载，POP3 内置于各种浏览器中。另一个替代协议是交互邮件访问协议（IMAP），使用该协议可以将服务器上的邮件视为本地客户机上的邮件，在本地机上删除的邮件还可从服务器上找到。

⑦ 简单网络管理协议（Simple Network Management Protocol，SNMP），用于对网络进行监视和控制，以提高网络运行效率。

一台计算机要连接到 Internet 就需要一个 IP 地址，且该 IP 地址是全球唯一的。目前计算机中常用的 IP 地址分有 IPv4 和 IPv6 两个版本。

5. IP 地址

1) IPv4

IP 地址的长度为由 32 位的二进制数组成，为了读写方便，每 8 位二进制数分为 1 段，共分为 4 段，每段 8 位，用十进制数字表示，每段数字范围为 0～255，段与段之间用句点隔开，俗称"点分十进制"，这种 IP 技术称为 IPv4 技术。例如一个 32 位的二进制数 10101001 11110101 01100010 00001010，用点分十进制表示为 169.245.98.10。

（1）IP 地址结构。

IP 地址由两部分组成：网络号和主机号，如图 6-1-10 所示。在 Internet 网络中，先按 IP 地址中的网络标识号找到相应的网络，然后再在这个网络上利用主机 ID 号找到相应的主机。

图 6-1-10 IP 地址结构

（2）IP 地址分类。

为了充分利用 IP 地址空间并区分不同类型的网络，Internet 委员会定义了 5 种 IP 地址类型：A、B、C、D、E，如图 6-1-11 所示。其中 A、B、C 3 类在全球范围内统一分配，D、E 类为特殊地址。

① A 类 IP 地址。

A 类 IP 地址用第一个字节来标识网络号，后面 3 个字节用来标识主机号。其中第一个字节的最高位设为 0，用来与其他 IP 地址类型区分。第一个字节剩余的 7 位用来表示网络

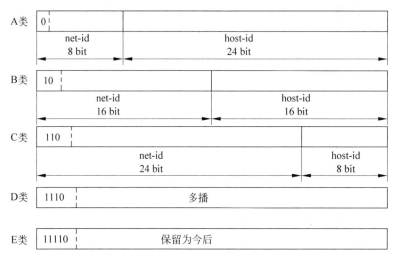

图 6-1-11　IP 地址分类

号,最多可提供 $2^7-2=126$ 个网络标识号。后 3 个字节表示主机号,除去全 0 和全 1 用于特殊用途,每个 A 类网络最多可提供 $2^{24}-2=16\,777\,214$ 个主机地址。

A 类 IP 地址支持的主机数量非常大,只有大型网络才需要 A 类地址。由于 Internet 发展的历史原因,A 类地址早已分配完毕。

② B 类 IP 地址。

B 类地址用前 2 个字节来标识网络号,后 2 个字节标识主机号。其中第 1 个字节的最高两位设为 10,用来与其他 IP 地址区分开,第 1 个字节剩余的 6 位和第 2 个字节用来标识网络号,最多可提供 $2^{14}-2=16\,382$ 个网络标识号。这类 IP 地址的后两位为主机号,每个 B 类网络最多可提供大约 $2^{16}-2=65\,534$ 台主机地址,B 类网络适合中型网络。

③ C 类 IP 地址。

C 类地址用前 3 个字节来标识网络号,最后一个字节标识主机号。其中第一个字节的最高三位设为 110,用来与其他 IP 地址区分开,第一个字节剩余的 5 位和第二、三个字节用来标识网络号,最多可提供 $2^{21}-2=2\,097\,150$ 个网络标识号。最后一个字节用来标识主机号,每个网络最多可提供 $2^8-1=254$ 个主机地址,C 类网络适合小型网络。

④ D 类 IP 地址。

D 类地址是多播地址,支持多目的传输技术。主要是留给 Internet 体系结构委员会使用。

⑤ E 类 IP 地址。

E 类地址为保留地址,保留以后使用。

将 IP 地址表示为十进制后,其取值范围为 0.0.0.0～255.255.255.255,A、B、C 类地址的取值范围如表 6-1-1 所示。

表 6-1-1　IP 地址取值范围

地 址 类 别	取 值 范 围
A 类	0.0.0.0～127.255.2555.255
B 类	128.0.0.0～191.255.255.255
C 类	192.0.0.0～233.255.255.255

除了上面划分的地址外,还有几种具有特殊用途的地址:

255.255.255.255:广播地址,用于对应网络的广播通信。

主机号全为"0"的表示该计算机所在的网络,称为网络地址。

A类网络地址127是一个保留地址,用于网络软件测试及本地进程间的通信,称为回送地址。

IP地址按使用用途分为私有地址和公有地址两种:

a. 私有地址。

私有地址只能在局域网内使用,而在广域网中不能使用。主要有以下一些:

A类:10.0.0.1~10.255.255.254

B类:172.168.0.1~172.31.255.254

C类:192.168.0.1~192.168.255.254

b. 公有地址。

公有地址是在广域网内使用的地址,但其在局域网内也同样可以使用。

（3）子网的概念。

为了提高 IP 地址的使用效率,以及对管理、性能和安全方面的考虑,引入子网的概念。将一个网络划分为子网,采用借位的方式,从主机位的最高位开始借位,变为新的子网位,剩余的部分仍为主机位。如图 6-1-12 所示,将单个网络的主机号分为两个部分,其中一部分用于子网号编址;一部分用于主机号编址。

图 6-1-12　子网组成示意图

子网划分使得 IP 地址的结构分为三级地址结构,这种结构便于 IP 地址分配和管理,它的使用关键在于选择合适的层次结构,即如何既能适应各种现实的物理网络规模,又能充分利用 IP 地址空间,实际上就是从何处分隔子网号和主机号。划分子网号的位数取决于具体的需要:子网所占的比特越多,则可以分配给主机的位数就越少。如一个 B 类网络 172.17.0.0,将主机号分为两个部分,其中 8 位用于子网号,另外 8 位用于主机号,那么这个 B 类网络就被分为 254 个子网,每个子网可以容纳 254 台主机。

（4）子网掩码的概念。

划分子网与没划分子网的 IP 地址从外观上看没有差别,若要区分需使用子网掩码。子网掩码是一个用"点分十进制"法表示的 32 位二进制数,通过子网掩码,可以指出一个 IP 地址中的哪些位对应于网络地址,哪些对应主机地址。子网掩码的主要作用有两个:一是用于屏蔽 IP 地址的一部分,以区别网络标识和主机标识,并说明该 IP 地址是局域网上,还是在远程网上;二是用于将一个大的 IP 网络划分为若干小的子网络。

对于子网掩码的取值,通常是将对应于 IP 地址中网络地址(网络号和子网号)的所有位设置为"1",对应于主机地址(主机号)的所有位都设置为"0",如表 6-1-2 所示为标准的 A 类、B 类、C 类网络地址的默认子网掩码。

表 6-1-2　标准网络地址子网掩码

地 址 类 型	点分十进制	子网掩码的二进制			
A 类	255.0.0.0	11111111	00000000	00000000	00000000
B 类	255.255.0.0	11111111	11111111	00000000	00000000
C 类	255.255.255.0	11111111	11111111	11111111	00000000

（5）网关。

可通过网关软件实现两个网络间数据的相互转发。该软件通常运行在连接两个网络的网络设备上。在因特网中，是由路由器将许多小的网络连接起来形成的世界范围的互联网络，路由器实现数据包的路由选择和转发。通过在主机上配置默认网关参数，指定从哪个设备的相应接口实现该主机和其他网络内主机的通信。一旦通信源主机和目的主机不在同一网内时，源主机发送的数据包就会相应地发送至默认网关对应的路由设备接口，路由器接收该数据包，通过查看路由表完成将数据包向目的网络的转发。

2）IPv6

随着 Internet 的迅速增长以及 IPv4 地址空间的逐渐耗尽，全世界公认的最好办法是发展 IPv6 技术，这也是现在全球网络专家正在解决的问题。IPv6 是 IPv4 的升级版本，每个 IP 地址由 128 位的二进制数构成，长度是 IPv4 的 4 倍，届时全球每个人可分 100 万个，即使以后家里的所有家用电器都接入因特网，IP 地址都是取之不完用之不竭的。

IPv6 的 128 位地址按每 16 位 1 个分界线来分割，每个 16 位块转换成 4 个十六进制数，相邻的 16 位块以半角冒号隔开，称为冒号十六进制格式。如 24CB：00F2：0000：1D39：EF51：6700：43AE：10BA 是一个完整的 IPv6 地址。

3）网络故障简单诊断命令

（1）ipconfig 命令。

ipconfig 实用程序可用于显示计算机的 TCP/IP 配置的设置值，这些信息一般用来检验人工配置的 TCP/IP 设置是否正确。若计算机和所在的局域网使用了动态主机配置协议（DHCP），这个程序所显示的信息更加实用。ipconfig 命令可以让用户了解自己的计算机是否成功获得一个 IP 地址，如果已获得，则可以了解它目前分配到的是什么地址。了解计算机当前的 IP 地址、子网掩码和默认网关实际上是进行测试和故障分析的必要项目。

（2）ping 命令。

ping 是个使用频率极高的使用程序，用于确定本地主机是否能与另一台主机交换数据包。根据返回的信息（"reply from…"表明有应答，"request timed out"表明无应答），就可以推断 TCP/IP 参数设置得是否正确，以及运行是否正常。常见的使用方法如下：

① ping 127.0.0.1：该命令被送到本地计算机的 IP 软件，如果无应答表示 TCP/IP 的安装或运行存在某些最基本的问题。

② ping 本机 IP：该命令被送到自己计算机所配置的 IP 地址，自己的计算机始终都应该对该 ping 命令做出应答，如果没有，则表示本地配置或安装存在问题。

③ ping 某个站点，若无应答则表示 DNS 服务器的 IP 地址配置不正确或 DNS 服务器有故障，也可以利用该命令实现域名对 IP 的转换。

任务实施

1. 设置 IP 地址

1 设置 IP 地址

鼠标单击通知区域"网络"图标，单击"网络设置"，如图 6-1-13 所示。在弹出的"设置"对话框中，单击左边窗格"以太网"，单击右边窗格"相关设置"组中的"更改适配器选项"命令，如图 6-1-14 所示。

图 6-1-13 打开网络设置

图 6-1-14 打开更改适配器选项

右击以太网图标,在弹出的快捷菜单中单击"属性",如图 6-1-15 所示。在"以太网 属性"对话框"此连接使用下列项目"组中单击"Internet 协议版本 4(TCP/IPv4)",单击"属性",如图 6-1-16 所示。

图 6-1-15　打开以太网属性　　　　　　图 6-1-16　选择设置 TCP/IPv4 属性

在弹出的"Internet 协议版本 4(TCP/IPv4)属性"对话框中输入 IP 地址及其相关信息，如图 6-1-17 所示。最终效果如图 6-1-1 所示。

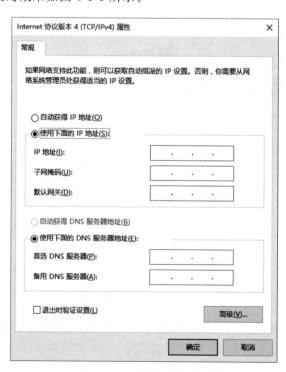

图 6-1-17　设置 TCP/IPv4 属性

2. 网络故障简单诊断命令

2.1 ipconfig 命令

1) ipconfig 命令

按下 Windows＋R 组合键，打开"运行"对话框，在"打开"输入框中输入"CMD"，单击"确定"按钮，如图 6-1-18 所示。

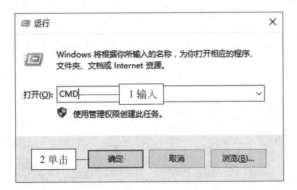

图 6-1-18 "运行"对话框

在命令行输入 ipconfig 并按下回车键，本计算机的网络配置显示出来，如图 6-1-19 所示。

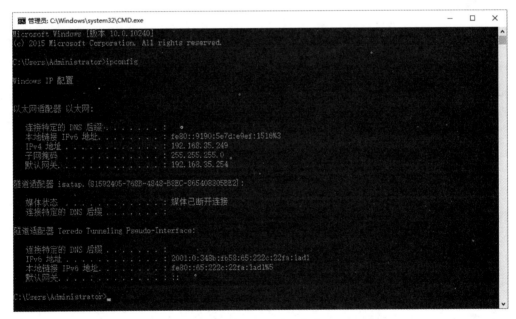

图 6-1-19 ipconfig 命令

2.2 ping 命令

2) ping 命令

在命令行输入 ping www.baidu.com，如图 6-1-20 所示，发送 4 个数据包且都返回，故该计算机与百度能够互联。若无应答则表示 DNS 服务器的 IP 地址配置不正确或 DNS 服务器有故障，也可以利用该命令实现域名对 IP 的转换。

图 6-1-20　ping 百度网站

课后练习

一、上机操作题

配置自己计算机的 IP 地址及其相关信息，并使用 ipconfig 命令查看配置相关信息，使用 ping 命令查看是否与互联网连接。

二、单项选择题

1. IPv4 地址是一个(　　)位二进制数。
　　A. 8　　　　　　　　B. 16　　　　　　　　C. 32　　　　　　　　D. 64

2. Internet 实现了分布在世界各地的各类网络的互联，其最基础和核心的协议是(　　)。
　　A. HTML　　　　　　B. FTP　　　　　　　C. TCP/IP　　　　　　D. HTTP

3. 局域网与广域网、广域网与广域网的互联是通过(　　)实现的。
　　A. HUB　　　　　　　B. 网桥　　　　　　　C. 路由器　　　　　　D. 交换机

4. (　　)类 IP 地址的前 16 位表示的是网络号，后 16 位表示的是主机号。
　　A. B　　　　　　　　B. D　　　　　　　　C. A　　　　　　　　D. C

5. 在 TCP/IP 层次模型中，(　　)是第三层(传输层)的协议。
　　A. IP　　　　　　　　B. TCP　　　　　　　C. HTTP　　　　　　D. FTP

6. 根据(　　)将网络划分为广域网、城域网、局域网。
　　A. 接入的计算机多少　　　　　　　　　　B. 接入的计算机类型
　　C. 拓扑类型　　　　　　　　　　　　　　D. 地域范围

7. 国际标准化组织(ISO)制定的开放系统互联参考模型(OS/RM)共有 7 个层次，下列 4 个层次中最高的一层是(　　)。

A. 表示层　　　　　　　B. 网络层　　　　　　　C. 传输层　　　　　　　D. 物理层

8. FTP 代表(　　　)。

A. 电子邮件　　　　　B. 远程登录　　　　　C. 网络会议　　　　　D. 文件传输

9. 在下一代互联网中,IPv6 地址是由(　　　)位二进制数组成。

A. 32　　　　　　　　B. 64　　　　　　　　C. 128　　　　　　　　D. 256

10. 网络设备中的路由器是工作在(　　　)协议层。

A. 物理　　　　　　　B. 网络　　　　　　　C. 传输　　　　　　　D. 应用

11. 电子邮件客户端软件设置发送邮件服务器的协议是(　　　)。

A. SMTP　　　　　　B. FTP　　　　　　　C. HTTP　　　　　　　D. POP3

12. 互相联网中的超文本传输协议是(　　　)。

A. HTTP　　　　　　B. POP3　　　　　　C. FTP　　　　　　　D. SMTP

13. 计算机网络是由通信子网和(　　　)组成。

A. 交换子网　　　　　　　　　　　　　B. 资源子网

C. 服务器子网　　　　　　　　　　　　D. TCP/IP 子网

14. 一座办公大楼内各个办公室中的微机进行联网,这个网络属于(　　　)。

A. Internet　　　　　B. LAN　　　　　　　C. MAN　　　　　　　D. WAN

15. 目前下面的网络传输介质中传输速率最高的是(　　　)。

A. 双绞线　　　　　　B. 同轴电缆　　　　　C. 电话线　　　　　　D. 光缆

16. 下列 IP 地址合法的是(　　　)。

A. 202;14;4;9　　B. 202.14.4.9　　C. 202.14.256.9　　D. 202,14,4,9

17. UDP 协议为 OSI 参考模型(　　　)协议。

A. 数据链路层　　　B. 网络层　　　　　　C. 传输层　　　　　　D. 应用层

18. 将数字信号与模拟信号进行相互转换的装置叫(　　　)。

A. Hub　　　　　　　B. Router　　　　　　C. Modem　　　　　　D. Switch

19. 网络层地址的哪两个部分被路由器用来在网络中传送数据(　　　)。

A. 网络地址和主机地址　　　　　　　B. 网络地址和 MAC 地址

C. 主机地址和 MAC 地址　　　　　　D. MAC 地址和子网掩码

20. 在局域网环境下,用来延长网络距离最简单最廉价的互联网设备是(　　　)。

A. 网桥　　　　　　　B. 路由器　　　　　　C. 中继器　　　　　　D. 交换机

21. 因特网上的服务是基于某一协议,Web 服务是基于(　　　)协议。

A. FTP　　　　　　　B. HTTP　　　　　　C. SMTP　　　　　　　D. SNMP

22. 英文单词 Router、Switch 代表着网络中常用的设备,它们分别表示为(　　　)。

A. 路由器、交换机　　　　　　　　　　B. 路由器、网桥

C. 集线器、交换机　　　　　　　　　　D. 中继器、交换机

23. 在 Internet 中,有关主机的 IP 地址表述不正确的是(　　　)。

A. IP 地址是由用户自己决定的　　　　B. IP 地址是逻辑地址

C. IP 地址必须是全网唯一的　　　　　D. 每台主机至少有一个 IP 地址

24. IP 地址可以用 4 个十进制数表示,每个数必须小于(　　　)。

A. 64　　　　　　　　B. 128　　　　　　　　C. 256　　　　　　　　D. 1024

25. 计算机网络最突出的优点是( )。

　　A. 运算速度快　　　　B. 精度高　　　　　C. 共享资源　　　　　D. 内存容量大

三、判断题

1. 在一个局域网内,连接网络的常见设备是交换机和集线器。( )

2. 计算机的 IP 地址分配分为静态地址和动态地址。( )

3. 局域网传输的误码率比广域网传输的误码率高。( )

4. Internet 的域名和 IP 地址之间的关系是一一对应的。( )

5. 计算机网络的最基本功能是数据通信和资源共享。( )

6. 在下一代互联网中,IPv6 地址用 128 位二进制数表示。( )

7. 3FFE:FFFF:7654:FEDA:1245:BA98:3210:4562 表示的是一个 IPv6 的地址。( )

8. OSI 参考模型将网络分为网络接口层、网际层、传输层和应用层。( )

9. 用 ping 命令可以测试网络是否联通。( )

10. 在现行 IPv4 中,用手动方式配置网络时,一般要知道 IP 地址、子网掩码、默认网关和 DNS 服务器。( )

任务 2　Internet 应用

任务展示

本任务要求学生能用 Outlook 2016 申请邮箱并发送邮件,最终效果如图 6-2-1 所示。

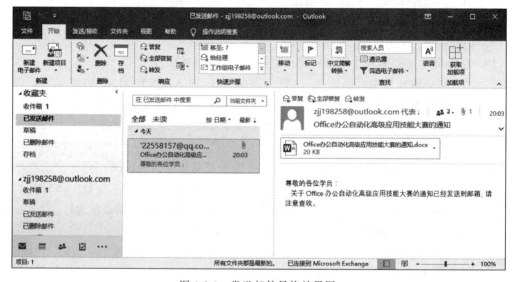

图 6-2-1　发送邮件最终效果图

支撑知识

1. Internet 基础知识

1）域名及域名解析

在 Internet 中唯一标识某一台主机的是 IP 地址,但要记住 IP 地址是很难的,故 Internet 规定了一套命名机制,称为域名系统(Domain Name System,DNS),DNS 由解析器和域名服务器组成。域名服务器是指保存有该网络中所有主机的域名和对应 IP 地址,并具有将域名转换为 IP 地址功能的服务器。

（1）Internet 的域名结构。

域名采用层次结构,由若干子域构成,子域和子域之间以圆点相隔,最右边的子域是最高层域,由右向左层级逐级降低,最左边的子域是主机的名字。如 www.cqvit.edu.cn,其中 cn 表示中国,edu 表示教育机构,cqvit 表示主机名,www 特指某提供互联网服务的服务器。

域名中的区域分为两大类：一类是由 3 个字母组成,也称为顶级域名,它是按机构类型简历的,如表 6-2-1 所示。

表 6-2-1　通用国际顶级域名

域　　名	机　　构	代　　码	机　　构
com	商业组织	firm	公司企业机构
edu	教育机构	shop	销售公司和企业
org	其他组织	web	万维网机构
gov	政府组织	arts	文化娱乐机构
mil	军事组织	rec	消遣娱乐机构
net	网络资源	info	信息服务机构
int	国际组织	nom	个人

另一类是由两个字母组成的,它是按国家、地区等地域建立的,如表 6-2-2 所示。

表 6-2-2　部分国家顶级域名

域　　名	国　　家	域　　名	国　　家
au	澳大利亚	ca	加拿大
be	比利时	dk	丹麦
fl	芬兰	fr	法国
de	德国	in	印度
ie	爱尔兰	il	以色列
it	意大利	jp	日本
nl	荷兰	no	挪威
ru	俄罗斯	se	瑞典
es	西班牙	cn	中国
gb	英国	us	美国
at	奥地利	kr	韩国

(2) 域名解析。

计算机网络是无法直接认识域名的,必须通过 IP 地址来实现,域名解析就是将域名转换为 IP 地址的过程。域名解析是通过域名系统来实现的。一个域名对应一个 IP 地址,一个 IP 地址可以对应多个域名,所以多个域名可以同时被解析到一个 IP 地址。域名解析需要由专门的域名解析服务器来完成,整个过程是自动进行的。

2）统一资源定位器

在网页的浏览过程中,如 http://www.baidu.com 这样的地址,在 WWW 中称为统一资源定位器(URL),它可以用统一的格式来表示 Internet 提供的各种服务中信息资源的地址,以便在浏览器中使用相应的服务。在 WWW 服务中,URL 就是网络信息资源的地址,人们不仅要指明信息文件的文件名及其路径,还必须指明它位于网络中的哪台计算机上,以及通过何种协议访问。因此,一个典型的 URL 可以写为:

协议://主机名/文件路径。

协议由":// "前面的部分指定,上面的例子中使用的是 HTTP 协议。常见的协议还有 File、MailTo、FTP、NEWS 等。

主机名位于":// "的后面,指定访问哪台服务器。前面的例子中访问的是 www.baidu.com 服务器。

文件名及其路径与 Windows 中的表示方法类似,不同的是 Internet 中的分隔符是"/",Windows 中的则是"\\"。如果没有指定访问哪个文件,浏览器会自动寻找根目录下的 index.htm 或 default.htm 文件。

3）Internet 的接入方式

Internet 接入方式通常有 ADSL、局域网连接、无线连接和电话拨号连接 4 种。

(1) ADSL。

非对称数字用户线路(ADSL)是目前用电话线接入因特网的主流技术。采用 ADSL 接入 Internet,除了需要一台带有网卡的计算机和电话线外,还需电信部门安装话音分离器、ADSL 调制解调器等,如图 6-2-2 所示。

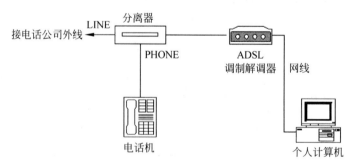

图 6-2-2　ADSL 接入示意图

(2) 局域网连接。

如果所在单位或者社区已经建成了局域网,并在局域网出口租用了一条专线和带宽与 ISP 相连接,而且所在位置布置了信息接口的话,只要通过双绞线连接计算机网卡的信息接口,可使用局域网方式接入 Internet。

（3）无线连接。

无线连接分 WiFi 和移动接入两种。

① WiFi 技术主要是作为高速有线接入技术的补充。使用无线局域网时首先要一台无线 AP，并将该 AP 连接到有线网络中，那么通过该无线 AP，装有无线网卡的计算机或支持 WiFi 功能的手机等设备就可以接入因特网，如图 6-2-3 所示。

图 6-2-3　无线网络接入示意图

② 移动接入指采用无线上网卡接入互联网。无线上网卡指的是无线广域网卡，连接到无线广域网，如中国移动的 TD-SCDMA 和 GPRS、中国电信的 CDMA2000 和中国联通的 WCDMA 网络等。无线上网卡的作业和功能相当于有线的调制解调器。它可以在拥有无线手机信号覆盖的任何地方，利用 USIM 卡或 SIM 卡连接到互联网。

（4）电话拨号。

电话拨号是个人用户接入 Internet 最早使用的方式之一，也是目前为止我国个人用户接入 Internet 使用最广泛的方式之一。它的接入方法很简单，只要具备一条能打通 ISP 特服电话的电话线、一台计算机和一台调制解调器，利用传统的电话网络，在办理了必要的手续后就可以轻松上网了。但由于其速度慢，逐渐被淘汰。

2. Internet 常见服务

Internet 是一个庞大的互联系统，它通过全球的信息资源和入网国家的数百万个网点，向人们提供各种信息资源。由于 Internet 本身具有开放性、广泛性和自发性，因此，可以说 Internet 的信息资源是无限的。

人们可以在 Internet 上迅速而方便地与远方的朋友交流信息，可以把远在千里之外的一台计算机上的资料瞬间复制到自己的计算机上，可以在网上直接访问有关领域的专家，针对感兴趣的问题与他们进行讨论。人们还可以在网上漫游、访问和搜索各种类型的信息库。所有这些都归功于 Internet 所提供的各种各样的服务。

互联网主要提供以下几种类型的服务来帮助用户完成相关任务。

1）WWW 服务

万维网（World Wide Web，WWW）简称 Web，是全球网络资源。万维网凝聚了 Internet 的精华，上面载有各种互动性极强，且丰富多彩的信息资源。Web 最主要的两项功能是读取超文本(Hypertext)文件和访问 Internet 资源。借助强大的浏览器软件,可以在万维网中进行几乎所有的 Internet 活动,它是 Internet 上最方便和最受欢迎的信息浏览方式。

2)电子邮件

电子邮件服务使用户可以通过 Internet 发送和接收邮件。用户先向 Internet 服务提供商申请一个电子邮件地址,再使用一个合适的电子邮件客户程序,就可以向其他电子邮箱发送邮件,也可以接收到来自他人的电子邮件。

3)FTP

FTP 能通过 Internet 把文件准确无误地从一个地址传输到另一个地址。除此之外,FTP 还提供登录、目录查询、文件操作、命令执行及其他会话控制功能。利用 Internet 进行交流时,经常需要传输大量的数据或信息,所以文件传输是 Internet 的主要用途之一。

4)Telnet 远程登录

Telnet 的主要作用是实现在一端管理另一端,它可以使用户坐在已上网的计算机前,通过网络进入另一台已上网的计算机,使它们互相联通。这种联通可以发生在同一房间里的计算机之间,或是在世界范围内已上网的计算机之间。习惯上来说,被联通并为网络上所有用户提供服务的计算机称为服务器(Server),而用户使用的计算机称为客户机(Client)。一旦联通后,客户机可以享有服务器所提供的一切服务。

5)搜索引擎

搜索引擎是一个对 Internet 上的信息资源进行搜集整理,并为用户提供查询功能的系统。搜索引擎把 Internet 上的所有信息归类,以帮助人们在茫茫网海中搜寻到所需要的信息,如谷歌、百度、搜狗等。

6)博客(Blog)

Blog 就是以网络作为载体,简易迅速便捷地发布自己的心得,及时、有效、轻松地与他人进行交流,并集丰富多彩的个性化展示于一体的综合性平台。Blog 是继 Email、BBS、ICQ 之后出现的第 4 种网络交流方式,十分受大家的欢迎,是网络时代的个人“读者文摘”,是以超级链接为武器的网络日记,代表着新的生活方式和工作方式,更代表着新的学习方式。

7)微博

微博(Weibo)是微型博客(MicroBlog)的简称,即一句话博客,是一种通过关注机制,分享简短实时信息的广播式的社交网络平台。微博作为一种分享和交流平台,其更注重时效性和随意性。微博更能表达出每时每刻的思想和最新动态,而博客则更偏重于梳理自己在一段时间内的所见、所闻、所感。

3. 物联网

1)物联网的基本概念

物联网是新一代信息技术的重要组成部分,也是“信息化”时代的重要发展阶段。其英文名称是“Internet of things”。顾名思义,物联网就是物物相连的互联网。这有两层意思:其一,物联网的核心和基础仍然是互联网,是在互联网基础上延伸和扩展的网络;其二,其用户端延伸和扩展到了任何物品与物品之间,进行信息交换和通信,也就是物物相连。物联网通过智能感知、识别技术与普适计算等通信感知技术,广泛应用于网络的融合中,也因此被称为继计算机、互联网之后世界信息产业发展的第三次浪潮。物联网是互联网的应用拓展,与其说物联网是网络,不如说物联网是业务和应用。因此,应用创新是物联网发展的核心,以用户体验为核心的创新 2.0 是物联网发展的灵魂。

物联网是利用局部网络或互联网等通信技术,把传感器、控制器、机器、人员和物等通过新的方式联在一起,形成人与物、物与物相联,实现信息化、远程管理控制和智能化的网络。物联网是互联网的延伸,它包括互联网及互联网上所有的资源,兼容互联网所有的应用,但物联网中所有的元素(所有的设备、资源及通信等)都是个性化和私有化。

2)物联网的技术体系框架

物联网架构可分为 3 层:感知层、网络层和应用层,如图 6-2-4 所示。

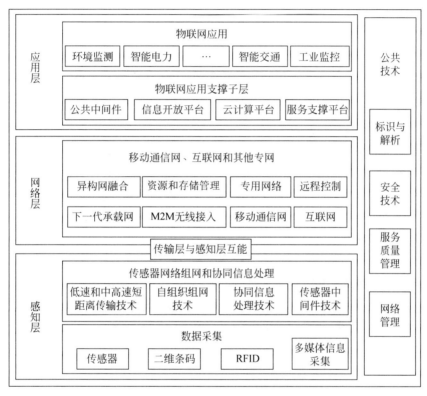

图 6-2-4　物联网技术体系框架

(1)感知层。

感知层由各种传感器构成,包括温湿度传感器、二维码标签、RFID 标签和读写器、摄像头、红外线、GPS 等感知终端。感知层是物联网识别物体、采集信息的来源。

(2)网络层。

网络层由互联网、广电网、网络管理系统和云计算平台等各种网络组成,是整个物联网的中枢,负责传递和处理感知层获取的信息。

(3)应用层。

应用层是物联网和用户的接口,它与行业需求结合,实现物联网的智能应用,如智能交通、智能医疗、智能家居、智能物流、智能电子等行业。

4. 电子商务

1) 电子商务的概念

电子商务的概念有广义和狭义之分。

(1) 广义电子商务。

广义电子商务一般用 EB(Electronic Business)表示,指各行业、各部门、各种业务的电子化、网络化。在这个定义下,电子商务又可以称为电子业务,泛指现代的一种新经营理念,它包括电子政务、电子军务、电子教务、狭义电子商务、电子医务、电子公务、电子家务等。如银行为用户提供的网上银行等。

(2) 狭义电子商务。

狭义电子商务一般用 EC(Electronic Commerce)表示,指人们利用电子化手段进行的以商品交换为中心的各种商务活动。如商业企业、工业企业或各类公司等与消费者个人利用计算机网络所进行的以商品交换为中心的各种商务活动。这些商务活动包括广告活动、购物活动、交易行为、商情信息、电子合同签约、电子支付、电子转账、电子商场、电子书店等不同层次、不同程度的商务活动。

2) 电子商务的特点

商务活动的核心是信息活动,在正确的时间和正确的地点与正确的人交换正确的信息是电子商务成功的关键。电子商务可提供网上交易和管理等全过程的服务。因此,它具有广告宣传、咨询洽谈、网上定购、网上支付、电子账户、服务传递、意见征询、交易管理等各项功能。电子商务有以下主要特点:

(1) 突破时空限制。

电子商务交易网络没有时间和空间的限制,而是一个不断更新而且每时每刻都在运转的系统。网络上的供求信息不停更换,商品和资金不停地流动,交易和买卖的双方也在不停地变更,商机不断地出现,竞争不停地展开。

(2) 营销电子化、网络化、个人化。

电子商务通过浏览器,让客户足不出户就能看到商品的具体型号、规格价格、商品的真实图片和性能介绍,借助多媒体技术能看到商品的图像和动画演示,使客户基本上能达到亲自到商场购物的效果。

(3) 市场全球化。

电子商务改变了企业的经营方式,企业建立了自己的电子商务系统后,用户可以在世界上的任何地点、任何时间通过它来获取所需的信息。

(4) 成本低廉化。

到目前为止,互联网是所有信息传输媒介中价格最为便宜、使用最为方便的一种载体。传统商品交易过程中,信息沟通与信息传递成本是最高的,而电子商务可以使商品交易过程中的信息沟通与信息传递成本降到最低,这一点是许多企业选择这种新的商业模式的原因。

3) 电子商务的分类

(1) 按应用形式分类。

根据 Kalakota 和 Whinston 两位学者的理论,电子商务按照应用形式,可分为企业与企业间、企业内部、顾客与企业间的电子商务。

（2）按电子商务的交换对象分类。

① 企业对企业（Business-to-Business，B2B），如阿里巴巴。

② 企业对消费者（Business-to-Consumer，B2C），如亚马逊、苏宁易购等。

③ 个人对消费者（Consumer-to-Consumer，C2C），如淘宝。

除此之外，还有企业对政府（Business-to-Government）、线上对线下（Online To Offline）等模式。随着国内 Internet 使用人数的增加，利用 Internet 进行网络购物的消费方式已日渐流行，其市场份额也在迅速增长，电子商务网站层出不穷。

（3）按电子商务所依托的信息网络分类。

按电子商务所依托信息网络的不同，分为基于因特网的电子商务、基于内联网的电子商务、基于其他网络的电子商务（如 ATM 自动取款机、VOD 视频点播等）。

4）电子商务的组成

电子商务涉及的知识很广，涉及经济学、贸易、金融、营销学知识，同时涉及计算机知识、网络知识、安全知识等各个领域。从应用角度看，电子商务主要由网络平台、网络用户、认证中心、物流中心和支付中心五大要素组成，如图 6-2-5 所示。

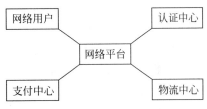

图 6-2-5 电子商务组成

（1）网络平台。

网络平台主要包括内联网（Intranet）、外联网（Extranet）和因特网（Internet）。

（2）网络用户。

网络用户可分为个人用户和企业用户两类。

（3）认证中心（CA）。

认证中心是电子商务交易安全的保障部门，是受法律承认的权威机构，负责发放和管理电子证书，以便网上交易的各方能相互确认身份。

电子证书是一个包含证书持有人个人信息、公开密钥、证书序号、有效期、电子签名等内容的数字文件。它就像网络世界的身份证，是电子商务活动中不可或缺的一部分。

电子商务是依靠网络进行的一种非面对面的商务活动，参与商务活动的双方出于交易安全的考虑，希望能够确认双方的身份，身份识别是网上交易安全的首要问题。认证中心的产生正是迎合了这样一种需要。

（4）物流中心。

物流中心接收商家的送货要求，组织运送无法从网上直接得到的商品，并在运送过程中跟踪商品流向，保证将商品按时送到消费者手中。

（5）支付中心。

支付中心以网上银行为核心，为用户提供 24 小时实时支付服务，并与信用卡公司合作，通过银行发放的电子钱包等提供网上支付手段，为电子商务交易中的用户和商家提供支付服务。如为阿里巴巴、淘宝网以及其他网站提供支付服务的支付宝，拍拍的财付通等。

5．电子政务

1）电子政务的概念

从经济全球化和信息网络化这个大背景来看，电子政务可以理解为政府部门应用现代信息通信技术,将政务处理与政府服务的各项职能实现有机集成,并通过政府组织结构和工作流程持续不断地优化与创新,以提高政府管理效率、精简政府管理机构、降低政府管理成本、改进政府服务水平等。

2) 电子政务的特点

(1) 以信息通信技术作为基础。

电子政务不同于用电话、传真等方式处理政府事务,必须通过以互联网为主要表现形式的现代信息通信技术的应用才能实现,它的发展离不开信息基础设施和相关软、硬件技术的发展。

(2) "电子"与"政务"的有机融合。

电子政务并不是政府事务和信息通信技术的简单组合,而是通过信息通信技术的应用,使得传统政务活动中难以做到的信息实时共享和双向交互等新的政务实现方式成为可能,使政务处理的效率、水平、透明度和满意度等各方面都得到极大的提高。

(3) 必须与政府改革和流程重组紧密结合。

电子政务不能停留在信息通信技术的应用这一层次上,更重要的是,通过信息通信技术与电子政务发展相适应的政府机构改革和工作流程重组的紧密结合,使电子政务发挥出真正的优势。否则,让先进的信息通信技术去适应落后的政府组织结构和政务工作流程,只能是隔靴搔痒,于事无补。

(4) "政务"是根本,"电子"是手段。

从电子政务的不同定义都可以看出这样一个共同点:"电子"是手段、工具和载体,而改善政务才是根本的目的。因此只有达到改善和创新政务管理的根本目标,才能算作是真正意义上的电子政务。如果过分追求"电子"的先进性,而忽视了"政务"的根本需要,那么只能使电子政务误入歧途,贻害无穷。

3) 电子政务的发展模式

根据近年来国际电子政务的发展和我国电子政务的实践,电子政务的发展模式可分为以下几类:

(1) G to C(G2C)电子政务是政府(Government)与公民(Citizen)之间电子政务的简称,是指政府部门向公民提供一站式、在线获得政府信息和服务的电子政务模式。通过这种电子政务模式,公民可以在数分钟甚至数秒内,方便、快捷地从电子政务系统中得到所需要的各类信息和服务,而不再像过去那样需要数小时或数天才能获得。

(2) G to B(G2B)电子政务是政府(Government)与企业(Business)之间的电子政务的简称,是指政府与企业之间通过互联网建立起一种数字化的业务联系,以建立一种新型的政府与企业的关系。G2B电子政务的目标是减少企业的负担,为企业提供一站式的获取政府信息的平台,使企业能通过电子商务的手段与政府进行数字化的沟通。

(3) G to G(G2G)电子政务是政府(Government)与政府(Government)之间的电子政务的简称,它是指政府内部、政府上下级之间、不同地区和不同职能部门之间实现的电子政务活动。G2G电子政务的首要目标是要促进中央政府和地方政府围绕社会公众的需求更好地进行协调工作。G2G电子政务作为政府间电子政务的应用,对打破传统条件下部门与部门之间的障碍,促进政府之间的沟通与合作,构筑起新型的、基于网络的政府间的合作关系有着重要的意义。

(4) G to E(G2E)电子政务是政府(Government)与雇员(Employee)之间的电子政务的

简称，是指政府部门与政府公务员之间建立起一种新型的、网络化的业务联系，以形成高效的行政办公和员工管理体系，旨在提高政府工作效率和公务员管理水平。

4）电子政务相关概念

（1）政府电子化采购。

政府电子化采购（Government Electronic Public Procurement）是指政府机构利用现代通信技术完成政府采购的相关过程，具体包括政府部门向政府采购中心通过网络提交采购需求，政府采购中心通过网络确认采购资金和采购方式，并在网上发布采购需求，接受供应商的网上报价，以及在网上开标定标、网上公布采购结果和网上办理结算手续等一系列相关的活动和程序。

（2）电子税务。

电子税务（E-Taxation）是电子政务的重要组成部分，指税务部门利用先进信息通信技术，在互联网上实现税务部门组织结构、工作流程的优化重组和流程再造，超越时间、空间和部门分割的限制，全方位地为纳税人提供优质、规范、透明的税收征管和税务服务。

6. 接收和发送电子邮件

电子邮件（Electronic mail，E-mail）是基于互联网的通信功能而实现的信件通信技术，是网上交流信息的一种重要工具。多媒体电子邮件不仅可以传送文本信息，还可以传送声音、视频等多种类型的文件。与普通信件相比，电子邮件不仅传递迅速，而且可靠性高。

1）电子邮件常用术语

（1）收件人：邮件的接收者。

（2）发件人：邮件的发送人，一般来说是用户自己。

（3）抄送：用户向收件人发出邮件的同时把该邮件抄送给另外的人。在这种抄送方式中，收件人知道发件人把该邮件抄送给了哪些人。

（4）暗送：用户给收件人发出邮件的同时把该邮件暗中发送给另外的人。在这种抄送方式中，收件人不知道发件人把该邮件发给了哪些人。

（5）主题：邮件的标题。

（6）附件：同邮件一起发送的附加文件或图片资料等。

2）电子邮件地址

在 Internet 上发送电子邮件，用户需要一个电子邮件地址和一个密码。电子邮件地址由用户的邮箱名和接收邮件服务器域名地址组成。用户账号可由用户自己选定，但须由局域网管理员或用户的 ISP 认可，其格式为：

用户名@主机域名

用户名即与服务器联机时输入的名字，主机域名为邮件服务器的名字。如 zhengjianjiang@163.com，zhengjianjiang 是用户名（账号），163.com 是电子邮件服务器的域名。

任务实现

1. 申请电子邮箱

（1）打开 Outlook 官网，单击"创建免费用户"按钮，如图 6-2-6 所示。

图 6-2-6　打开 Outlook 官网

(2) 在弹出的页面输入用户名"zjj198258",单击"下一步"按钮,如图 6-2-7 所示。在弹出的页面输入密码,单击"下一步"按钮,如图 6-2-8 所示。

图 6-2-7　输入用户名

图 6-2-8　输入密码

(3) 在弹出的页面输入姓"郑"和名"健江",单击"下一步"按钮,如图 6-2-9 所示。在弹出的页面选择自己的出生日期,单击"下一步"按钮,如图 6-2-10 所示。

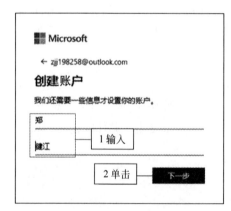

图 6-2-9　输入姓和名

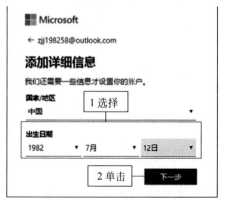

图 6-2-10　选择出生日期

（4）页面提示如图 6-2-11 所示，则邮箱申请成功。

图 6-2-11 邮箱申请成功

2．发送电子邮箱

（1）初次使用 Outlook 2016。

打开 Outlook 2016，在邮箱输入框中输入邮箱地址"zjj198258"，单击"连接"按钮，如图 6-2-12 所示。在弹出的对话框中输入密码，单击"登录"按钮，如图 6-2-13 所示。

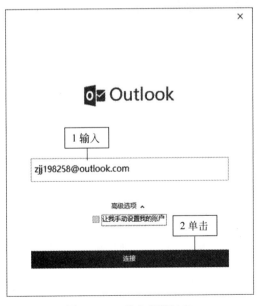

图 6-2-12 输入邮箱地址

图 6-2-13 输入邮箱密码

（2）新建并发送电子邮件。

在 Outlook 2016 中单击"新建电子邮件"，如图 6-2-14 所示。

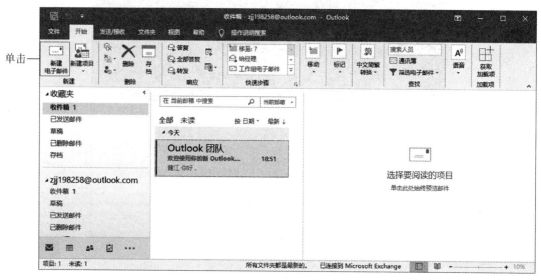

图 6-2-14　新建电子邮件

在弹出的邮件窗口收件人、抄送、主题输入相应内容，在正文输入发送邮件的主要内容，单击"添加"组中的"附加文件"下拉列表，单击文件"Office 办公自动化高级应用技能大赛的通知.docx"，如图 6-2-15 所示。

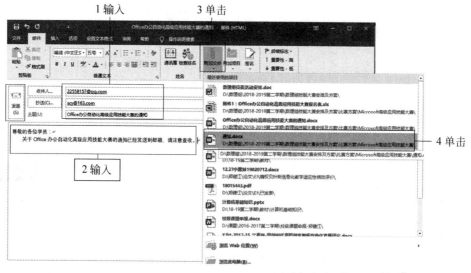

图 6-2-15　设置收件人、抄送、主题和添加附件

单击"发送"按钮，如图 6-2-16 所示。

图 6-2-16　发送电子邮件

课后练习

一、上机操作题

上网申请邮箱,在同学之间发送邮件。

二、单项选择题

1. 为了解决 IP 数字地址难以记忆的问题,引入了域服务系统(　　)。
   A. DNS　　　　　　B. MNS　　　　　　C. SNS　　　　　　D. PNS
2. 在下列选项中,关于域名书写正确的一项是(　　)。
   A. gdoa. edu1,cn　　　　　　　　B. gdoa,edu1. cn
   C. gdoa,edu1,cn　　　　　　　　D. gdoa. edu1. cn
3. 下列英文缩写中(　　)用来表示统一资源定位器。
   A. FTP　　　　　　B. HTTP　　　　　　C. IE　　　　　　D. URL
4. 下列选项中,不属于 Internet 提供的服务的是(　　)。
   A. 电子邮件　　　　　　　　　　B. 文件传输
   C. 远程登录　　　　　　　　　　D. 实时监测控制
5. 下列 E-mail 地址格式不合法的是(　　)。
   A. LIU@sise. com. cn　　　　　　B. ming@163. com
   C. jun%sh. online. sh　　　　　　D. zh_1985@yeah. com
6. 在浏览器地址栏中输入地址的顺序为(　　)。
   A. 协议、域名、路径　　　　　　　B. 路径、域名、协议
   C. 域名、路径、协议　　　　　　　D. 域名、协议、路径

7. 关于电子邮件,下列说法中错误的是(　　)。

    A. 收件人必须有自己的邮政编码   B. 发件人必须有自己的 E-mail 账号

    C. 必须知道收件人的 E-mail 地址   D. 发送电子邮件需要 E-mail 软件支持

8. 电子商务是指(　　)。

    A. IT＋Web   B. 以网络为载体的商务运行模式

    C. 电子产品市场   D. 网站＋仓储＋配送

9. Internet 域名中的类型".com"代表单位的性质一般是(　　)。

    A. 通信机构   B. 网络机构   C. 组织机构   D. 商业机构

10. 域名是 Internet 服务提供商(ISP)的计算机名,域名中的后缀.edu 表示机构所属类型为(　　)。

    A. 教育机构   B. 政府机构   C. 军事机构   D. 商业公司

11. Internet 上网页的最大特点是(　　)。

    A. 超级链接   B. 支持多媒体数据

    C. 网络传输便捷   D. 与系统无关性

12. 计算机以拨号方式接入 Internet 时,必须使用的设备是(　　)。

    A. 网卡   B. 调制解调器   C. 电话机   D. 浏览器软件

13. 微软的 IE(Internet Explorer)是一种(　　)。

    A. 浏览器软件   B. 远程登录软件

    C. 网络文件传输软件   D. 收发电子邮件软件

14. B2B 是指(　　)之间的电子商务。

    A. 企业与企业   B. 企业与个人   C. 个人与个人   D. 企业与政府

15. G2C 是指(　　)之间的电子政务。

    A. 政府与企业   B. 政府与政府   C. 政府与个人   D. 政府与雇员

16. 一个网站的起始网页一般被称为(　　)。

    A. 主页   B. 网页   C. 网站   D. 文档

三、判断题

1. Wi-Fi(Wireless Fidelity)技术可以将个人计算机、手持设备(如 PDA、手机)等终端以无线方式互相连接。(　　)

2. 用户向对方发送电子邮件时,是直接发送到接收者的计算机中进行存储的。(　　)

3. 动态网页和静态网页的区别是其中是否插入了动画。(　　)

4. WWW(万维网)是一种浏览器。(　　)

5. 电子邮件地址中不一定有"@"符号。(　　)

任务3　计算机网络安全

任务展示

本任务在理解网络安全的基础上对计算机进行检测和杀毒,最终结果如图 6-3-1 和

图 6-3-2 所示。

图 6-3-1　360 杀毒最终效果

图 6-3-2　360 安全卫士检测及修复计算机的最终效果

支撑知识

计算机网络的飞速发展改变着人们的生活,通过计算机网络,可以很方便地存储、交换以及搜索信息,给人们的工作、学习及生活带来了极大的方便。然而,由于各种各样的原因,计算机网络同时也暴露出很多安全问题。这些安全问题对计算机网络在政治、经济和军事等方面造成极大影响。

1. 计算机网络安全基础知识

1) 计算机网络安全的定义

网络安全从其本质来讲就是网络上的信息安全。它涉及的领域相当广泛,这是因为目前的公共通信网络中存在着各种各样的安全漏洞和威胁。从广义上讲,凡是涉及网络上信息的保密性、完整性、可用性和可控性的相关技术和理论,都是网络安全的领域。

2) 计算机网络安全的属性

网络安全有自己特定的属性,主要有机密性、完整性、可用性和可控性这4个方面。

(1) 机密性。

机密性是为了使信息不泄露给非授权用户、非授权实体或非授权过程,或供其利用,防止用户非法获取关键的敏感信息或机密信息。通常采用加密来保证数据的机密性。

(2) 完整性。

完整性是使数据未经授权不被修改,即信息在存储或传输过程中保持不被修改、不被破坏和不被丢失。它主要包括软件的完整性和数据的完整性两个方面。

(3) 可用性。

可用性是为了被授权实体访问并按需求使用,即当用户需要时能够在提供服务的服务器上进行所需信息的存取。例如网络环境下拒绝服务、破坏网络和破坏有关系统的正常运行等,都属于对可用性的攻击。

(4) 可控性。

可控性是为了对信息的传播及内容具有控制能力。任何信息都要在一定范围内可控,如密码的托管政策等。

3) 网络可能遇到的威胁

(1) 非授权访问。

非授权访问是指没有预先经过同意,就使用网络或计算机资源。如有意避开系统访问控制机制,对网络设备及资源进行非正常使用;擅自扩大权限,越权访问信息;假冒、身份攻击、非法用户进入网络系统进行违法操作;合法用户以未授权方式进行操作。

(2) 信息泄露或丢失。

信息泄露或丢失是指敏感数据在有意或无意中被泄露出去或丢失。它通常包括信息在传输中丢失或泄露、信息在存储介质中丢失或泄露、通过建立隐蔽通道等窃取敏感信息等。

(3) 破坏数据完整性。

破坏数据完整性是指以非法手段窃得对数据的使用权,删除、修改、插入或重发某些重要信息,以取得有益于攻击者的响应;恶意添加、修改数据,以干扰用户的正常使用。

(4) 拒绝服务器攻击。

拒绝服务器攻击是指不断对网络服务系统进行干扰,改变其正常的作业流程,执行无关程序,使系统响应减慢甚至瘫痪,影响用户的正常使用,甚至使合法用户被排斥而不能进入计算机网络系统或不能得到相应的服务。

（5）利用网络传播病毒。

利用网络传播病毒是通过网络传播计算机病毒，其破坏性大大高于单机系统，而且用户很难防范。

4）网络安全体系结构

要真正实现网络安全，必须建立一个完善的网络安全体系。网络安全体系结构，如图 6-3-3 所示。

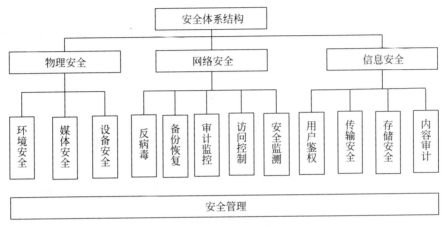

图 6-3-3　安全体系结构

2. 网络安全技术

1）加密技术

加密技术是保护数据在网络传输过程中不被窃听、篡改或伪造的技术，它是信息安全的核心技术，也是关键技术。一个密码系统由算法（加密的规则）和密钥（控制明文与密文转换的参数）两部分组成。根据密钥类型不同，现代加密技术一般采用两种类型：一种是对称加密技术，另一种是非对称加密技术。

对称密码技术就是加密密钥和解密密钥相同的密码体制，它采用的解密算法是加密算法的逆运算。该机制的特点是在保密通信系统发送者和接收者之间的密钥必须按期传送，而双方通信所用的秘密密钥必须妥善保管。非对称密码技术也称为公钥密码技术，在实践应用中，公钥密码技术成功地解决了计算机网络安全的身份认证、数字签名等问题，推动了包括电子商务在内的一大批网络应用的不断深入和发展。采用非对称密码技术的每个用户都有一对密钥：一个是可以公开的（称为加密密钥或公钥），可以像电话号码一样进行注册公布；另一个则是秘密的（称为秘密密钥、解密密钥或私钥），它由用户严格保密保存。它的主要特点是将加密和解密能力分开，因而可以实现多个用户加密的信息只能由一个用户解读，或由一个用户加密的信息可被多个用户解读。前者可以用于公共网络中实现通信保密，而后者可以用于实现对用户的认证。

2）数字签名技术

数字签名（Digital Signature）是指对网上传输的电子报文进行签名确认的一种方式，它是防止通信双方欺骗和抵赖行为的一种技术，即数据接收方能够鉴别发送方所宣称的身份，而发送方在数据发送完后不能否认发送过数据。

数字签名技术是实现交易安全的核心技术之一,它的实现基础就是加密技术。以往的书信或文件是根据亲笔签名或印章来证明其真实性的,但在计算机网络中传送的报文又如何盖章呢? 这就是数字签名所要解决的问题。数字签名必须保证以下几点:

(1) 接收者能够核实发送者对报文的签名;

(2) 发送者不能抵赖对报文的签名;

(3) 接收者不能伪造对报文的签名。

数字签名是在数据单元上附加数据,或对数据单元进行密码变换,验证过程是利用公之于众的规程和信息,其实质还是密码技术。数字签名已经大量应用于网上安全支付系统、电子银行系统、电子证券系统、安全邮件系统、电子订票系统、网上购物系统、网上报税系统等一系列电子商务应用的签名认证服务。

3) 访问控制技术

访问控制(Access Control)指系统对用户身份及其所属的预先定义的策略组限制其使用数据资源能力的手段。通常用于系统管理员控制用户对服务器、目录、文件等网络资源的访问。访问控制是系统保密性、完整性、可用性和合法使用性的重要基础,是网络安全防范和资源保护的关键策略之一,也是主体依据某些控制策略或权限对客体本身或其资源进行的不同授权访问。

访问控制的主要目的是限制访问主体对客体的访问,从而保障数据资源在合法范围内得以有效使用和管理。为了达到上述目的,访问控制需要完成两个任务: 识别和确认访问系统的用户,决定该用户可以对某一系统资源进行何种类型的访问。

4) 防火墙技术

防火墙是一类防范措施的总称。所谓"防火墙",是指一种将内联网和公众访问网(Internet)分开的方法,它使得内联网与外联网互相隔离,限制网络互访来保护内部网络。它是一个或一组由软件和硬件构成的系统,在两个网络通信时执行的一种访问控制尺度,最大限度地阻止网络中的黑客访问网络,防止重要信息被更改、复制、毁坏。设置防火墙的目的都是为了在内部网与外部网之间设立唯一的通道,简化网络管理中的安全管理。

防火墙的作用是在某个内部网络和网络外部之间构建网络通信的监控系统,用于监控所有进出网络的数据流和来访者,以达到保障网络安全的目的。但要注意,防火墙不能防范病毒,不能防范恶意的知情者等。

5) 入侵检测技术

入侵检测技术作为一种积极主动的安全防护技术,提供了对内部攻击、外部攻击和误操作的实时保护,在网络系统受到危害之前拦截和响应入侵。

入侵检测(Intrusion Detection)是对入侵行为的发现,是通过对计算机网络和计算机系统中的若干关键点收集信息并对其进行分析,从中发现网络或系统中是否有违反安全策略的行为和被攻击的迹象。入侵检测是检测和相应计算机误用的学科,其作用包括威慑、检测、响应、损失情况评估、攻击预测和起诉支持。入侵检测的软件和硬件组合就是入侵检测系统(Intrusion Detection System,IDS)。

3. 计算机病毒

1）计算机病毒的定义

计算机病毒指利用计算机软件与硬件的缺陷或操作系统漏洞，由被感染机内部发出的破坏计算机数据并影响计算机正常工作的一组指令集或程序代码。

2）病毒的特征

（1）破坏性。

凡是由软件手段能触及到计算机资源的地方均可能受到计算机病毒的破坏。计算机病毒可以无限制地侵占系统资源，使系统无法运行，甚至可以毁坏整个系统，导致系统崩溃。

（2）传染性。

计算机及病毒具有很强的自我复制能力，通过将自己嵌入到别的程序中实现其传染目的。传染性即自我复制能力，是计算机病毒最根本的特征，也是病毒和正常程序的本质区别。

（3）寄生性（隐蔽性）。

病毒程序一般不独立存在，大多数病毒程序寄生夹在正常程序之中，很难被发现。计算机病毒寄生在其他程序之中，当执行这个程序时，病毒就起破坏作用，而在未启动这个程序之前，它是不易被人发觉的。

（4）潜伏性。

计算机病毒入侵后，可以长时间地潜伏在文件中，而并不立即发作。在潜伏期中，它悄悄地进行传播、繁殖。一旦满足触发条件，病毒发作，才显示其巨大的破坏威力。

（5）可触发性。

病毒因某个事件或数值的出现，诱使病毒实施感染或进行攻击的特性称为可触发性。为了隐蔽自己，病毒必须潜伏，少做动作。如果完全不动，一直潜伏的话，病毒既不能感染，也不能进行破坏，便失去了杀伤力。因此，病毒既要隐蔽，又要维持杀伤力，它必须具有可触发性。病毒的触发机制就是用来控制感染和破坏动作的频率的。病毒具有预定的触发条件，这些条件可能是时间、日期、文件类型或某些特定数据等。病毒运行时，触发机制检查预定条件是否满足，如果满足，启动感染或破坏动作，病毒进行感染或攻击；如果不满足，病毒继续潜伏。

3）计算机感染病毒的症状

（1）计算机系统运行速度减慢，系统经常无故发生死机，操作系统无故频繁出现错误。

（2）计算机文件系统中的文件长度发生变化，文件丢失或损坏，存储的容量异常减少。

（3）计算机屏幕上出现异常显示。

（4）磁盘卷标发生变化，系统不识别硬盘。

（5）键盘输入异常，命令执行出现错误。

（6）文件的日期、时间、属性等发生变化，文件无法正确读取、复制或打开。

（7）系统异常并重新启动，虚假报警。

（8）一些外部设备工作异常。

（9）异常要求用户输入密码。

（10）Word 或 Excel 提示执行"宏"等。

4. 病毒的防治

(1) 建立良好的安全习惯。

例如,不要打开一些来历不明的邮件及附件,不要访问一些不太了解或不熟悉的网站,不要运行从 Internet 下载后未经杀毒处理的软件等,这些必要的良好习惯会使用户计算机更安全。

(2) 关闭或删除系统中不需要的服务。

默认情况下,许多操作系统会安装一些辅助服务,如 FTP 客户端、Telnet 和 Web 服务器。这些服务为攻击者提供了方便,但又对普通用户没有太大用处,如果删除它们,就能大大减少被攻击的可能性。

(3) 经常升级安全补丁。

据统计,有 80% 的网络计算机病毒是通过系统安全漏洞进行传播的,像蠕虫王、冲击波、震荡波等,所以应该定期到微软官方网站下载最新的安全补丁,以防患于未然。

(4) 使用复杂的密码。

许多网络计算机病毒就是通过猜测简单密码的方式攻击系统的,因此,使用复杂的密码,将会大大提高计算机的安全系数。

(5) 迅速隔离受感染的计算机。

当计算机发现病毒或计算机异常时应立刻断网,以防止计算机受到更多的感染,或者成为传播源,再次感染其他计算机。

(6) 了解一些病毒知识。

及时了解一些病毒知识,这样就可以及时发现新病毒并采取相应措施,在关键时刻使自己的计算机免受病毒破坏。如果能了解一些注册表知识,就可以定期查看注册表的自启动项是否有可疑键值;如果了解一些内存知识,就可以经常查看内存中是否有可疑程序。

(7) 安装专业的杀毒软件,进行全面监控。

在病毒日益增多的今天,使用杀毒软件进行防毒,是越来越经济的选择。不过,用户在安装了防病毒软件之后,应该经常升级病毒库,经常将一些主要监控打开(如邮件监控、内存监控等),遇到问题要上报,这样才能真正保障计算机的安全。

(8) 安装个人防火墙软件。

由于网络的发展,用户计算机面临的黑客攻击问题也越来越严重,许多网络病毒都采用了黑客的方法来攻击用户计算机,因此,用户还应该安装个人防火墙软件,将安全级别设为中或高,这样才能有效地防止网络上的黑客攻击。

任务实施

1. 360 杀毒软件

安装并打开 360 杀毒软件,如图 6-3-4 所示。

单击"全盘扫描"图标,如图 6-3-5 所示,开始对全盘进行扫描。

扫描完成后,如图 6-3-6 所示,单击"立即处理"按钮。

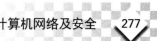

图 6-3-4 360 杀毒软件

图 6-3-5 360 全盘扫描

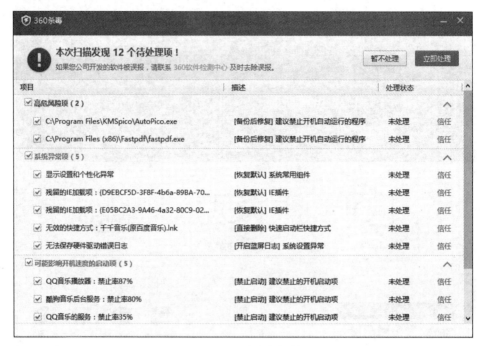

图 6-3-6　360 全盘扫描结果

2. 360 安全卫士

安装并打开 360 安全卫士，如图 6-3-7 所示。

图 6-3-7　360 安全卫士

单击"立即体检"按钮,如图6-3-8所示,单击"一键修复"按钮。

图 6-3-8　360 安全卫士一键修复

课后练习

一、上机操作题

在网上下载 360 杀毒软件和 360 安全卫士,并用 360 杀毒软件进行全盘扫描,用 360 安全卫士对计算机进行体检并修复。

二、单项选择题

1. 在下列网络威胁中,(　　)不属于信息泄露。
   A. 数据窃听　　　　　　　　　　　B. 拒绝服务攻击
   C. 种入木马　　　　　　　　　　　D. 偷窃用户账号
2. 下面无助于加强计算机安全的措施是(　　)。
   A. 安装杀毒软件并及时更新病毒库　　B. 及时更新操作系统补丁包
   C. 定期整理计算机硬盘碎片　　　　　D. 安装使用防火墙
3. 计算机病毒具有(　　)。
   A. 传播性、潜伏性、破坏性　　　　　B. 传播性、破坏性、易读性
   C. 潜伏性、破坏性、易读性　　　　　D. 传播性、潜伏性、安全性
4. 用户 A 通过计算机网络将统一签订合同的消息传给用户 B,为了防止用户 A 否认发送过的消息,应该在计算机网络中使用(　　)。
   A. 消息认证　　　　　　　　　　　B. 数字签名

    C. 身份认证   D. 以上都不对

5. 计算机病毒是一种( )。

    A. 特殊的计算机部件   B. 游戏软件

    C. 人为编制的特殊程序   D. 能传染的生物病毒

6. 以下关于防火墙的叙述中不正确的是( )。

    A. 防火墙能够保护计算机系统不受来自本地或远程病毒的危害

    B. 防火墙能够防止本地系统内的病毒向网络或其他介质扩散

    C. 防火墙是一个防止病毒入侵的硬件设备

    D. 防火墙是被保护网络和外部网络之间的一道屏障,是不同网络之间信息的唯一
       出入途径

7. 信息安全技术是保障网络信息安全的方法,( )是保护数据在网络传输过程中不
被窃听、篡改或伪造的技术,它是信息安全的核心技术。

    A. 访问控制技术   B. 加密技术

    C. 数字签名   D. 防火墙技术

8. 计算机病毒是一段人为制造的程序,若一台计算机的( )该程序,则说明该计算
机系统已被感染上病毒。

    A. 屏幕上出现   B. 内存中驻留

    C. 软盘上还有   D. 某个文件中包含

三、判断题

1. "木马"程序是目前比较流行的病毒文件,它通过将自身伪装以吸引用户下载执行,
进而任意毁坏、窃取用户的文件,甚至远程操控中毒的计算机。( )

2. "防火墙"是指一种将内部网和公众网(如 Internet)分开的方法,实际上是一种隔离
技术,它是提供信息安全服务,实现网络和信息安全的基础设施。( )

3. 目前,在技术上只能用计算机软件来防治计算机病毒。( )

4. 计算机只要安装了防毒、杀毒软件,上网浏览就不会感染病毒。( )

5. 网络安全的目的是确保经过 ISP 提供商进行交换的数据不会发生增加、修改、丢失
和泄漏等。( )

6. 软件研制部门采用设计病毒来惩罚非法复制软件行为的做法是法律不允许的。( )

课后答案

	任务1	单项选择题	1~5 DBACA		
项目一	任务2	单项选择题	1~5 CBDAD 6~9 ADAA		
	任务3	单项选择题	1~5 DCBBC 6~10 DCDDB 11~15 DCABB 16~17 AD		
项目二	任务1	单项选择题	1~5 BAABC 6~8 CAA		
	任务3	单项选择题	1~5 CCBBB 6~10 DACCA 11~15 CACCC 16~19 ACAB	判断题	1~5 ×√√×× 6~10 √√√×√ 11 ×
项目三	任务5	单项选择题	1~5 CADBC		
项目四	任务4	单项选择题	1~5 DDDBA	填空	1. 等号 2. 8 3. False
项目五	任务4	单项选择题	1~6 ABBABC		
项目六	任务1	单项选择题	1~5 CCCAB 6~10 DADCB 11~15 AABBD 16~20 BCCAC 21~25 BAACC	判断题	1~5 √√××√ 6~10 √√×√√
	任务2	单项选择题	1~5 ADDDC 6~10 AABDA 11~15 ABAAC 16 A	判断题	1~5 √××××
	任务3	单项选择题	1~5 BCABC 6~8 CBB	判断题	1~5 √√××√ 6 √

参 考 文 献

[1] 段红.计算机应用基础教程(Windows 10＋Office 2016)[M].北京：清华大学出版社,2018.

[2] 殷慧文.新手学电脑 Windows 10＋Office 2016 从入门到精通云课版[M].北京：人民邮电出版社,2019.

[3] 谢希仁.计算机网络[M].7 版.北京：电子工业出版社,2017.

[4] 杨殿生.计算机文化基础教程(Windows 10＋Office 2016)[M].4 版.北京：电子工业出版社,2017.

图书资源支持

感谢您一直以来对清华版图书的支持和爱护。为了配合本书的使用，本书提供配套的资源，有需求的读者请扫描下方的"书圈"微信公众号二维码，在图书专区下载，也可以拨打电话或发送电子邮件咨询。

如果您在使用本书的过程中遇到了什么问题，或者有相关图书出版计划，也请您发邮件告诉我们，以便我们更好地为您服务。

我们的联系方式：

地　　　址：北京市海淀区双清路学研大厦 A 座 701

邮　　　编：100084

电　　　话：010－62770175－4608

资源下载：http://www.tup.com.cn

客服邮箱：tupjsj@vip.163.com

QQ：2301891038（请写明您的单位和姓名）

用微信扫一扫右边的二维码，即可关注清华大学出版社公众号"书圈"。

资源下载、样书申请

书圈

扫一扫，获取最新目录